高等学校电子信息类专业系列教材

光学设计及 Zemax 应用

Optical Design and Zemax Application

主　编　张欣婷　向　阳　牟　达

副主编　夏日辉

主　审　安志勇

西安电子科技大学出版社

内 容 简 介

本书根据相关专业应用型人才培养方案和"光学设计"教学大纲组织编写。全书系统地论述了光学设计的基本理论及设计方法，并引入具体软件仿真实例，将理论与实践相结合，让大学生学以致用。

本书分为像差理论、典型光学系统和 Zemax 光学设计实例三大部分。像差理论（第 1～3 章）主要介绍光学设计的基础；典型光学系统（第 4～13 章）主要介绍如何将像差理论运用到具体设计中；Zemax 光学设计实例（第 14 章，包括 15 个设计实例）则是利用软件仿真出理论设计的结果并进行优化。

本书可作为高等学校光电信息工程专业、测控技术与仪器专业以及其他相关专业的教材，也可作为从事光学系统及光电仪器的研究、设计、制造和系统开发的技术人员的参考书。

图书在版编目(CIP)数据

光学设计及 Zemax 应用 / 张欣婷，向阳，牟达主编. －西安：西安电子科技大学出版社，2019.8(2021.11 重印)

ISBN 978 - 7 - 5606 - 5361 - 7

Ⅰ. ① 光⋯　Ⅱ. ① 张⋯　② 向⋯　③ 牟⋯　Ⅲ. ① 光学设计—高等学校—教材

Ⅳ. ① TN202

中国版本图书馆 CIP 数据核字(2019)第 122750 号

策划编辑　井文峰

责任编辑　杨薇

出版发行　西安电子科技大学出版社(西安市太白南路 2 号)

电　　话　(029)88202421　88201467　　邮　编　710071

网　　址　www.xduph.com　　　　电子邮箱　xdupfxb001@163.com

经　　销　新华书店

印刷单位　陕西天意印务有限责任公司

版　　次　2019 年 8 月第 1 版　2021 年 11 月第 2 次印刷

开　　本　787 毫米×1092 毫米　1/16　印张　15.5

字　　数　365 千字

印　　数　3001～5000 册

定　　价　39.00 元

ISBN 978 - 7 - 5606 - 5361 - 7/TN

XDUP 5663001 - 2

前　言
Preface

　　本书主要针对理工类院校光电信息科学与工程专业的高年级本科生和研究生而编写，也可服务于从事光学设计工作的工程技术人员。书中总结了前人的设计经验，对传统的设计理论进行完善，引入了近些年前沿的研究成果。

　　本书的特色如下：

　　（1）将理论与实践相结合，符合教育部提出的培养应用型人才的宗旨。书中列举了大量的 Zemax 实例，这些实例均具有典型性。

　　（2）理论部分内容丰富、涵盖面广，每一个章节都能自成体系，形成一套完整且系统的知识链。

　　（3）实践部分由浅及深，即使是软件初学者也完全能够理解。在传统的光学系统设计基础上，本书还补充了一部分现代光学系统设计的内容，以适应科技的发展。

　　（4）各部分内容相对独立又相互关联，融会贯通。

　　本书由"像差理论"、"典型光学系统"和"Zemax 光学设计实例"三部分构成。第一部分"像差理论"共三章，分别是绪论、像差综述、光学系统的像质评价和像差容限；第二部分"典型光学系统"共十章，分别是望远物镜设计、显微物镜设计、照相物镜设计、目镜设计、非球面及其在现代光学系统中的应用、衍射光学元件及其在现代光学系统中的应用、梯度折射率透镜及其在现代光学系统中的应用、红外光学系统设计、激光扫描光学系统设计、变焦光学系统设计；第三部分"Zemax 光学设计实例"共一章，包括15 个设计实例，分别是单透镜的设计、双胶合望远镜物镜设计、40 倍生物显微物镜设计、双高斯照相物镜设计、显微-望远光学系统设计、折反射式望远物镜设计、照明系统设计、变焦物镜设计、非球面系统设计（带施密特校正板的卡塞格林系统）、傅里叶变换透镜设计、F-theta 透镜设计、梯度折射率透镜设计、偏心与倾斜、激光扩束准直系统设计、带有衍射光学元件的平行光管物镜设计。

　　本书第 1～3 章由向阳教授执笔，第 4～7 章由年达副教授执笔，第 8～14 章及 15 个设计实例由张欣婷副教授执笔；全书插图由高级工程师亢磊、研发总监夏日辉和张欣婷副教授绘制；全书由张欣婷副教授统稿，安志勇教授主审。

　　本书作者长期从事光学设计的教学及科研工作，书中也有一部分内容为自身的体会与总结，但难免存在考虑不周全或欠妥之处，恳请各位读者批评指正。

编　者

2018 年 12 月

目录

Contents

第1部分　像差理论

第2部分　典型光学系统

第 3 部分　Zemax 光学设计实例

第 1 部分　像差理论

第1章 绪 论

1.1 光学设计的概念及发展概况

1.1.1 光学设计的概念

随着科学技术的发展，光学仪器已普遍应用于社会的各个领域。我们知道，光学仪器的核心部分是光学系统。光学系统成像质量的好坏，决定着光学仪器整体质量的好坏。然而，一个高质量的成像光学系统是要靠好的光学设计去完成的。因此说，光学设计是实现各种光学仪器的基础。随着光学仪器的发展，光学设计的理论和方法也在日益发展和完善。

光学设计所要完成的工作应该包括光学系统设计和光学结构设计。本书主要讨论的是光学系统设计。

所谓光学系统设计，就是根据仪器所提出的使用要求，来决定满足各种使用要求的数据，即设计出光学系统的性能参数、外形尺寸和各光组的结构等。如今，我们要为一个光学仪器设计一个光学系统，大体上可以分成两个阶段。第一阶段是根据仪器总体的技术要求（性能指标、外形体积、重量以及有关技术条件），从仪器的总体（光学、机械、电路及计算技术）出发，拟定出光学系统的原理图，并初步计算系统的外形尺寸，以及系统中各部分要求的光学特性等。一般称这一阶段的设计为"初步设计"或者"外形尺寸计算"。第二阶段是根据初步设计的结果，确定每个透镜组的具体结构参数（半径、厚度、间隔、玻璃材料），以保证满足系统光学特性和成像质量的要求。这一阶段的设计称为"像差设计"，一般简称"光学设计"。这两个阶段既有区别又有联系。在初步设计时，就要预计到像差设计是否有可能实现，以及系统大致的结构形式，反之，当像差设计无法实现，或者结构过于复杂时，则必须回过头来修改初步设计。一个光学仪器工作性能的好坏，初步设计是关键。如果初步设计不合理，严重的可致使仪器根本无法完成工作，其次会给第二阶段的像差设计工作带来困难，导致系统结构过分复杂，或者成像质量不佳。当然在初步设计合理的条件下，如果像差设计不当，同样也可能造成上述不良后果。评价一个光学系统设计的好坏，一方面要看它的性能和成像质量，另一方面还要看系统的复杂程度。一个好的设计应该是在满足使用要求（光学性能、成像质量）的情况下，结构设计最简单的系统。

初步设计和像差设计这两个阶段的工作，在不同类型的仪器中所占的地位和工作量也不尽相同。在某些仪器（例如大部分军用光学仪器）中，初步设计比较繁杂，而像差设计相对来说比较容易；在另一些光学仪器（例如一般显微镜和照相机）中，初步设计则比较简单，而像差设计却较为复杂。

1.1.2　光学设计的发展概况

最初生产的光学仪器是利用人们直接磨制的各种不同材料、不同形状的透镜，并把这些透镜按不同情况进行组合，找出成像质量比较好的结构。由于实际制作比较困难，要找出一个质量好的结构，势必要花费很长的时间和很多的人力、物力，而且也很难找到各方面都较为满意的结果。

为了节省人力、物力，后来人们逐渐把这一过程用计算的方法来代替。对于不同结构参数的光学系统，由同一物点发出，按光线的折射、反射定律，用数学方法计算若干条光线；根据这些光线通过系统以后的聚焦情况，也就是根据这些光线像差的大小，就可以大体知道整个物平面的成像质量；然后修改光学系统的结构参数，重复上述计算，直到成像质量满意为止。这样的方法叫做"光路计算"，或者叫做"像差计算"，光学设计正是从光路计算开始发展的。用像差计算来代替实际制作透镜这当然是一个很大的进步，但这样的方法仍然不能满足光学仪器生产发展的需要，因为光学系统结构参数与像差之间的关系十分复杂，要找到一个理想的结果，仍然需要经过长期繁杂的计算过程，特别是对于一些光学特性要求比较高、结构比较复杂的系统，这个矛盾就更加突出。

为了加快设计进程，促进人们对光学系统像差的性质及像差和结构参数之间的关系的研究，希望能够根据像差要求，用解析的方法直接求出结构参数，这就是所谓"像差理论"的研究。但这方面的进展不尽如人意，直到目前为止像差理论只能给出一些近似的结果，或者给出如何修改结构参数的方向，加速设计的进程，但仍然没有使光学设计从根本上摆脱繁重的像差计算过程。

电子计算机的出现，使光学设计人员从繁重的手工计算中解放出来，过去一个人花几个月时间进行的计算，现在用计算机只要几分钟或几秒钟就能完成了。设计人员的主要精力已经由像差计算转移到整理计算资料和分析像差结果这方面来。光学设计的发展除了应用计算机进行像差计算外，还进一步让计算机代替人来完成分析像差和自动修正结构参数的工作，这就是所谓的"自动设计"，或者称"像差自动校正"。

现在大部分光学设计都不同程度地借助于这样或那样的自动设计程序来完成。有些人认为有了自动设计程序以后，似乎过去有关光学设计的一些理论和方法已经没用了，只要能上机计算就可以做光学系统设计了。其实不然，要设计一个光学特性和像质都满足特定的使用要求而结构又最简单的光学系统，只靠自动设计程序是难以完成的。在广泛使用自动设计程序的条件下，那些为了满足某些特殊要求而设计的新结构形式，主要是依靠设计人员的理论分析和实际经验来完成的。因此，即使使用了自动设计程序，也必须学习光学设计的基本理论，以及不同类型系统具体的分析和设计方法，并且不断地从实践中积累经验，才能真正掌握光学设计。

光学设计是 20 世纪发展起来的一门学科，在大半个世纪发展的进程中，光学设计的发展经历了人工设计和光学自动设计两个阶段，实现了由手工计算像差、人工修改结构参数进行设计，到使用电子计算机和光学自动设计程序进行设计的巨大飞跃。国内外已出现了不少功能相当强大的光学设计 CAD。如今，CAD 已在工程光学领域中普遍使用，从而使设计者能快速、高效地设计出优质、经济的光学系统。然而，不管设计手段如何变革，光学设计过程的一般规律仍然是必须遵循的。

1.2 光学系统设计的具体过程和步骤

1.2.1 光学系统设计的具体过程

1. 制定合理的技术参数

从光学系统对使用要求的满足程度出发，制定光学系统合理的技术参数，这是设计成功的前提条件。

2. 光学系统的总体设计和布局

光学系统总体设计的重点是确定光学原理方案和外形尺寸计算。为了设计出光学系统的原理图，确定基本光学特性，使其满足给定的技术要求，首先要确定放大率（或焦距）、线视场（或角视场）、数值孔径（或相对孔径）、共轭距、后工作距、光阑位置和外形尺寸等。因此，常把这个阶段称为外形尺寸计算阶段。在这个阶段，一般都按理想光学系统的理论和计算公式进行外形尺寸计算。

在进行上述计算时还要结合机械结构和电气系统，以防止这些理论计算在机械结构上无法实现。每项性能的确定一定要合理，过高的要求会使设计结果复杂，造成浪费；过低的要求会使设计不符合要求。因此，这一步必须慎重。

3. 光组的设计

光组的设计一般分为选型、确定初始结构参数、像差校正三个阶段。

1）选型

光组的划分，一般以一对物像共轭面之间的所有光学零件为一个光组，也可将其进一步划小。现有的常用镜头可分为物镜和目镜两大类。目镜主要用于望远和显微系统，物镜可分为望远、显微和照相摄影物镜三大类。镜头在选型时首先应依据孔径、视场及焦距来选择镜头的类型，特别要注意各类镜头各自能承担的最大相对孔径、视场角。在大类型的选型上，应选择既能达到预定要求而又结构简单的一种。选型是光学系统设计的出发点，选型是否合理、适宜是系统设计成败的关键。

2）确定初始结构参数

初始结构的确定常用以下两种方法。

（1）解析法（代数法）：即根据初级像差理论求解初始结构。这种方法是根据外形尺寸计算得到的基本特性，利用初级像差理论来求解满足成像质量要求的初始结构，即确定系统各光学零件的曲率半径、透镜的厚度和间隔、玻璃的折射率和色散等。

（2）缩放法：即根据对光组的要求，找出性能参数比较接近的已有结构，将其各尺寸乘以缩放比 K，得到所要求的结构，并估计其像差的大小或变化趋势。

3）像差校正

初始结构选好后，要在计算机上进行光路计算，或用像差自动校正程序进行自动校正，然后根据计算结果画出像差曲线，分析像差，找出原因，再反复进行像差计算和平衡，直到满足成像质量要求为止。

4. 长光路的拼接与统算

以总体设计为依据，以像差评价为准绳，来进行长光路的拼接与统算。若结果不合理，则应反复试算并调整各光组的位置与结构，直到达到预期的目的为止。

5. 绘制光学系统图、部件图和零件图

绘制各类图纸，包括确定各光学零件之间的相对位置，光学零件的实际大小和技术条件。这些图纸为光学零件加工、检验，部件的胶合、装配、校正，乃至整机的装调、测试提供依据。

6. 编写设计说明书

设计说明书是光学设计整个过程的技术总结，是进行技术方案评审的主要依据。

7. 进行技术答辩

必要时可以进行技术答辩以便明确相关问题。

1.2.2 光学设计的具体步骤

光学设计就是选择和安排光学系统中各光学零件的材料、曲率和间隔，使得系统的成像性能符合应用要求。一般设计过程基本是减小像差到可以忽略不计的程度。光学设计可以概括为以下几个步骤：

（1）选择系统的类型；

（2）分配元件的光焦度和间隔；

（3）校正初级像差；

（4）减小残余像差（高级像差）。

以上每个步骤可以包括几个环节，重复地循环这几个步骤，最终会找到一个满意的结果。

1.3 仪器对光学系统性能与质量的要求

任何一种光学仪器的用途和使用条件必然会对它的光学系统提出一定的要求。因此，在进行光学设计之前一定要了解对光学系统的要求。这些要求概括起来有以下几个方面。

1. 光学系统的基本特性

光学系统的基本特性有：数值孔径或相对孔径，线视场或视场角，系统的放大率或焦距。此外还有与这些基本特性有关的一些特性参数，如光瞳的大小和位置、后工作距、共轭距等。

2. 系统的外形尺寸

系统的外形尺寸，即系统的轴向尺寸和径向尺寸。在设计多光组的复杂光学系统时，如一些军用光学系统，外形尺寸的计算以及各光组之间光瞳的衔接都是很重要的。

3. 成像质量

成像质量的要求和光学系统的用途有关。不同的光学系统按其用途有不同的成像质量要求。对于望远系统和一般的显微镜，只要求中心视场有较好的成像质量；对于照相物镜，则要求整个视场都要有较好的成像质量。

4. 仪器的使用条件

根据仪器的使用条件，要求光学系统具有一定的稳定性、抗振性、耐热性和耐寒性等，以保证仪器在特定的环境下能正常工作。

在对光学系统提出使用要求时，一定要考虑在技术上和物理上实现的可能性。例如生物显微镜的视觉放大率 Γ，一定要按有效放大率的条件来选取，即满足 $500\ \mathrm{NA} < \Gamma < 1000\ \mathrm{NA}$ 的条件。过大的放大率是没有意义的，只有提高数值孔径（NA）才能提高有效放大率。

对于望远镜的视觉放大率 Γ，一定要把望远系统的极限分辨率和眼睛的极限分辨率放在一起来考虑。在眼睛的极限分辨率为 $1'$ 时，望远镜的正常放大率应该是 $\Gamma = D/2.3$，式中，D 是入瞳直径。实际上，在多数情况下，按仪器用途所确定的放大率常大于正常放大率，这样可以减轻观察者眼睛的疲劳度。对于一些手持的观察望远镜，它的实际放大率比正常放大率低，以便具备较大的出瞳直径，从而增加观察时的光强度。因此望远镜的工作放大率应按下式选取：

$$0.2D \leqslant \Gamma \leqslant 0.75D$$

有时对光学系统提出的要求是互相矛盾的。这时，应进行深入分析，全面考虑，抓住主要矛盾，切忌提出不合理的要求。例如在设计照相物镜时，为了使相对孔径、视场角和焦距三者之间的选择更加合理，应该参照下列关系式来选择这三个参数：

$$\frac{D}{f}\tan\omega\sqrt{\frac{f'}{100}} = C_{\mathrm{m}}$$

式中，$C_{\mathrm{m}} = 0.22 \sim 0.26$，称为物镜的质量因数。实际计算时，取 $C_{\mathrm{m}} = 0.24$。当 $C_{\mathrm{m}} < 0.24$ 时，光学系统的像差校正就不会发生困难；当 $C_{\mathrm{m}} > 0.24$ 时，系统的像差很难校正，成像质量很差。但是，随着高折射率玻璃的出现、光学设计方法的完善、光学零件制造水平的提高以及装调工艺的完善，C_{m} 值也在逐渐提高。

总之，对光学系统提出的要求要合理，保证在技术上和物理上均能够实现，并且要具有良好的工艺性和经济性。

第 2 章 像 差 综 述

2.1 球 差

2.1.1 球差的定义及表示方法

由实际光线的光路计算公式知,当物距 L 为定值时,像距 L' 与入射高度 h 及孔径角 U 有关,随着孔径角的不同,像距 L' 是变化的,即如图 2.1 所示:轴上点 A 发出的光束,对于光轴附近的光用近轴光路计算公式,像点为 A'(看作高斯像点),对于实际光线采用实际光计算公式,成像于 A''(实际像点)。

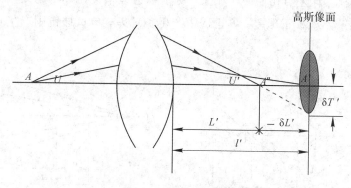

图 2.1 轴上点球差

显然实际像与理想像之间存在着沿轴的差异,把实际像点与理想像点的偏移称为球差,用 $\delta L'$ 表示,即

$$\delta L' = L' - l' \tag{2.1}$$

由于球差的存在,导致点物经系统之后所成的不再是点像,而是一个弥散斑。当用接收屏沿轴移动时,光斑的大小不同,其光斑大小也充分体现了球差的另一种表示方法,即垂轴球差。垂轴球差的表示形式为

$$\delta T' = \delta L' \tan U' = (L' - l') \tan U' \tag{2.2}$$

其中,$\delta T'$ 表示弥散斑半径。

可见对于球差可用两种方式加以表示:一为沿轴度量;二为垂轴度量。由于轴上点发出的光束是轴对称的,所以子午面内的球差只计算上半部分即可。

每一条光线对应一个球差值,如果把不同孔径所对应的球差值全部计算出来,并且将它们绘制成图,就称此图为球差曲线,球差曲线非常直观地表达了系统球差的大小,通过

球差曲线可以非常形象地对球差进行表征，如图 2.2 所示。

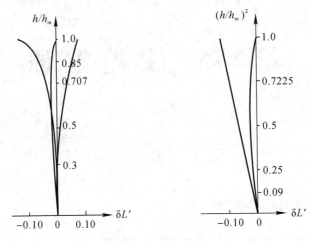

图 2.2　球差曲线

2.1.2　球差的校正

从上述分析知，球差与孔径密切相关，对于单透镜来说，$\sin U$ 越大则球差值越大，也就是说单透镜自身不能校正球差。单正透镜产生负球差，单负透镜则产生正球差，分别见图 2.3 和图 2.4。

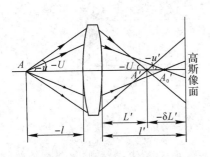

图 2.3　单正透镜产生负球差

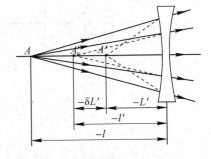

图 2.4　单负透镜产生正球差

因此，将正负透镜组合起来就能使球差得到校正，组合光组称为消球差光组。最简单的消球差光组是图 2.5(a)中的双分离透镜组或 2.5(b)中的双胶合透镜组。

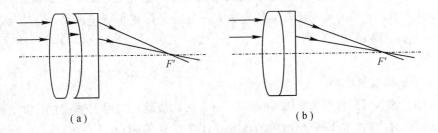

图 2.5　消球差光组

光学系统中，对某一给定孔径的光路达到 $\delta L'=0$ 的系统称为消球差系统。所谓的消球差一般只是能使某一孔径带的球差为 0，而不能使各个孔径带全部为 0，一般对边缘光孔径校正球差，而此时在 0.707 有最大的剩余球差，且值为边缘带高级球差的 $-1/4$。

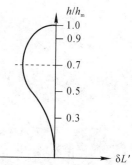

图 2.6 所示为消球差系统的球差曲线。横坐标为 $\delta L'$，纵坐标为 h/h_{m}，h 是光线为 U 角时的入射高度，h_{m} 是光线的最大入射高度。图中 $h=0.7h_{\mathrm{m}}$ 的带区具有最大的剩余球差，孔径中央和边缘球差为零。单透镜的球差与焦距、相对孔径、透镜形状及折射率有关。对于给定孔径、焦距和折射率的透镜，通过改变其形状可以使球差达到最小。

图 2.6　消球差系统球差曲线

2.1.3　球差的分布式

光学系统的球差值是通过对整个系统进行光路计算求得的。系统的总球差值是各个折射面产生的球差传递到系统的像空间后相加而得的。即每个折射面对系统的总球差值均有"贡献量"，这些贡献量值就是系统的球差分布。

首先对光学系统中任一个折射面进行分析。如图 2.7 所示，该面前面的各个折射面产生的球差 δL 是该折射面的物方球差，其后面的球差 $\delta L'$ 为像方球差。$\delta L'$ 不能认为是给定折射面产生的球差值，它包含了前面几个面的球差贡献。也不能认为该球差是前几个面产生球差的简单相加。实际上该球差是由两部分组成，一部分是该折射面本身所产生的球差，以 δL^{*} 表示，另一部分是折射面物方球差 δL 乘以该面的转面倍率 α，可用下式表示折射面的像方球差 $\delta L'$：

$$\delta L'=\alpha\delta L+\delta L^{*} \tag{2.3}$$

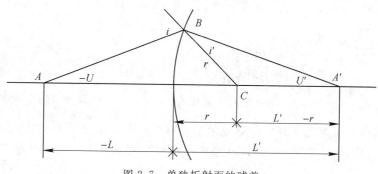

图 2.7　单独折射面的球差

1897 年克尔伯(T. Berber)考虑了远轴光的影响，采用了下式表示的转面倍率：

$$\alpha=\frac{nu\sin U}{n'u'\sin U'} \tag{2.4}$$

将式(2.4)代入式(2.3)，得

$$\delta L'=\frac{nu\sin U}{n'u'\sin U'}\delta L+\delta L^{*} \tag{2.5}$$

或写为

$$n'u'\sin U'\delta L'=nu\sin U\delta L+n'u'\sin U'\delta L^{*} \tag{2.6}$$

令

$$n'u'\sin U'\delta L^* = -\frac{1}{2}S_- \tag{2.7}$$

则有

$$-\frac{1}{2}S = n'u'\sin U'(L'-l') - nu\sin U(L-l)$$
$$= n'u'\sin U'(L'-r) - nu\sin U(L-r) - n'u'\sin U'(l'-r) + nu\sin U(l-r)$$

把三角光路计算公式中的 $(L'-R)\sin U' = r\sin I$ 和相应的近轴公式乘以 n'，得 $n'u'(l'-r) = n'i'r = nir$，代入上式得

$$-\frac{1}{2}S = n'u'r\sin I' - n'i'r\sin U' - nur\sin I + nir\sin U$$
$$= nir(\sin U - \sin U') + nr(u'-u)\sin I \tag{2.8}$$
$$= nir(\sin U - \sin U') + nr(i-i')\sin I$$
$$= nir(\sin U - \sin U') + nir(\sin I - \sin I')$$
$$= ni[r\sin U - r\sin U' + (L-r)\sin U - (L'-r)\sin U']$$
$$= ni(L\sin U - L'\sin U')$$

设符号

$$\Delta Z = L'\sin U' - L\sin U \tag{2.9}$$

此式称为克尔伯公式，在计算中是比较方便的。而且其中的近轴光线 (l,u) 和实际光 (L,U) 不一定要由同一物点发出，也可以由光轴上任意两点发出，只要它们通过同一光学系统，上式就成立。该公式在其他像差分布公式的推导中也是有用的，所以这个公式具有普遍意义。

根据式(2.6)和式(2.7)可得单个折射面球面的球差表示式为

$$\delta L' = \frac{nu\sin U}{n'u'\sin U'}\delta L - \frac{1}{2n'u'\sin U'}S_- \tag{2.10}$$

整个系统的球差表示式为

$$\delta L'_k = \frac{n_1 u_1 \sin U_1}{n'_k u'_k \sin U'_k}\delta L_1 - \frac{1}{2n'_k u'_k \sin U'_k}\sum_1^k S_- \tag{2.11}$$

式(2.11)就是球差分布公式，当实际物体成像时，$\delta L_1 = 0$，则折射面的 (S_-) 值和 $\dfrac{1}{2n'_k u'_k \sin U'_k}$ 的乘积即为该折射面对光学系统总球差值的贡献量，所以称 S_- 为球差分布系数，其数值大小也表征了该面所产生球差的大小。ΣS_- 称为光学系统的球差系数，它表征了系统的球差。

若在近轴区内，

$$\delta l' = -\frac{1}{2n'_k u'^2_k}\sum_1^k S_{\mathrm{I}} \tag{2.12}$$

式中，$S_{\mathrm{I}} = luni(i-i')(i'-u)$ 为初级球差分布系数，$lu = h$。

2.1.4 齐明点

齐明点指的是单个折射面的三对无球差点。为便于分析折射球面球差分布系数的特性，即确定折射面的无球差点的位置和球差正负号等，而把球差分布系数写成便于分析的形式。在式(2.8)的推导过程中有

$$-\frac{1}{2}S_{-}=nir\left[(\sin U+\sin I)-(\sin U'+\sin I')\right]$$

$$=nir\left[2\sin\frac{1}{2}(U+I)\cos\frac{1}{2}(U-I)-2\sin\frac{1}{2}(U'+I')\cos\frac{1}{2}(U'-I')\right]$$

$$=niPA\left[\cos\frac{1}{2}(U-I)-\cos\frac{1}{2}(U'-I')\right]$$

$$=-2niPA\sin\frac{1}{2}(I'-U)\sin\frac{1}{2}(I-I')$$

最后得

$$\frac{1}{2}S_{-}=\frac{niL\sin U(\sin I-\sin I')(\sin I'-\sin U)}{2\cos\frac{1}{2}(I-U)\cos\frac{1}{2}(I'+U)\cos\frac{1}{2}(I+I')} \tag{2.13}$$

通过上式可以看出单个折射球面的球差与 L、I、I'、U 间的关系。

由上式可导出单个折射球面在以下三种情况时球差为零：

（1）$L=0$，由三角光路计算公式可知，此时 L' 必为零，即物点、像点均与球面顶点重合。在顶点处，放大率 $\beta=1$；

（2）$\sin I-\sin I'=0$，这只能在 $I'=I=0$ 的条件下才能满足。相当于光线和球面法线相重合，物点和像点均与球面中心相重合，即 $L'=L=r$。在球心处，放大率 $\beta=\dfrac{nL'}{n'L}=\dfrac{n}{n'}$；

（3）$\sin I'-\sin U=0$ 或 $I'=U$。此时，相应的物点位置可以由 $\sin I=\dfrac{L-r}{r}\sin U$ 求出，即

$$\sin I'=\frac{n}{n'}\sin I=\frac{n}{n'}\frac{L-r}{r}\sin U$$

由于 $\sin I'=\sin U$，故得物点位置为

$$L=\frac{n+n'}{n}r \tag{2.14}$$

又由式 $I'-U=I-U'$，得 $I=U'$，再由 $\sin I'=\dfrac{L'-r}{r}\sin U'$ 得

$$\sin I=\frac{n'}{n}\sin I'=\frac{n'}{n}\frac{L'-r}{r}\sin U'$$

故得相应像点位置

$$L'=\frac{n+n'}{n'}r \tag{2.15}$$

由以上这对无球差共轭点位置 L 和 L' 可知，它们都在球心的同一侧，或者是实物成虚像，如图 2.8 所示。

由式(2.14)和式(2.15)可得该对无球差共轭点位置间的简单关系

$$n'L'=nL \tag{2.16}$$

再因为 $U'=I$，$U=I'$，得

$$\frac{\sin U'}{\sin U}=\frac{\sin I}{\sin I'}=\frac{n'}{n}=\frac{L}{L'} \tag{2.17}$$

此式表明，这一对共轭点不管孔径角 U 多大，比值 $\dfrac{\sin U'}{\sin U}$ 和 $\dfrac{L}{L'}$ 始终保持常数，故不产生球

差。在这对不晕点处，$\beta = \dfrac{nL'}{n'L} = \dfrac{n}{n'} \dfrac{\dfrac{n'+n}{n'}r}{\dfrac{n'+n}{n}r} = \left(\dfrac{n}{n'}\right)^2$。

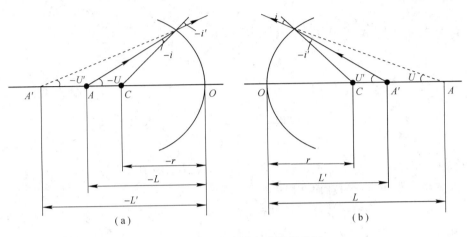

图 2.8　第三类齐明点成像示意图

上述三对不产生球差的共轭点称作不晕点或齐明点，常利用齐明点的特性来制作齐明透镜，以增大物镜的孔径角，用于显微物镜或照明系统中。

如图 2.9 所示，物点位于透镜第一个折射面的曲率中心，对于该表面，$L_1 = L_1' = r_1$，$\beta = n_1/n_2 = 1/n$。第二个折射面满足式（2.14）和式（2.15）。如果透镜的厚度为 d，且透镜位于空气中，则有下列关系：

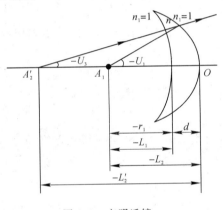

图 2.9　齐明透镜

$$L_2 = L_1 - d = r_1 - d$$

$$L_2' = \frac{n_2 L_2}{n_3} = n_2 L_2$$

$$r_2 = \frac{n_2 L_2}{(n_2 + n_3)} = \frac{n_2 L_2}{(n+1)}$$

$$\beta_2 = \left(\frac{n_2}{n_3}\right)^2 = n^2$$

$$\beta = \beta_1 \beta_2 = n$$

由这样两个齐明面组成的透镜叫作齐明透镜，经该透镜后，有

$$\sin U_3 = \frac{\sin U_1}{\beta} = \frac{\sin U_1}{n} \tag{2.18}$$

如果透镜的玻璃折射率为 $n=1.5$，则系统前放入这样一个齐明透镜，可使系统入射光束的孔径角增大 1.5 倍。

2.1.5　球差的级数展开式

球差是轴上点的像差。由于轴上点发出的光束对称于光轴，当孔径角 U 或入射高度 h 改变符号时，轴向球差 $\delta L'$ 不改变符号，故在 $\delta L'$ 的展开式中不应包括 U 或 h 奇次方项，又

由于当 U 或 h 为零时，$\delta L'$ 必为零，展开式中也没有常数项，$\delta L'$ 是轴上点像差，与视场无关，故不存在包含 y 的项。所以 $\delta L'$ 的级数展开式为

$$\delta L' = A_1 h^2 + A_2 h^4 + A_3 h^6 + \cdots \tag{2.19}$$

$$\delta L' = a_1 U^2 + a_2 U^4 + A_3 U^6 + \cdots \tag{2.20}$$

由垂轴像差公式 $\delta T' = \delta L' \tan U'$ 可知，其符号随 h 或 U 的符号改变而改变，但数值不变，所以垂轴球差的展开式中只应包含 h 或 U 的奇次方项，即

$$\delta T' = k_1 h^3 + k_2 h^5 + k_3 h^7 + \cdots \tag{2.21}$$

$$\delta T' = K U^3 + K U^5 + K U^7 + \cdots \tag{2.22}$$

以上各展开式中第一项为初级球差，第二项为二级球差，第三项为三级球差，依此类推。

如果在球差展开式中以二级球差项表示高级球差的存在，写为

$$\delta L' = A_1 h^2 + A_2 h^4$$

或写为

$$\delta L' = a_1 U^2 + a_2 U^4$$

若对边缘光校正了球差，即 $h = h_{\mathrm{m}}$ 时，$\delta L'_{\mathrm{m}} = 0$，代入上式有 $A_1 = -A_2 h_{\mathrm{m}}^2$，故可得

$$\delta L' = -A_2 h_{\mathrm{m}}^2 h^2 + A_2 h^4$$

为求球差的极大值，将上式对 h 求导，并使之为零，得

$$\frac{\mathrm{d}\delta L'}{\mathrm{d}h} = -2A_2 h_{\mathrm{m}}^2 h + 4A_2 h^3 = 0$$

可得 $\delta L'$ 极大值的入射高度为

$$h = \frac{1}{\sqrt{2}} h_{\mathrm{m}} = 0.707 h_{\mathrm{m}}$$

将此值代入 $\delta L'_{\mathrm{m}} = 0$ 时的级数展开式，即

$$\delta L'_{0.707} = -\frac{1}{4} \cdot A_2 h_{\mathrm{m}}^4 \tag{2.23}$$

式(2.23)表明，当边缘光球差校正为零时，在 0.707 带有最大的剩余球差，其值约为边缘光高级球差的四分之一，且异号。这就是为什么要计算带光的原因所在。对于只包含二级球差的光学系统，只要计算出边缘光球差和带光球差值后，并在原点处使曲线和纵坐标轴相切，即可方便地画出球差曲线，使整个孔径内的球差情况也大体可以一目了然。我们给出以下结论：

（1）包括二级球差的球差展开式所得球差值与光路计算所得的精确球差值较为一致，所以一般光学系统考虑到二级球差就足够精确了。

（2）对一般光学系统当边缘光球差校正后，只需计算带光球差，便可了解球差曲线的全貌了。

（3）光学系统在某一带上校正了球差，是因为在该带上初级球差和高级球差互相抵消之故，因此校正球差的系统中初级球差和高级球差异号。球差曲线正是初级球差和高级球差合成的结果。

（4）光学系统对边缘光校正球差时，带光球差约为边缘光二级球差的四分之一，因此高级球差愈大，带光球差也愈大。或者说当光学系统边缘光校正为零时，带光球差表征了

高级球差。若以 $(h/h_m)^2$ 为纵坐标轴画出球差曲线和初级球差曲线，如图 2.10 所示。

初级球差曲线为一直线，且和球差曲线相切于原点，直线和曲线间的偏离即为高级球差，图 2.10 中两曲线在孔径边缘处的偏离 0.096 mm 即为高级球差。显然，高级球差越大，初级球差曲线 $A(h/h_m)^2$ 越远离纵坐标抽，由于它和 $\delta L'$ 的线相切于原点，故此时曲线越向左方凸起，即在 $0.5(h/h_m)^2$（带光）处有大的球差值，也说明了带球差表征了高级球差。

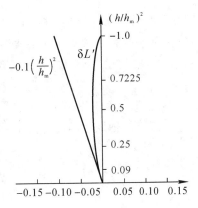

图 2.10 球差曲线与初级球差曲线的关系

（5）当光学系统孔径角很大时，如高倍显微物镜，高级球差很大，除二级球差外，三级球差也不可忽视，其球差展开式应取三项：

$$\delta L' = A_1\left(\frac{h}{h_m}\right)^2 + A_2\left(\frac{h}{h_m}\right)^4 + A_3\left(\frac{h}{h_m}\right)^6$$

为了求出系数 A_1、A_2、A_3，至少要计算三个孔径的球差值。如果要求展开式有更多次项，就应计算更多孔径的球差值。

以上各结论也可用于以下所述各种像差的分析中。

2.2 彗 差

2.2.1 彗差的定义

彗差表示的是轴外物点宽光束经系统成像后失对称的情况。

由位于主轴外的某一轴外物点，向光学系统发出的单色圆锥形光束，经该光学系统折射后，若在理想像平面处不能结成清晰点，而是结成拖着明亮尾巴的彗星形光斑，则此光学系统的成像误差称为彗差。

具体地说，是在轴外物点发出的光束中，对称于主光线的一对光线经光学系统后，失去对主光线的对称性，使交点不再位于主光线上，对整个光束而言，是与理想像面相截形成一彗星状光斑的一种非轴对称性像差。彗差通常用子午面和弧矢面上对称于主光线的各对光线经系统后的交点相对于主光线的偏离来度量，分别称为子午彗差和弧矢彗差，用 K'_T 和 K'_S 来表示。下面以子午彗差为例进行说明，如图 2.11 所示。

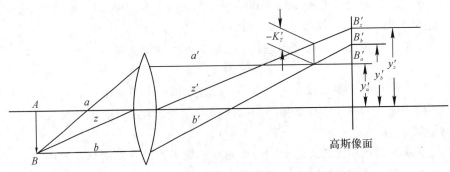

图 2.11 子午彗差

　　B 点发出充满入瞳的光束，z 为主光线，a 为上光线；b 为下光线。如果系统没有存在彗差，则这三条光线的像方光线应该相交于一点，但是如果存在彗差，则三条共轭光线可能会不再相交共点，而失去了对称性。则称上、下光线的交点到主光线 z' 的垂轴距离叫子午彗差，用 K'_T 表示，其表达式为

$$K'_T = \frac{1}{2}(Y'_a + Y'_b) - Y'_z \tag{2.24}$$

　　彗差是一有符号数，当交点位于主光线之下为"一"，当交点位于主光线之上为"+"。

　　彗差是轴外像差之一，其危害是使物面上的轴外点成像为彗星状的弥散斑，破坏了轴外视场的成像清晰度，且随孔径及视场的变化而变化，所以又称彗差为轴外像差。

　　以上主要说的是子午彗差，对于弧矢彗差是同理的，其表达式为

$$K'_S = Y'_S - Y'_z \tag{2.25}$$

同样，它也是有符号的。

2.2.2　彗差的级数展开式

　　彗差与物方孔径角 U 及物高 y 有关，当 U 改变符号时，彗差符号不变，故在彗差展开式中只能有 U 的偶次项；当 y 反号时，彗差亦反号，在展开式中只能有 y 的奇次项；现以弧矢彗差为例，如果只保留二级彗差，可得级数展开如下

$$K'_S = A_1 y U^2 + A_2 y U^4 + B_1 y^3 U^2 \tag{2.26}$$

式中，第一项为初级彗差，第二、三项同为二级彗差。

　　对于大孔径小视场光学系统，彗差主要由前两项决定，即

$$K'_{SU} = A_1 y U^2 + A_2 y U^4 \tag{2.27}$$

式中，第二项为孔径二级彗差，若把孔径边缘彗差校正到零，和上述对球差的推导方法一样，在带孔径处可得最大剩余彗差值为

$$K'_{Smn} = -\frac{A_2}{4} y U^4 \tag{2.28}$$

即最大剩余彗差值 K'_{Smn} 为孔径二级彗差的四分之一，且异号。

　　当系统视场较大，而相对孔径较小，彗差主要由 K'_S 的级数展开式的第一、三两项组成

$$K'_{Sy} = A_1 y U^2 + B_1 y^3 U^2 \tag{2.29}$$

式中，第二项为视场二级彗差，如果使边缘视场 y_m 的彗差校正到零，可得初级彗差系数

$$A_1 = -B_1 y_m^2 \tag{2.30}$$

代入 K'_{Sy} 表示式中，得

$$K'_{Sy} = -B_1 y_m^2 y U^2 + B_1 y^3 U^2$$

对 y 求导，并使之为零

$$\frac{\mathrm{d}K'_{Sy}}{\mathrm{d}y} = -B_1 y_m^2 U^2 + 3B_1 y^2 U^2 = 0$$

得

$$y = \frac{\sqrt{3}}{3} \cdot y_m = 0.58 y_m \tag{2.31}$$

即当 $y = 0.58 y_m$ 时，K'_{Sy} 有极值。把 y 代入 K'_{Sy} 的表示式，得

$$K'_{Sy} = -\frac{2\sqrt{3}}{9} B_1 y_m^3 U^2 = -0.385 B_1 y_m^3 U^2 \tag{2.32}$$

由上式知，在边缘视场彗差为零的情况下，在 $0.58 y_m$ 处有最大剩余彗差，其绝对值约为视场高级彗差的 0.385 倍。

2.2.3 彗差的校正

彗差属于轴外像差之一，它的危害是使物方一点的像成为彗星状弥散斑，从而破坏了轴外视场的成像清晰度，使成像质量降低，所以彗差必须校正。

彗差与球差同属于远轴宽光束成像所致，消除的途径也基本类似。彗差对于大孔径系统或望远系统影响很大。它的大小与光束的宽度、物体的大小、光阑位置、光组内部结构（如透镜的折射率、曲率、孔径等）有关。

校正彗差，首先想到的是光阑，因为彗差与光阑的位置有关。如图 2.12(a)所示，主光线和辅轴重合，光束沿辅轴通过折射面不会失去对称性，没有彗差产生。如果把入射光瞳继续向右移，如图 2.12(b)所示，上、下光线的交点 B'_T 将在主光线以上，这是因为对于单个折射面，上光线和主光线接近辅轴。折射后偏折小，而下光线远离辅轴，故折射后偏折大。所以彗差变成正值。由此可知，彗差是和光阑位置有关的。

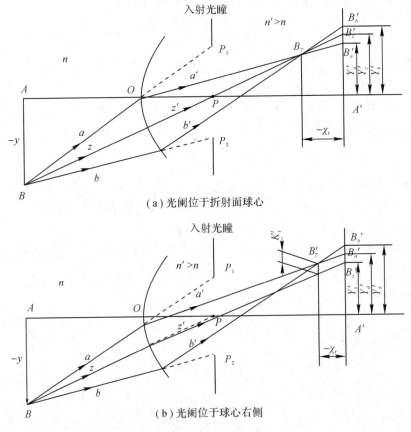

(a)光阑位于折射面球心

(b)光阑位于球心右侧

图 2.12 光阑位置对折射面彗差的影响

下面按上述方法对弯月形正透镜的彗差进行分析。如图 2.13(a)所示，弯月透镜对轴

外点 B 成像。

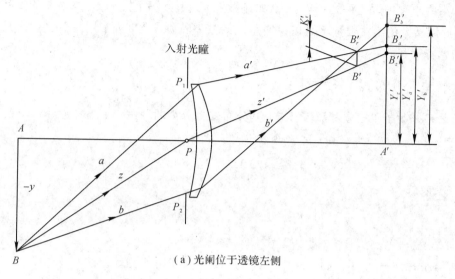

（a）光阑位于透镜左侧

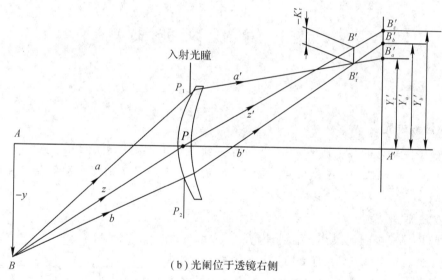

（b）光阑位于透镜右侧

图 2.13　光阑位置对单透镜彗差的影响

上光线 a 和两个折射面的辅轴较为接近，偏折小。而下光线 b 偏离两折射面的辅轴较大，故偏折也大。主光线 z 通过透镜的节点附近，方向基本不变。因此，光线 a'、b' 的交点必在主光线之上，产生正值彗差。如把正弯月镜反向放置，如图 2.13（b）所示，下光线 b 偏离两折射面的辅轴较上光线 a 的小，折射后的光线 a' 较 b' 的偏折大，主光线方向近似不变，故光线 a'、b' 的交点 B_T' 应在主光线之下，彗差值为负。由上述可知，彗差值的大小和正负还与透镜形状有密切关系。

其次，我们采用对称式结构形式来消除彗差。除此之外，减少光组的通光孔径、改变透镜的形状或组合，也可较好地消除彗差。然而，需要注意的是，彗差与球差所要求的条件往往不一致，因而两者一般不能同时消除，也就是说，即使光组的轴向球差已经通过某种途径得以消除，但傍轴物点的彗差可能依然存在，并且由于彗差往往和球差混在一起，因而只有当轴上物点的球差已经得到消除时，才能消除彗差。

对于某些小视场大孔径的光学系统（如显微镜），由于像高本身较小，彗差的实际数值很小，因此用彗差的绝对数量不足以说明系统的彗差特性。此时，常用"正弦差"来描述小视场的彗差特性。

2.2.4 彗差的分布式

由于彗差分为子午彗差和弧矢彗差，其分布式也分为两种：

子午彗差：

$$K'_t = -\frac{3}{2n'_k u'_k} \cdot \sum_1^k S_{\mathrm{II}}$$

弧矢彗差：

$$K'_t = -\frac{1}{2n'_k u'_k} \cdot \sum_1^k S_{\mathrm{II}}$$

其中，$S_{\mathrm{II}} = luni_z(i-i')(i'-u) = S_{\mathrm{I}}\left(\dfrac{i_z}{i}\right)$，为初级彗差分布系数。

2.3 像散及场曲

2.3.1 像散

1. 像散的定义

由位于主轴外的某一轴外物点，向光学系统发出的斜射单色圆锥形光束，经该光学系统折射后，不能结成一个清晰像点，而只能结成一弥散光斑，则此光学系统的成像误差称为像散。

只要是轴外点发出了宽光束则彗差不可避免。但当把入瞳尺寸减少到无限小，小到只允许主光线的无限细光束通过时，彗差消失了，即上、下、主光线的共轭光线又交于一点。但此时成像仍是不完善的，因为还有像散及场曲的存在，如图 2.14 所示。

设这是一个有像散的系统，当轴外点以细光束成像时，这时 $K'_T = 0$，没有彗差，于是上、下、主光线的共轭光线交于一点 B'_t，之后又散开交辅轴于 B'_s，我们称 B'_t、B'_s 分别为子午像与弧矢像。很明显二者并不重合，则称二者分开的轴向距离为像散，用 x'_{ts} 表示。

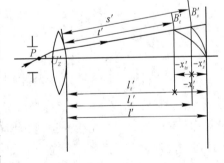

图 2.14 像散示意图

$$x'_{ts} = x'_t - x'_s \tag{2.33}$$

这里用小写表示细光束的像散。

像散是物点远离光轴时的像差，且随着视场的增大而迅速增大。

如果光学系统只存在像散，则子午光束和弧矢光束均分别交于主光线上的一点。两交点的位置不重合,光束结构如图2.15所示。

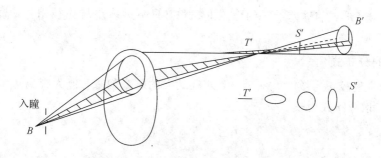

图2.15 存在像散的光束结构

当我们用一个接收屏来进行接收时,若令屏沿光轴前后移动,就会发现成像光束的截面积形状变化很大,当接收屏位于不同位置时,有时是很亮很亮的短线,有时是椭圆、有时是圆,形状差异非常大,并且能量差异也很大。当是短线时能量最为集中,而为其他形状时能量相对弥散。垂直于子午面的短线为子午焦线,垂直于弧矢面的短线为弧矢焦线,如图2.16所示,两者之间的距离就是像散。

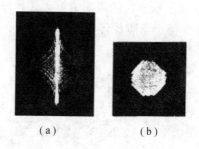

（a） （b）

图2.16 焦线与两焦线间的光斑示意图

2. 像散的校正方法

由于像散的存在,导致轴外一点像成为互相垂直的两条短线,严重时轴外点得不到清晰的像,影响的也是轴外像点的清晰程度。所以对于大视场系统而言,像散必须校正。

与彗差相类似,由于若想令像散为零,只有 $i_z=0$,即与光阑的位置有关,当光阑位于球心处时,或者说是齐明点处时,没有像散。平面物的像散成像如图12.17所示。

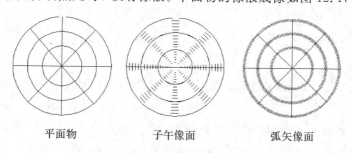

平面物 子午像面 弧矢像面

图2.17 平面物的像散成像

3. 像散的级数展开式

细光束的像散只与视场有关,与孔径无关。当只取二级像散时,有:

$$x'_{ts} = C_1 y^2 + C_2 y^4 \qquad (2.34)$$

由此可见，其形式与球差展开的形式非常像，只不过球差与孔径相关，而像散与视场相关。

4. 像散的分布式

当对边缘视场校正像散时，在 0.707 处有最大的剩余像散，值为视场边缘处高级像散的 $-1/4$，其像散分布式为

$$x'_{ts} = -\frac{1}{n'_k u'^2_k} \sum_1^k S_{\mathrm{III}} \qquad (2.35)$$

$$S_{\mathrm{III}} = S_{\mathrm{I}} \left(\frac{i_z}{i}\right)^2$$

式中，S_{III} 为初级像散分布系数。

2.3.2 场曲

1. 场曲的定义

垂直于主轴的平面物体经光学系统所结成的清晰影像，若不在一垂直于主轴的像平面内，而在一以主轴对称的弯曲表面上，即最佳像面为一曲面，则此光学系统的成像误差称为场曲。

当系统存在像散时，轴外物点发出细光束成像将分别形成子午像点与弧矢像点，而轴上点则不产生像散，因为像散属于轴外像差。轴上点只有一个像。从图 2.18 中看，有三个面：高斯像面，子午像面，弧矢像面。且三个面都不重合，只有高斯面是平面，其他两个全是曲面。则称：子午像点相对于高斯像面的距离为 x'_t，为子午场曲；弧矢像点相对于高斯像面的距离为 x'_s，为弧矢场曲。可见，场曲也分为两个，分别为子午场曲和弧矢场曲。

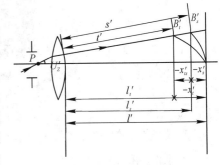

图 2.18　细光束场曲示意图

$$x'_t = l'_t - l' = t' \cos U'_z - l' \qquad (2.36)$$
$$x'_s = l'_s - l' = s' \cos U'_z - l' \qquad (2.37)$$

式中，x'_t，x'_s，x'_{ts} 全是有符号数。

子午宽光束交点相对于理想像面的偏离，称为宽光束子午场曲，见图 2.19，用符号 X'_T 表示：

$$X'_T = L'_T - l' \qquad (2.38)$$

弧矢宽光束交点相对于理想像面的偏离，称为宽光束弧矢场曲，见图 2.19，用符号 X'_S 表示：

$$X'_S = L'_S - l' \qquad (2.39)$$

细光束弧矢场曲与宽光束弧矢场曲之差为轴外点弧矢球差。

如果光学系统不存在像散（即子午像和弧矢像重合），垂直于光轴的一个物平面经实际光学系统后所得到的像面也不一定是与理想像面重合的平面。由于 T、S 的重合点随视场的增大偏离理想像面越严重，所以仍形成一个曲面，此时的像面弯曲称为匹兹伐尔场曲（纯场曲），用 x'_p 表示，此时的像面为匹兹伐尔像面。

$$x'_p = -\frac{1}{2n'_k u'^2_k} J^2 \sum_1^k \frac{n'-n}{nn'r}$$ (2.40)

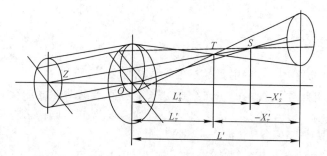

图 2.19　宽光束场曲示意图

像散和场曲既有区别又有联系，有像散必然存在场曲，但场曲存在时不一定有像散，像散值和场曲值都是针对某一视场而言的。

2. 场曲的级数展开式

同样，细光束的场曲也只与视场有关：

$$x'_{t(s)} = A_1 y^2 + A_2 y^4 + A_3 y^6 \cdots\cdots$$ (2.41)

根据与球差级数展开式相似的分析过程可知，当对某一视场 y 校正场曲时，在 0.707 处有最大剩余场曲，其值为视场 y_m 处高级场曲的四分之一，且异号。

3. 场曲的分布式

$$\begin{cases} x'_t = -\dfrac{1}{2n'_{k'}u'^2_k} \cdot \sum_1^k (3S_{III} + S_{IV}) \\[2mm] x'_s = -\dfrac{1}{2n'_{k'}u'^2_k} \cdot \sum_1^k (S_{III} + S_{IV}) \\[2mm] S_{III} = S_I \left(\dfrac{i_z}{i}\right)^2 \\[2mm] S_{IV} = \dfrac{J^2(n'-n)}{nn'r} \end{cases}$$ (2.42)

式中，S_{IV} 是初级场曲分布系数，J 为拉赫不变量。

4. 场曲的校正

当光学系统存在严重的场曲时，就不能使一个较大平面物体各点同时成清晰像，当把中心调焦清楚了，边缘就模糊，反之亦然，所以大视场系统必须校正场曲。

（1）用高折射率的正透镜、低折射率的负透镜，并适当拉开距离，即所谓的正负透镜分离。

（2）用厚透镜。当对边缘光视场校正场曲时，在 0.707 处有最大的剩余场曲，值为视场边缘处高级场曲的 $-1/4$。

（3）对于单个透镜，场曲可以通过在透镜前适当位置上放置一小孔屏（见图 2.20）来校正，像散则需要通过复杂的透镜组来完成。

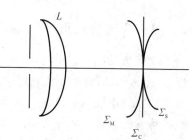

图 2.20　场曲的校正

2.4　畸　　变

2.4.1　畸变的定义

畸变也是几何像差之一，它主要是指主光线的像差。

由于球差的影响，不同视场的主光线通过系统后其与高斯像面的交点与理想像高并不相等，设理想像高为 y_0'，主光线与高斯像面交点的高度为 y_z'，则两者之间的差别就是系统的畸变，用 $\delta y_z'$ 表示。

描述畸变有两种方法，一种是用线畸变 $\delta y_z'$，即

$$\delta y_z' = y_z' - y_0' \tag{2.43}$$

其中，y_z' 是实际主光线决定的像高，y_0' 是理想像高。

因为畸变是在垂轴方向上度量的，故它属于垂轴像差，但实际上在设计中应用较多的并不是线畸变，而是相对畸变。相对畸变是指线畸变 $\delta y_z'$ 与理想像高 y_0' 的百分比，用符号 q 表示，则

$$q = \frac{\delta y_z'}{y_0'} \times 100\% = \frac{\bar{\beta} - \beta}{\beta} \times 100\% \tag{2.44}$$

式中，$\bar{\beta}$ 为某视场实际垂轴放大率；β 为理想垂轴放大率。

2.4.2　畸变的分类

畸变分为枕形畸变和桶形畸变。

枕形畸变又称为正畸变，是指实际像高大于理想像高时的畸变，如图 2.21(b) 所示。

桶形畸变又称为负畸变，是指实际像高小于理想像高时的畸变，如图 2.21(c) 所示。

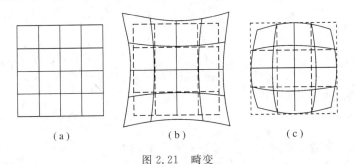

(a)　　　　　　　(b)　　　　　　　(c)

图 2.21　畸变

2.4.3　畸变的校正

畸变与其他像差不同，它仅由主光线的光路决定，引起像的变形，并不影响成像清晰度。对于一般的光学系统，只要眼睛感觉不出像的明显变形（相当于 $q \approx 4\%$）则无碍。对十字叉丝成像系统（如目镜），由于中心在光轴上，畸变不会引起十字叉丝像的弯曲，是可以允许畸变的。但对某些利用像的大小或轮廓以测定物大小的光学系统，如印刷制版专业技术的制版物镜，在复制地图时，畸变则是不允许的严重缺陷。对于计量仪器中的投影物镜、航空测量物镜等，畸变是十分有害的，它直接影响测量精度，必须予以校正。

究竟产生何种畸变，与成像系统中孔径光阑的位置有关。对于凸透镜，孔径光阑在其前侧时可能产生桶形畸变，在其后侧时可能产生枕形畸变。因此，一般消除或校正畸变的有效方法是，在适当的位置加小孔屏作为孔径光阑，并采用对称透镜组。对于结构完全对称的光学系统，若以 $\beta=-1$ 的放大率成像，所有垂轴像差都能自动消除。畸变是一种垂轴像差，自然也能消除。单个薄透镜或薄透镜组，当孔径光阑与之重合时，也不产生畸变。这是因为此时主光线通过主点，沿理想方向射出的缘故。但是单个光组不可能很薄，因此实际上还有小畸变。由此推知，当光阑位于单透镜组之前或之后时即产生畸变，且两种情况的畸变符号相反，如图 2.22 所示。由此，制版物镜的光阑置于诸透镜的中间时，能较好地校正畸变。

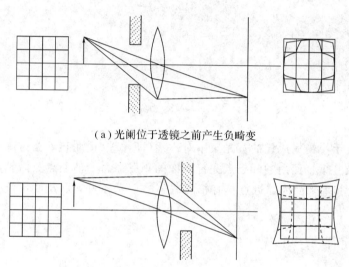

（a）光阑位于透镜之前产生负畸变

（b）光阑位于透镜之后产生正畸变

图 2.22　光阑位置对畸变的影响

2.4.4　畸变的级数展开式

　　畸变只和物高 y 有关，且随 y 的符号改变而改变符号，故在其级数展开式中，只能有 y 的奇次项。其级数展开式为

$$\delta y_z' = E_1 y^3 + E_2 y^5 \tag{2.45}$$

式中，第一项为初级畸变，第二项为二级畸变。如对边缘视场 y_m 处校正了畸变，则有

$$E_1 = -E_2 y_m^2 \tag{2.46}$$

代入式(2.45)得

$$\delta y_z' = -E_2 y_m^2 y^3 + E_2 y^5 \tag{2.47}$$

对 y 求导，并使之为零，得

$$\frac{\mathrm{d}(\delta Y_z')}{\mathrm{d}y} = -3E_2 y_m^2 y^2 + 5E_2 y^4 = 0$$

可得

$$y^2 = \frac{3}{5} y_m^2 \tag{2.48}$$

代入 $\delta y'_z$ 表示式，得

$$\delta y'_{zm} = -0.186 E_2 y_m^5 \tag{2.49}$$

上述表明在边缘视场 y_m 处校正畸变以后，在 $y = \sqrt{\dfrac{3}{5}} y_m$ 处有最大剩余畸变，其值约为高级畸变的 0.186 倍。

2.4.5　畸变的分布式

初级畸变的分布式为

$$\delta y'_z = -\frac{1}{2n'_k u'_k} \sum_1^k S_V \tag{2.50}$$

$$S_V = (S_{\text{III}} + S_{\text{IV}}) \frac{i_z}{i} \tag{2.51}$$

式中，S_V 为初级畸变分布系数。

2.5　正　弦　差

正弦差是表示小视场成像的宽光束不对称性（即彗差）的量度。在讨论正弦差的同时要叙述对轴上点及其垂轴面内的邻近点完善成像的正弦条件，轴上点及沿轴邻近点的赫歇尔条件，轴上点及其垂轴面内邻近点具有相同缺陷的等晕条件，以及使正弦差和彗差相联系的弧矢不等量。

2.5.1　余弦定律

光学成像中对两个无限接近的点，即邻近点成完善像的条件就是余弦定律。两邻近点构成的小线段可以是任意方向的。利用余弦定律可以导出正弦条件及赫歇尔条件等。

如图 2.23 所示，为方便计，首先在光轴上取点 A，且系统对其成完善像。点 B 为点 A 的邻近点，设它也被系统成完善像于点 B'，η 为由点 A 到点 B 的长度，η' 为点 A' 到点 B' 间的长度。过点 A 引一光线 OA 与线段 AB 成角 ε，此光线经折射以后为光线 $O'A'$，与线段 AB 的像 $A'B'$ 成角 ε'。过点 B 引一光线 OB，其与线段 AB 成角 $\varepsilon + \Delta\varepsilon$，经光学系统射出后为光线 $O'B'$，与线段 $A'B'$ 成角 $\varepsilon' + \Delta\varepsilon'$。此处 $\Delta\varepsilon$、$\Delta\varepsilon'$ 均为微小角度差。

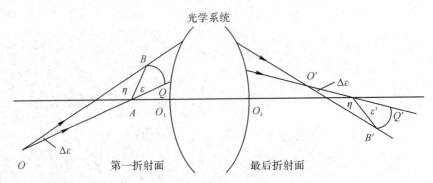

图 2.23　余弦定律示意图

根据费马原理，对点 O 和 O' 来说，光程 $(AOO'A')$ 应等于光程 $(OBB'O')$，即

$$nOA+(AA')-n'O'A'=nOB+(BB')-n'O'B'$$

或

$$n(OB-OA)-n'(O'B'-O'A')=(AA')-(BB') \tag{2.52}$$

以点 O 为中心，以 OB 为半径作圆弧交光线 OA 于点 Q，因 $\Delta\varepsilon$ 很小，可把圆弧看作直线，从三角形 ABQ 可得

$$AQ \approx OB-OA=AB\cos\varepsilon=\eta\cos\varepsilon$$

同理，以点 O' 为中心，以 $O'B'$ 为半径作圆弧交光线 $O'A'$ 于点 Q'，可得

$$A'Q' \approx O'B'-O'A'=A'B'\cos\varepsilon'=\eta'\cos\varepsilon'$$

把以上二式代入式(2.52)，得

$$n\eta\cos\varepsilon-n'\eta'\cos\varepsilon'=(AA')-(BB')$$

由于 A' 是 A 的完善像，B' 是 B 的完善像，根据费马原理知 A 和 A' 及 B 和 B' 之间的光程均应为极值，即 $\mathrm{d}(AA')=0$，$\mathrm{d}(BB')=0$。因此，(AA') 和 (BB') 各为一常量，以 C 表之，有

$$n\eta\cos\varepsilon-n'\eta'\cos\varepsilon'=C \tag{2.53}$$

这个关系称余弦定律，即光学系统对无限接近的两点成完善像的条件。点 A 的任意邻近点只要满足余弦定律，也成完善像。

因为光程 (AA') 和 (BB') 是不随 ε 角改变的量，因此，满足余弦定律时，角 ε 可为任意值，光线的孔径角不受限制，即两邻近点均可以任意宽光束成完善像。

2.5.2　正弦条件

在设计光学系统时，常对垂轴平面内的物考虑其成像问题，现在讨论垂轴平面内的两邻近点成完善像的条件。

如图 2.24 所示，两邻近点 A 和 B 构成的小线段垂直于光轴。为方便计，只考虑子午面内的情况。

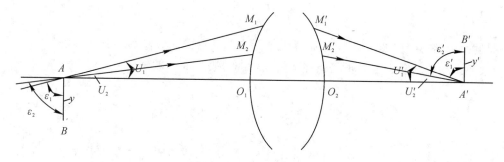

图 2.24　正弦条件示意图

由轴上点 A 引两条任意光线 AM_1 和 AM_2，分别与垂轴线段 AB 的像 $A'B'$ 成 ε_1 和 ε_2 角，且与光轴成 U_1 和 U_2 角。若点 A' 和点 B' 分别是点 A 和点 B 的完善像，则应满足余弦条件

$$n'y'\cos\varepsilon_1'-ny\cos\varepsilon_1=n'y'\cos\varepsilon_2'-ny\cos\varepsilon_2=C \tag{2.54}$$

式中，y 和 y' 分别表示垂轴小线段 AB 和 $A'B'$。因为 ε_1 和 ε_2 分别与 U_1 和 U_2 互为余角，上式可写为

$$n'y'\sin U_1'-ny\sin U_1=n'y'\sin U_2'-ny\sin U_2=C \tag{2.55}$$

如果由点 A 所引光线 AM_1 和 AM_2 不在子午面内，仍可证明

$$\frac{\cos\varepsilon'}{\cos\varepsilon}=\frac{\sin U'}{\sin U}$$

即式(2.55)总能成立。

若令以上两条光线 AM_1 和 AM_2 中有一条沿光轴，则因有 $U_1=U_1'=0$，故可得 $C=0$，则有

$$n'y'\sin U'=ny\sin U \tag{2.56}$$

或

$$\frac{n\sin U}{n'\sin U'}=\beta \tag{2.57}$$

这就是所要导出的正弦条件。

2.5.3 赫歇尔条件

光学中的赫歇尔条件是当光学系统成完善像时，在沿轴方向的邻近点成完善像应满足的条件。

设沿轴小线段 $AB=\mathrm{d}x$，通过光学系统成完善像 $A'B'=\mathrm{d}x'$，按余弦定律，可写为

$$n'\mathrm{d}x'\cos U'-n\mathrm{d}x\cos U=C \tag{2.58}$$

现只考虑沿轴光线 $U=U'=0$，得

$$n'\mathrm{d}x'-n\mathrm{d}x=C$$

用此式取代上式中的常数 C，可得

$$n'\mathrm{d}x'(1-\cos U')=n\mathrm{d}x(1-\cos U)$$

即

$$n'\mathrm{d}x'\sin^2\frac{U'}{2}=n\mathrm{d}x\sin^2\frac{U}{2} \tag{2.59}$$

由于轴向放大率 $\alpha=\dfrac{\mathrm{d}x'}{\mathrm{d}x}=\dfrac{n'}{n}\beta^2=\dfrac{n'y'^2}{ny^2}$，代入上式，可得

$$n'y'\sin\frac{U'}{2}=ny\sin\frac{U}{2} \tag{2.60}$$

上式即为赫歇尔条件的表示式，它是光轴上一对邻近点成完善像的充分与必要条件。

比较由式(2.56)表示的正弦条件和由式(2.60)表示的赫歇尔条件，可写出

$$\frac{n'y'}{ny}=\frac{\sin U}{\sin U'} \quad \text{和} \quad \frac{n'y'}{ny}=\frac{\sin\dfrac{U}{2}}{\sin\dfrac{U'}{2}}$$

显然以上两式只在 $U=U'=0$ 的条件下才能同时满足。这表明正弦条件和赫歇尔条件不能同时满足，即一对共轭点对垂轴平面内的邻近点满足正弦条件，对沿轴的邻近点不能满足赫歇尔条件。光学系统对一垂轴物平面成完善像，而对其附近的物平面就不能成完善像。故不存在对一个空间成完善像的光学系统。

2.5.4 弧矢不变量与正弦条件的关系

图 2.25 中 P_cB_s 和 P_dB_s 是一对弧矢光线，相交于 B_s 点，做 B_s 与曲率中心 C 的连线 B_sC 为点 B_s 的辅轴。按折射定律：入射光线、折射光线和法线应在一个平面以内，故 P_cB_s 光线经球面折射以后，其折射光线应在 P_cB_sC 平面内，同理 P_dB_s 光线经球面折射后，其

折射光线应在 P_dB_sC 平面内。这两个平面的交线显然是辅轴 B_sC。又由于光线 P_cB_s 和 P_dB_s 对称于子午面，其折射后的交点 B_s 也应在子午面以内，且在辅轴 B_sC 上。

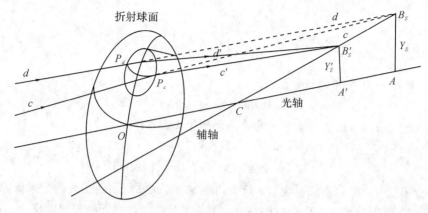

图 2.25　子午像与弧矢像三维图

如图 2.26 所示，点 A 和 A' 是轴上点边缘光线在球面折射前、后与光轴的交点。过点 A 作垂直于光轴的平面 AB_s，在此平面内点 A 的邻近点 B_s 就是图 2.26 中光线 P_cB_s 和 P_dB_s 的交点 B_s。这两条光线经球面折射后，应交于 B_sC 线上的点 B'_s。由于 AB_s 很小，像面弯曲等轴外像差可忽略不计，故认为点 B'_s 位于过点 A' 的垂直于光轴的平面内。Y_s 和 Y'_s 分别表示 B_s 和 B'_s 到光轴的垂直距离，由三角光路计算公式

$$\sin I = \frac{L-r}{r}\sin U$$

$$\sin I' = \frac{L'-r}{r}\sin U'$$

相除可得

$$\frac{\sin I}{\sin I'} = \frac{L-r}{L'-r} \times \frac{\sin U}{\sin U'} = \frac{n'}{n}$$

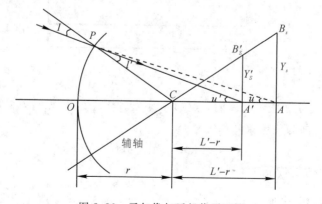

图 2.26　子午像与弧矢像平面图

或写为

$$\frac{L-r}{L'-r} = \frac{n'\sin U'}{n\sin U}$$

由于三角形 B_sCA 和三角形 B'_sCA' 相似，得

$$\frac{L-r}{L'-r}=\frac{Y_s}{Y'_s}$$

代入上式，得

$$\frac{n'\sin U'}{n\sin U}=\frac{Y_s}{Y'_s}$$

或

$$n'Y'_s\sin U'=nY_s\sin U \qquad (2.61)$$

对于第 i 个和第 $i+1$ 个相邻折射面，有

$$n'_i=n_{i+1}，\sin U'_i=\sin U_{i+1}，Y'_i=Y'_{i+1}$$

按此关系，把式(2.61)用于光学系统的第一面到第 k 面，得

$$n_1Y_{s1}\sin U_1=n_2Y_{s2}\sin U_2=\cdots \qquad (2.62)$$
$$=n_kY_{sk}\sin U_k=n'_kY'_{sk}\sin U'_k=\cdots$$

此式是一个不变量，称为弧矢不变量，只要物体垂直于光轴，用任意大的光束成像，上式均成立。此处 Y_s 和 Y'_s 是弧矢光束交点的高度，不是主光线与物平面和理想面交点的高度。

按弧矢彗差的定义，点 B'_s 到主光线的垂直于光轴的距离 B_sQ' 为弧矢彗差 K'_s。由于考虑到在小视场的情况下，可忽略像散、场曲和畸变等像差，但有球差 $\delta L'$ 和彗差 K'_s 存在，如图 2.27 所示，则弧矢不变量可写为

$$ny\sin U=n'Y'_s\sin U'$$

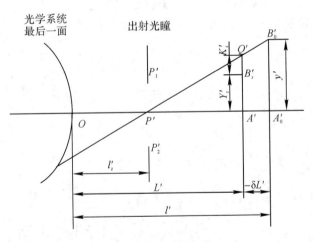

图 2.27　弧矢不变量

由图可知，当光学系统无彗差时，点 B'_s 和点 Q' 重合。如果无彗差同时又无球差时，则点 B'_s 和点 B'_0 重合，即为理想象高，则得

$$ny\sin U=n'y'\sin U'$$

此即前面所讲讨论的正弦条件。

2.5.5　正弦条件的其他表示形式

正弦条件可表示为另外一种形式

$$n'\sin U'=n\sin U\,\frac{1}{\beta}=-n\sin U\,\frac{x}{f}=-n\sin U\,\frac{l-f}{f}=-n\sin U\,\frac{l}{f}+n\sin U$$

当 $l\to\infty$，$\sin U\to 0$，则 $l\sin U=h$，则有

$$n'\sin U' = -\frac{n}{f}h = \frac{n'}{f'}h$$

得物体位于无限远时的正弦条件为

$$\frac{h}{\sin U'} = f' \tag{2.63}$$

根据轴上点光线光路计算的结果，由式(2.56)和式(2.63)可方便地判断光学系统是否满足正弦条件。

数值表示可以按下述处理，当物体在有限距离，并对边缘光线校正了球差，按光路计算结果求得 $\dfrac{n\sin U}{n'\sin U'}$ 值，若其等于按近轴光计算求得的横向放大率 β，则表示满足正弦条件，如不相等，令其差为 $\delta\beta$ 来表示正弦条件的偏离

$$\delta\beta = \frac{n\sin U}{n'\sin U'} - \beta \tag{2.64a}$$

对于物体在无限远的情况下，按式(2.63)可得

$$\delta f' = \frac{h}{\sin U'} - f' \tag{2.64b}$$

可用 $\delta f'$ 表示物体在无限远时的正弦条件的偏离。即使球差已校正，仍会由于彗差存在而不能满足正弦条件。

2.5.6　在不晕点处的正弦条件

校正了球差并满足正弦条件的一对共轭点，称为不晕点或齐明点。现在也可证明它们是满足正弦条件的，即证明由

$$l = \frac{n'+n}{n}r \;,\; l' = \frac{n'+n}{n'}r$$

所决定的一对共轭点是单个折射球面满足正弦条件的不晕点，这对共轭点的放大率为

$$\beta = \frac{y'}{y} = \frac{nl'}{n'l} = \frac{n\dfrac{n'+n}{n'}r}{n'\dfrac{n'+n}{n}r} = \frac{n^2}{n'^2}$$

由式(2.17)知，这对共轭点还有以下关系：

$$\frac{n}{n'} = \frac{\sin I'}{\sin I} = \frac{\sin U}{\sin U'}$$

由此可得

$$\beta = \frac{y'}{y} = \frac{n^2}{n'^2} = \frac{n\sin U}{n'\sin U'}$$

或

$$n'y'\sin U' = ny\sin U$$

这表明该对共轭点满足正弦条件。

2.5.7　等晕条件

正弦条件是垂轴小线段完善成像的条件。实际上光学系统对轴上点消球差只能使某一带球差为零，其他带仍有剩余球差存在。所以，轴上点也不能成完善像，所得到的像是一个

弥散斑，只是由于剩余球差不大，致使弥散斑很小，仍认为像质是好的。因此，对轴外邻近点的成像最多也只能要求和轴上像点一样，是一个仅由剩余球差引起的足够小的弥散斑。也就是说，轴上点和邻近点具有相同的成像缺陷，称之为等晕成像，欲达到这样的要求，光学系统必须满足等晕条件。

等晕条件如图 2.28 所示。图中只画出了光学系统的像空间，由于视场小，像散、场曲和畸变可不考虑，用理想像高 y' 取代细光束的会聚点的高度，Y' 是轴外邻近点边缘光线的汇聚点 B' 的高度，并和轴上点发出的边缘光的会聚点 A' 处于同一平面内。由图可知，轴上点和轴外点有相同的球差值，且轴外光束不失对称性，即不存在彗差，这就是满足等晕条件的系统。

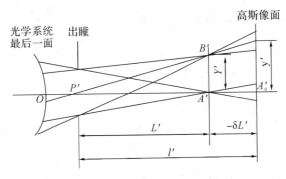

图 2.28　等晕条件示意图

如果邻近点存在彗差，则系统不满足等晕条件，如图 2.27 所示。现以 $\dfrac{K'_s}{A'Q'}$ 描述等晕条件的偏离，以 SC′ 表示之，称为正弦差或相对弧矢彗差。SC′=0 时表示系统满足等晕条件，即相对弧矢彗差为零，由图 2.27 可知

$$\mathrm{SC}' = \frac{K'_s}{A'Q'} = \frac{Y'_s - A'Q'}{A'Q'} = \frac{Y'_s}{A'Q'} - 1 \approx \frac{K'_s}{y'} \tag{2.65}$$

式中的 Y'_s 可用弧矢不变量公式(2.62)求出

$$Y'_s = \frac{n\sin U}{n'\sin U'} y$$

$A'Q'$ 可由图 2.27 中三角形 $P'A'Q'$ 的关系中求出

$$\frac{A'Q'}{y'} = \frac{P'A'}{P'A'_0} = \frac{L' - l'_z}{l' - l'_z}$$

则 $S'C'$ 可写为

$$\mathrm{SC}' = \frac{n\sin U}{n'\sin U'} \frac{l' - l'_z}{L' - l'_z} \frac{y}{y'} - 1$$

再利用垂轴放大率公式 $\beta = \dfrac{y'}{y} = \dfrac{nu}{n'u'}$ 代入上式，得

$$\mathrm{SC}' = \frac{\sin U}{\sin U'} \frac{u'}{u} \frac{l' - l'_z}{L' - l'_z} - 1 \tag{2.66}$$

当物体位于无限远时，$\sin U$ 和 u 相消，$u' = -\dfrac{h}{f'}$，则得

$$\mathrm{SC}' = \frac{h}{f'\sin U'} \frac{l' - l'_z}{L' - l'_z} - 1 \tag{2.67}$$

当进行球差计算时，由边缘光和第一近轴光光路计算中求得 $\sin U$，$\sin U'$，u，u'，L'，l'，只要再作一条第二近轴光的光路计算求得 l'_z，即可按以上两式求得光学系统的正弦差。这在小视场光学系统中作像质估计是很方便的。

为和系统的球差 $\delta L'$ 联系起来，式(2.66)可写为以下形式

$$\mathrm{SC}' = \frac{\sin U}{\sin U'}\frac{u'}{u}\frac{l'-L'+L'-l'_z}{L'-l'_z}-1 = \left(\frac{\sin U}{\sin U'}\frac{u'}{u}-1\right)-\frac{\delta L'}{L'-l'_z}\frac{\sin U}{\sin U'}\frac{u'}{u}$$

式中最后一项中，由于系统校正了球差，$\delta L'$ 是近于零的值，且分母是一个大数，故此项对整个 SC' 影响很小，把 $\sin U$ 和 $\sin U'$ 展开成级数后取第一项，上式可写为

$$\mathrm{SC}' = \frac{\sin U}{\sin U'}\frac{u'}{u}-\frac{\delta L'}{L'-l'_z}-1 \tag{2.68}$$

当物体位于无限远时，上式可写为

$$\mathrm{SC}' = \frac{h}{f'\sin U'}-\frac{\delta L'}{L'-l'_z}-1 \tag{2.69}$$

以上两式也是计算中常用的形式。

当 $K'_s = 0$ 时，$\mathrm{SC}' = 0$，但是 $\delta L'$ 不一定为零，这说明是等晕成像。所以，$\mathrm{SC}' = 0$ 能满足等晕条件，即光轴邻近点没有彗差存在。反之，$\mathrm{SC}' \neq 0$，就是系统偏离等晕条件，光轴邻近点有彗差存在。如果 $\mathrm{SC}' = 0$，同时 $\delta L' = 0$，式(2.68)可写为

$$\frac{\sin U}{\sin U'}\frac{u'}{u}-1 = 0$$

用拉赫不变量 $nuy = n'u'y'$ 取代上式中的 u 和 u'，可得

$$\frac{ny\sin U}{n'y'\sin U'}-1 = 0$$

或

$$ny\sin U = n'y'\sin U'$$

这正是正弦条件。所以说，等晕条件是正弦条件的推广。

有时，在计算中也可把正弦差表示为与放大率有关的形式。用 $\beta = \dfrac{nu}{n'u'}$ 代入式 (2.64a)，得

$$\frac{\delta\beta}{\beta} = \frac{u'}{u}\frac{\sin U}{\sin U'}-1$$

代入式(2.68)，得

$$\mathrm{SC}' = \frac{\delta\beta}{\beta}-\frac{\delta L'}{L'-l'_z} \tag{2.70}$$

当物体在无限远时，把式(2.64b)代入式(2.69)，得

$$\mathrm{SC}' = \frac{\delta f'}{f'}-\frac{\delta L'}{L'-l'_z} \tag{2.71}$$

对于一般的望远物镜或对称式照相物镜，可把 $L'-l'_z$ 近似地看做 f'，则

$$\mathrm{SC}' = \frac{\delta f'-\delta L'}{f'} \tag{2.72}$$

对于这类光学系统，当 $\delta f'$ 和 $\delta L'$ 相等时，表示满足等晕条件。可把 $\delta f'$ 曲线画在球差 $\delta L'$ 的曲线图上，两条曲线的偏离就表示对等晕条件偏离的程度。

2.5.8 正弦差

描述小视场成像宽光束不对称性的像差称为正弦差。也就是说，正弦差和彗差都是指轴外物点宽光束成像的失对称性，但彗差是针对大视场的，而正弦差是针对小视场的，它表示的是一个比值。通常都用弧矢彗差 K'_s 与实际像高 $A'B'$ 的比值来表示正弦差，因此又称为相对弧矢彗差，记为 OSC 或 SC'。正弦差的表达式为

$$SC' = \frac{K'_s}{A'B'}$$

正弦差的像曲线如图 2.29 所示。

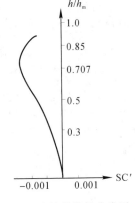

图 2.29　正弦差的像差曲线图

2.6　位　置　色　差

2.6.1　位置色差的产生原因及定义

当以复色光照明时，波长越小，像距越小。从而形成按波长由短至长，各自像点离透镜由近至远排列在光轴上，形成位置色差，如图 2.30 所示。

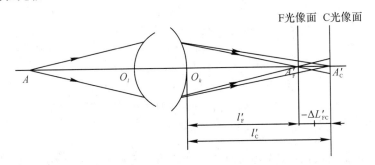

图 2.30　轴上点色差

例如，以白光为例，入射白光照明：红光(C)最远；蓝光(F)离透镜最近；黄光(D)则居中。这样假设取一接收屏进行接收，当它分别放置于不同的色光位置处时，就会出现不同颜色的彩色弥散斑。

位置色差是指轴上点两种色光成像位置的差异，也叫轴上色差。其数学形式为

$$\Delta L'_{\lambda 1 \lambda 2} = L'_{\lambda 1} - L'_{\lambda 2} \tag{2.73}$$

这是具有普遍意义的式子。

2.6.2　消色差谱线的选择

光学材料有色散性质，对不同色光有不同的折射率。因此光学系统对不同色光有不同的像差值，任何光学系统都不能同时对所有色光校正好像差。因而在设计光学系统时，就应考虑对什么谱线校正单色像差和对什么谱线校正色差的问题。

一般来说，消像差谱线的选择主要取决于光学系统接收器的光谱特性。应对接收器最

灵敏的谱线消单色像差。对接收器所能接受的波段范围两边缘附近的谱线校正色差。为使整个系统有高的效率，应使接收器、光学系统和光源匹配好，即光源辐射的波段和最强谱线、光学系统透过的波段和最强谱线、接收器所能接收的波段和最灵敏谱线相一致。

在实际计算中，消像差谱线按上述原则选取与所选波长相近的夫朗和费谱线，以便直接从玻璃目录中查取相应的折射率。按接收器的不同可将常用的光学系统分为几类，并讨论其消像差的浅的选择。

1. 目视光学系统

眼睛是目视光学系统的接收器，在可见光谱中有效波段为 F 线和 C 线之间的光谱区间。一般总是对 F 光和 C 光校正色差，对其中 D 光校正单色像差。但是，对人眼最灵敏的波长为 555 nm，e 光比 D 光更接近这一波长，因此，用 e 光校正单色像差更为合适。

在实际计算中，常用折射率 n_D 和阿贝常数 ν_D 作为在目视光学系统中选用光学玻璃的参量指标

$$\nu_D = \frac{n_D - 1}{n_F - n_C} \tag{2.74}$$

我们通常所说的消色差系统也只是指使某一带色差为 0，通常对带光光线校正色差，即 C、F 光的像点在 0.707 交于一点，即在 0.707 处有 $\Delta L'_{FC} = 0$，如图 2.31(a)所示，图 2.31(b)为三种色光的球差曲线。

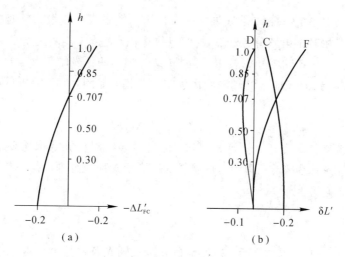

图 2.31　色差曲线

2. 普通照相系统

普通照相系统的接收器是照相底片。考虑到照相乳剂的光谱灵敏度，在设计这种系统时，一般对 F 光校正单色像差，对 D 光和 G′ 光校正色差。光学材料相应的参量指标为

$$n = n_F, \quad dn = n'_G - n_D, \quad \nu_F = \frac{n_F - 1}{n'_G - n_D}$$

实际上，各种照相乳胶剂的光谱灵敏度不尽相同，并考虑到常用目视方法调焦，也可以按目视系统一样来处理，即对 D 光校正单色像差，对 C 光和 F 光校正色差。但是，考虑到照相底片的全色性，应适当照顾 G′ 光像差的校正情况，使之不要过大。

3. 不需目视调焦的照相系统

天文照相、航空照相不需目视调焦。考虑到大气的性质，通常对 h 光和 F 光校正色差，对 G 光校正单色像差。在光学设计时相应的光学参量为

$$n = n_{G'}, \quad \mathrm{d}n = n_h - n_F, \quad \nu_{G'} = \frac{n_{G'} - 1}{n_h - n_F}$$

4. 特殊光学系统

现代的许多光学仪器，其应用范围已扩展到可见光谱之外。设系统用于由 λ_1 到 λ_2 光谱区域内，在设计该系统时应取

$$n = \frac{1}{2}(n_{\lambda 1} + n_{\lambda 2}), \mathrm{d}n = n_{\lambda 1} - n_{\lambda 2}$$

$$\nu = \frac{\frac{1}{2}(n_{\lambda 1} + n_{\lambda 2}) - 1}{n_{\lambda 1} - n_{\lambda 2}} \tag{2.75}$$

式中，$n_{\lambda 1}$、$n_{\lambda 2}$ 可用色散公式或用实测方法求知。

总之，消像差谱线的选择应根据具体使用条件确定。例如用于某种激光的光学系统，只需对该种色光校正单色像差，可不考虑色差的校正。

2.6.3 二级光谱

一般消色差光学系统只能做到对两种色光校正位置色差。如果光学系统中 λ_1 和 λ_2 两种色光的公共像点相对于第三种色光 λ_3 的像点位置仍有差异，这种差异就是二级光谱。

若 C、F 光在 0.707 带相交，即校正了位置色差，但是两色光的交点与 D 光的球差曲线并不重合，则称该交点到 D 光曲线的轴向距离为二级光谱，如图 2.31(b) 所示，表示为 $\Delta L'_{FCD}$，其数学形式为

$$\Delta L'_{FCD} = \Delta L'_{0.707F} - \Delta L'_{0.707D} \tag{2.76}$$

一般光学系统对二级光谱并不严格要求，但对于某些对白光或像质要求很高的光学系统，如长焦距平行光管物镜、长焦距制版物镜、高倍显微物镜等则应考虑。消除二级光谱的光学系统称为复消色差光学系统。

2.6.4 色球差

当系统在带光校正了色差之后，边缘带色差与近轴光色差并不相等，其差值为色球差，也可理解为不同波长的球差之差，用公式表示为

$$\delta L'_{FC} = \Delta L'_{FCM} - \Delta l'_{FC} \tag{2.77}$$

也可表示为

$$\delta L'_{FC} = (L'_{FM} - l'_F) - (L'_{CM} - l'_C) = \delta L'_{FM} - \delta L'_{CM} \tag{2.78}$$

实际上无论是色球差还是二级光谱，都是与系统焦距密切相关的，其校正都极为困难，一般系统对此并不严格要求。

2.6.5 位置色差的级数展开式

位置色差也可以像球差一样展开成级数。位置色差是轴上点像差，只与半孔径 h 或孔

径角 u 有关，与视场无关。当 h 或 u 改变符号时，位置色差不变符号。因此，在位置色差的展开式中只能包括 h 或 u 的偶次方项。当 h 或 u 为零时，色差不为零，展开式中存在常数项。位置色差的级数展开式可写为

$$\Delta L'_{FC}=a_0+a_1h^2+a_2h^4+a_3h^6+\cdots \tag{2.79}$$

或

$$\Delta L'_{FC}=b_0+b_1u^2+b_2u^4+b_3u^6+\cdots \tag{2.80}$$

为求上式中的系数 a_0，a_1，$\cdots$，把 $\Delta L'_{FC}$ 写为

$$\Delta L'_{FC}=L'_F-L'_C=l'_F+\delta L'_F-l'_C-\delta L'_C$$

把 F 光和 C 光的球差 $\delta L'_F$ 和 $\delta L'_C$ 展开成级数，即

$$\begin{aligned}\delta L'_{FC}&=l'_F-L'_C+(A_{F1}h^2+A_{F2}h^4+A_{F3}h^6+\cdots)-(A_{C1}h^2+A_{C2}h^4+A_{C3}h^6+\cdots)\\&=\delta l'_{FC}+(A_{F1}-A_{C1})h^2+(A_{F2}-A_{C2})h^4+(A_{F3}-A_{C3})h^6+\cdots\end{aligned} \tag{2.81}$$

与式(2.79)相比，有

$$a_0=\delta l'_{FC}, \quad a_1=A_{F1}-A_{C1}$$
$$a_2=A_{F2}-A_{C2}, \quad a_3=A_{F3}-A_{C3}$$

即色差展开式(2.79)中，第一项为近轴光的位置色差，其他各项分别为二级、三级色差等。

如果在色差展开式中只取两项，第二项

$$a_1h^2=A_{F1}h^2-A_{C1}h^2=\delta L'_F-\delta L'_C$$

为 F 光和 C 光初级球差之差。与式(2.78)相比较，上式正是色球差。

在校正色差时，如只顾及消除近轴色差 $\Delta l'_{FC}$，由于色球差的存在，边缘光的色差还是很大的。最好的色差校正方案是使近轴色差 $\Delta l'_{FC}$ 和孔径边缘色差 $\Delta L'_{FCm}$ 数值相等，符号相反，即

$$\Delta l'_{FC}=-\Delta L'_{FCm}$$

把 $\Delta L'_{FCm}$ 只取级数展开式的两项

$$\Delta L'_{FCm}=\Delta l'_{FC}+a_1h_m^2$$

可得

$$\Delta l'_{FC}=-\Delta L'_{FCm}=-\frac{1}{2}a_1h_m^2$$

这种色差的平衡状况如图 2.32 所示。最大剩余球差只有色球差的二分之一。这比只校正近轴色差 $\delta l'_{FC}$ 的色差校正方案的剩余色差减少一半。

对于这种色差平衡方案。由于 $\Delta L'_{FCm}$ 和 $\Delta l'_{FC}$ 数值相等，符号相反，则必有一孔径色差为零，现在求这一孔径的高度，把 $\Delta l'_{FC}=-\frac{1}{2}a_1h_m^2$ 代入色差展开式(2.79)中，当入射高度为 h 时，$\Delta L'_{FC}=0$，则得

$$\Delta L'_{FC}=-\frac{1}{2}a_1h_m^2+a_1h^2=0$$

其中 $h=\pm0.707h_m$，这就是为什么一般在带光处把色差校正为零的道理所在。

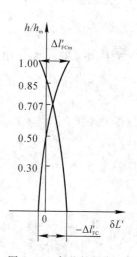

图 2.32　色差的平衡

2.6.6 位置色差的分布式

初级位置色差，即近轴区色差的分布公式为

$$\Delta l'_{FC} = -\frac{1}{n'_k u'^2_k} \sum_1^k C_I \tag{2.82}$$

$C_I = luni\left(\dfrac{\Delta n'}{n'} - \dfrac{\Delta n}{n}\right)$，$C_I$ 为初级位置色差系数，其中 $\Delta n' = n'_F - n'_C$，$\Delta n = n_F - n_C$。如果系统是薄透镜构成的系统，其薄透镜系统的色差系数为

$$\sum_{m=1}^M C_I = \sum_{m=1}^M h^2 \frac{\varphi}{\nu}$$

即各个单薄透镜的系数相加即可，式中：
M 为系统中透镜的个数；φ 为每块透镜的光焦度；
ν 为每块透镜的阿贝数；h 为每块透镜上的投射高度。

2.6.7 消色差系统光焦度分配

光学系统对初级位置色差的校正，须使 $\sum_{i=1}^h C_I$ 或 $\sum_{m=1}^M C_I$ 为零。当各个透镜的玻璃选定以后（即 ν 值已定），光学系统消初级位置色差就成为各个透镜的光焦度的分配问题了。

下面讨论两种情况下光学系统校正初级色差的问题。

1. 完全消色差的密接薄透镜系统

由两块或两块以上相互接触或以极小空气间隙分离的薄透镜组成的薄透镜系统，称为密接薄透镜系统，例如双胶合或双分离型式的透镜组。对于这类薄透镜系统，可认为各个透镜上的入射高度相等，消色差条件可表示为

$$\sum_{m=1}^M C_I = h^2\left(\frac{\varphi_1}{\nu_1} + \frac{\varphi_2}{\nu_2} + \cdots + \frac{\varphi_M}{\nu_M}\right) = 0 \tag{2.83}$$

对于双胶合和双分离物镜，有

$$\frac{\varphi_1}{\nu_1} + \frac{\varphi_2}{\nu_2} = 0$$

式中，φ_1 和 φ_2 是每块透镜的光焦度。它们还应该满足系统的总光焦度 Φ 的要求。把光组组合的光焦度公式

$$\varphi_1 + \varphi_2 = \phi$$

和上式联立，可求得两透镜的光焦度为

$$\varphi_1 = \frac{\nu_1}{\nu_1 - \nu_2}\phi \tag{2.84}$$

$$\varphi_2 = \frac{-\nu_2}{\nu_1 - \nu_2}\phi$$

由上式可知：

（1）具有一定光焦度的双胶合或双分离透镜，只有用不同玻璃制造的正负透镜才可能使两个透镜产生的位置色差互相补偿，而光焦度不互相补偿，从而保证一定的光焦度。为

使光焦度 φ_1 和 φ_2 数值不至于太大，两种玻璃的阿贝常数相差应尽可能大些。通常选取冕牌和火石两类玻璃中的各一种牌号来组合。

（2）若光学系统的总光焦度为正（$\Phi>0$），不管冕牌玻璃在前（第一块透镜），还是火石玻璃在前，正透镜必然用冕牌玻璃，负透镜为火石玻璃。反之，光学系统的总光焦度为负（$\Phi<0$），则正透镜用火石玻璃，而负透镜用冕牌玻璃。

例 2-1　试计算双分离望远物镜在消色差时光焦度的分配。设选用 K9（$n_D=1.5163$，$\nu_D=64.1$）和 F2（$n_D=1.6128$，$\nu_D=36.9$）两种玻璃。先设系统总焦距为一个单位，利用式（2.84），得

$$\varphi_1=\frac{64.1}{64.1-36.9}=2.356\,62$$

$$\varphi_2=\frac{-36.9}{64.1-36.9}=-1.356\,62$$

这就是双分离系统的消色差解。

（3）若两透镜用同一种玻璃，由式（2.84）可知，欲满足消初级色差，必须 $\varphi_1=-\varphi_2$，此时 $\Phi=\varphi_1+\varphi_2=0$，为无光焦度消色差系统，这种系统可在不产生色差的情况下，产生一定的单色像差。因此，它有实际用途，例如在折反射系统中作为校正反射镜单色像差的补偿器。

2. 保留一定剩余位置色差的密接薄透镜系统

保留一定的初级位置色差的目的在于：一方面和其他光学零件产生的色差相补偿，另一方面为了补偿系统本身的高级色差，以便使系统能在带光处消色差。

当物镜需保留一定的初级色差值 $\Delta l'_{FC}$ 时，由色差分布系数 C_I 的表达式和式（2.82）可得

$$h^2\sum_{m=1}^{M}\frac{\varphi}{\nu}=-n'u'^2\Delta l'_{FC} \tag{2.85}$$

对双透镜的密接薄透镜组，有

$$h^2\left(\frac{\varphi_1}{\nu_1}+\frac{\varphi_2}{\nu_2}\right)=-n'u'^2\Delta l'_{FC} \tag{2.86}$$

若光学系统在空气中时，有

$$\frac{\varphi_1}{\nu_1}+\frac{\varphi_2}{\nu_2}=-\frac{u'^2}{h^2}\Delta l'_{FC}=-\frac{1}{l'^2}\Delta l'_{FC} \tag{2.87}$$

当物体在无限远时，$l'=f'$，有

$$\frac{\varphi_1}{\nu_1}+\frac{\varphi_2}{\nu_2}=-\varphi^2\Delta l'_{FC} \tag{2.88}$$

用此式与光焦度公式 $\varphi=\varphi_1+\varphi_2$ 联立，得

$$\varphi_1=\frac{\nu_1}{\nu_1-\nu_2}\varphi(1+\nu_2\varphi\Delta l'_{FC})$$

$$\tag{2.89}$$

$$\varphi_2=\frac{-\nu_2}{\nu_1-\nu_2}\varphi(1+\nu_1\varphi\Delta l'_{FC})$$

例 2-2　设计一双胶合望远物镜，焦距为 100 mm，用一块反射棱镜（即相当于一块平行玻璃板）与之组合，设该反射棱镜产生的初级位置色差为 0.26 mm，则物镜应产生

0.26 mm 的初级位置色差与之相补偿。求：正、负透镜的焦距。

由式(2.89)可得 φ_1 和 φ_2 值为

$$\varphi_1 = \frac{64.1}{64.1-32.2} \frac{1}{100\text{mm}} \left[1 + \frac{32.2(-0.26\text{mm})}{100\text{mm}}\right] = 0.018\ 444\ \text{mm}^{-1}$$

$$\varphi_2 = \frac{32.2}{64.1-32.2} \frac{1}{100\text{mm}} \left[1 + \frac{64.1(-0.26\text{mm})}{100\text{mm}}\right] = -0.008\ 444\ \text{mm}^{-1}$$

可得

$$f_1' = 54.23$$
$$f_2' = -118.43$$

讨论：

若不需保留色差，即 $\Delta l_{FC}' = 0$，得

$$\varphi_1 = 0.020\ 13\ \text{mm}^{-1}$$
$$\varphi_2 = -0.010\ 13\ \text{mm}^{-1}$$
$$f_1' = 49.68\ \text{mm}$$
$$f_2' = -98.72\ \text{mm}$$

可见保留一部分负色差时求得的光焦度 φ_1 和 φ_2 较消色差时求得的 φ_1 和 φ_2 值为小，这样透镜的曲率半径值可大些，对像差的校正是有利的。

3. 由两块具有一定空气间隔的薄透镜组成的系统

对于这种系统，光线在两块透镜上的入射高度不同，其消色差条件可以表示为

$$\sum_1^2 C_{\mathrm{I}} = h_1^2 \frac{\varphi_1}{\nu_1} + h_2^2 \frac{\varphi_2}{\nu_2} = 0 \tag{2.90}$$

系统的总光焦度为

$$\Phi = \varphi_1 + \frac{h_2}{h_1}\varphi_2 \tag{2.91}$$

当已知物距和孔径角时，h_1 便可确定。当物体在无限远时，h_1 是已知的，则 h_2 可由下式确定：

$$h_2 = h_1 - du_1' = h_2 - d\frac{h_1}{f'}$$

得

$$\frac{h_2}{h_1} = 1 - d\varphi_1$$

若已知 d，解以下方程组

$$\begin{aligned} h_1^2 \frac{\varphi_1}{\nu_1} + h_2^2 \frac{\varphi_2}{\nu_2} &= 0 \\ \Phi &= \varphi_1 + \frac{h_2}{h_1}\varphi_2 \\ \frac{h_2}{h_1} &= 1 - d\varphi_1 \end{aligned} \tag{2.92}$$

由上式消去 φ_2、h_2，得 φ_1 的方程式为

$$\nu_1 d\varphi_1^2 + (\nu_2 - \nu_1 - \nu d\Phi)\varphi_1 + \nu_1\Phi = 0 \tag{2.93}$$

若已知 ν_1、ν_2、d、Φ，即可求得消色差条件下的 φ_1，然后可求出 h_2 和 φ_2。

由式(2.92)可知，消色差的解必然是一块正透镜和一块负透境。一般来说，d 值是根据结构上的要求确定的。如图 2.33 所示的系统，d 值是由后工作距的要求确定的。根据几何光学中的公式导出

$$l'_z = f'(1 - d\varphi_1)$$

得

$$d = \frac{f' - l'_z}{f'\varphi_1} = \frac{1 - \Phi l'_z}{\varphi_1}$$

将此 d 代入式(2.93)，得

$$\varphi_1 = \frac{\nu_1 l_z \Phi^2}{\nu_1 l'_z \Phi - \nu_2} \tag{2.94}$$

由上式知，正负两块透镜以一定间隔所组成的系统，并不是任何给定 l'_z 值或 d 值都能获得消色差的结果。当第一块透镜为正透镜时，必须满足以下条件：

$$\nu_1 l_z \phi > \nu_2$$

或

$$l'_z > \frac{\nu_2}{\nu_1} f'$$

才能有解。即使 $l'_z > \dfrac{\nu_2}{\nu_1} f'$，仍有可能使 φ_1 值很大，这样的结果也没有实用价值。

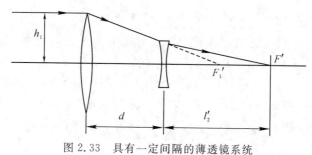

图 2.33　具有一定间隔的薄透镜系统

例 2-3　以 K9($n_D = 1.5163$，$\nu_D = 64$)和 ZF2($n_D = 1.6725$，$\nu_D = 32.2$)玻璃组合，设计焦距为 100 mm 的消色差系统，要求后工作距离 $l'_z = 70$ mm。

利用式(2.94)求 φ_1

$$\varphi_1 = \frac{\nu_1 l'_z \Phi^2}{\nu_1 l'_z \Phi - \nu_2} = \frac{64 \times 70\text{mm} \times 0.01^2\text{mm}^{-2}}{64 \times 70\text{mm} \times 0.01\text{mm}^{-1} - 32.2} = 0.355\,56\ \text{mm}^{-1}$$

可得

$$f'_1 = 28.125\ \text{mm}$$

由 Φ、φ_1 和 d

$$d = \frac{1 - \Phi l'_z}{\varphi_2} = \frac{1 - 0.01\text{mm}^{-1} \times 70\text{mm}}{0.035556\text{mm}^{-1}} = 8.437\ \text{mm}$$

最后求 $\dfrac{h_2}{h_1}$ 和 φ_2

$$\frac{h_2}{h_1} = 1 - d\varphi_1 = 1 - 8.437\text{mm} \times 0.035556\text{mm}^{-1} = 0.7$$

$$\varphi_2 = (\Phi - \varphi_1)\frac{h_1}{h_2} = \frac{0.01\,\text{mm}^{-1} - 0.035556\,\text{mm}^{-1}}{0.7} = -0.006\,651\,\text{mm}^{-1}$$

可得

$$f_2' = -27.390\,\text{mm}$$

此例和上例的总焦距一样，但所求得的 φ_1 和 φ_2 值要大得多。消色差双透镜系统分离的结果，导致每块透镜的光焦度的增大，这对像差校正是不利的。

如果分离系统的两块透镜用同一种玻璃，即 $\nu_1 = \nu_2$，消色差方程式(2.93)可写为

$$\varphi_1 = \frac{\Phi}{2}\left(1 \pm \sqrt{1 - \frac{4}{d\Phi}}\right)$$

若光学系统是会聚的($\Phi > 0$)只有 $d\Phi \geqslant 4$ 时，上式才有解，这时 $\varphi_1 > 0$，$\varphi_2 < 0$。若取 $d\Phi = 4$，则由上式可知，$\varphi_1 = \dfrac{\Phi}{2} = \dfrac{2}{d}$，即 $f_1' = \dfrac{d}{2}$。这样的系统的焦点位于两透镜之间，且第二透镜为负，最后必为虚像，如图 2.34 所示，这种系统无实用意义。

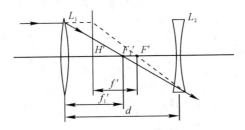

图 2.34　焦点位于两透镜之间

必须指出，此处所讨论的消位置色差主要对初级位置色差而言，是对近轴光消色差。这和实际对于光消色差的要求不符。因为，近轴光色差为零时，由于色球差少，不但带光色差不为零，而且会使边缘光色差达很大值。此外，这里所讨论的是厚度近于零的薄透镜，也与实际不符。当透镜的厚度由无限薄变到具有一定厚度，色差也要发生一些变化。因此，实际系统的色差要根据初始解的光路计算结果，改变结构参量(r, d, n)作精确的校正。

2.7　倍率色差

2.7.1　倍率色差的定义

同位置色差产生的原因相似，对于不同的色光而言，其放大倍率并不相同。倍率色差是指轴外物点发出的两种色光的主光线在消单色光像差的高斯像面上交点的高度之差，或者同一光学系统对不同色光的放大率的差异，如图 2.35 所示。

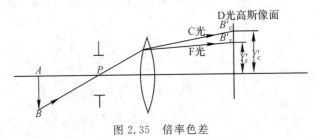

图 2.35　倍率色差

对于目视光学系统，倍率色差是以 C 光、F 光的主光线在 D 光高斯像面上的交点高度之差来表示，即

$$\Delta Y'_{FC} = Y'_F - Y'_C$$

近轴光倍率色差为(称为初级倍率色差)

$$\Delta y'_{FC} = y'_F - y'_C$$

式中 y'_F 和 y'_C 为色光的第二近轴光像高。

2.7.2　倍率色差的校正

倍率色差是在高斯像面上度量的，故为垂轴(横向)像差的一种，它只与视场有关。倍率色差严重时，物体的像有彩色边缘，即各种色光的轴外点不重合。它破坏了轴外点成像的清晰度，造成白光像的模糊。倍率色差随视场增大而变得严重，所以大视场光学系统必须校正倍率色差。所谓倍率色差的校正，是指对所规定的两种色光在某一视场使倍率色差为零。倍率色差为负时为校正不足，反之，为校正过头。

倍率色差的校正方法主要是使用对称式结构，或者将光阑放置在球心处，或将物体置于球面的顶点处。其次，若将两块由同一材料制成的且相距一定间隔 $d = \dfrac{f'_1 + f'_2}{2}$ 的透镜组合在一起，则该透镜组可以实现对横向放大率色差的校正。

对于密接薄透镜组，若系统已校正了位置色差，则倍率色差也同时得到校正。但是若系统由具有一定间隔的两个或多个薄透镜组成，只有对各个薄透镜组分别校正了位置色差，才能同时校正系统的倍率色差。

2.7.3　倍率色差的级数展开式

倍率色差和物高 y 成比例，当 y 改变符号时，倍率色差必改变符号，故它的级数展开式中只包括 y 的奇次项。当 y 为零时，$\Delta Y'_{FC}$ 亦为零，所以展开式中无常数项。现只取展开式中的两项，即

$$\Delta Y'_{FC} = b_1 y + b_2 y^3 \tag{2.95}$$

式中，第一项为近轴倍率色差，即初级倍率色差，第二项为二级倍率色差，依次类推更高次项。

倍率色差按定义可写为

$$\Delta Y'_{FC} = Y'_{zF} - Y'_{zC} = y'_F + \delta Y'_{zF} - y'_C - \delta Y'_{zC} = (y'_F - y'_C) + \delta Y'_{zFC} - \delta Y'_{zC}$$

式中 $y'_F - y'_C = \Delta y'_{FC}$，即近轴倍率色差或初级倍率色差，$\delta \Delta Y'_{zF}$ 和 $\delta Y'_{zC}$ 是 F 光和 C 光的畸变。将其展开成级数，并只取两项，有

$$\delta Y'_{zF} = E_{F1} Y^2_{zF} + E_{F2} Y^3_{zF}$$

$$\delta Y'_{zC} = E_{C1} Y^2_{zC} + E_{C2} Y^3_{zC}$$

在物方空间，令 $Y_{zF} = Y_{zC} = y$，则式(2.95)中的第二项为

$$b_2 y^3 = (E_{F1} - E_{C1}) y^3 = \delta Y'_{zF} - \delta Y'_{zC}$$

由上式可知，倍率色差展开式的第二项就是 F 光和 C 光的初级畸变之差，称为色畸变。

若在视场边缘带处使倍率色差校正为零，由 $\Delta Y'_{FC}$ 的级数展开式可得

$$b_1 y_m = -b_2 y^3_m$$

代回原级数展开式，即

$$\Delta Y'_{FC} = -b_2 y_m^2 y + b_2 y^3$$

对 y 微分，并使之为零，得

$$\frac{\mathrm{d}Y'_{FC}}{\mathrm{d}y} = -b_2 y_m^2 + 3b_2 y^2 = 0$$

$$y = \frac{\sqrt{3}}{3} y_m \approx 0.58 y_m$$

由此得到视场边缘 y_m 处的倍率色差为零时的最大剩余倍率色差为

$$\Delta Y'_{FC} = -\frac{2\sqrt{3}}{9} b_2 y_m^3 \approx -0.38 b_2 y_m^3$$

即当边缘视场倍率色差为零时，在 $0.58 y_m$ 处有最大剩余倍率色差 $\Delta Y'_{FCm} \approx -0.38 b_2 y_m^3$。

2.7.4 倍率色差的分布式

初级倍率色差的分布式为

$$\Delta Y'_{FC} = -\frac{1}{n'_k u'_k} \sum_1^k C_{\mathrm{II}}$$

$$\tag{2.96}$$

$$C_{\mathrm{II}} = C_{\mathrm{I}} \frac{i_z}{i}$$

C_{II} 为初级倍率色差分布系数。

2.8 波 像 差

2.8.1 波像差的定义

波像差是指实际波面与理想波面的光程差。点光源发出的是球面波，其法线方向相当于几何光学中的光线，若系统是理想的，则此球面经光学系统后，将出射出新的球面波，而此球面波的球心就是像点。但是若系统存在剩余像差，则必将使出射波面发生变形，不再为理想球面波，那么这一变了形的波面与理想波面之间就一定存有偏差，当实际波面与理想波面在出瞳处相切时，两波面间的光程差就为波像差，用 W' 表示，如图 2.36 所示。

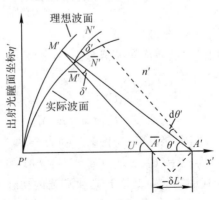

图 2.36　波像差

波像差越小，系统的成像质量越好。根据瑞利判断，当系统的最大波像差小于 $\frac{1}{4}\lambda$ 时，认为系统是完善的。

在图 2.36 中，A' 是理想像点，以 A' 为中心，$A'P'$ 为半径作一参考球面，即理想波面；$\overline{A'}$ 为实际像点，则 $\overline{A'}A'$ 为球差值，过 $\overline{A'}$ 任作一实际波面的法线并延长，交理想波面于 M'，则：$W' = M'M \times n$，为光程差。

对轴上点而言，单色光的波像差仅与球差有关，即

$$W' = \frac{n'}{2}\int_0^{U'_{\mathrm{m}}} \delta L' \mathrm{d}u'^2 \tag{2.97}$$

从该积分式可看出，当以 u'^2 为纵坐标画出球差曲线时，该曲线和纵坐标间所围面积的一半就是波像差，如果光学系统不是成像在空气中，则该面积还应乘以像方折射率 n' 才是波像差 W'。这样，可在坐标纸上按上述方法作图求得波像差值。

2.8.2　参考点移动对波像差的影响

波像差的值是以高斯像点为参考点求得的，即以高斯像点为中心的理想波面计算出来的。实际上，在保证理想波面和实际波面在光轴上相切的前提下，参考点（即理想波面的曲率中心）的位置对波像差值是有影响的。因此，可以选择一个参考点，在该点处所求得的波像差为最小。这个参考点位置称为物镜的最佳焦点位置所在。下面将讨论如何寻求最佳焦点位置，以及在最佳焦点位置处如何计算波像差的问题。

球差曲线和纵坐标所围的面积与波像差成比例。改变参考点的位置就是改变纵坐标的位置。最佳焦点位置的选择就是使球差曲线与新选定的坐标轴之间所围的面积为最小。现在假设光学系统的球差只包括初级和二级球差，对于选取最佳焦点位置和计算其波像差的方法作如下讨论。

1. 只含有初级球差

如果光学系统只有初级球差，以 u^2 或 h^2 为纵坐标绘制的球差曲线为一直线，如图 2.37(a) 所示，相应的波像差曲线为抛物线，见图 2.37(b)。显然，当使边缘带的波像差为零时，剩余球差最小。因此，最佳焦点位置应在 $\frac{1}{2}\delta L'_{\mathrm{m}}$ 处，见图 2.37(c)。此时，球差曲线被过最佳焦点的纵坐标与曲线围成两个等面积的三角形 OAB 和 BCD，使边缘带的波像差为零。最大的剩余波像差在 $\frac{1}{2}u'^2_{\mathrm{m}}$ 带上，其值为原边缘带处波像差的 1/4，这处因为三角形

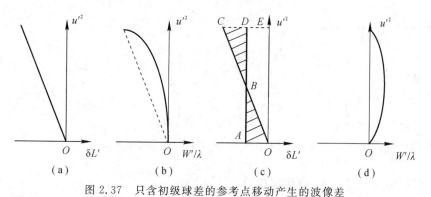

图 2.37　只含初级球差的参考点移动产生的波像差

OAB 的面积是三角形 OCE 面积的四分之一，故最大波像差如图 2.37(c) 所示，其值可按下式计算：

$$W'_\mathrm{m} = \frac{n'}{2}\left(\frac{1}{2}\times\frac{1}{2}\delta L'_\mathrm{m}\times\frac{1}{2}u'^2_\mathrm{m}\right) = \frac{n'}{16}\delta L'_\mathrm{m} u'^2_\mathrm{m} \tag{2.98}$$

2. 含有初级球差和二级球差

当光学系统只包括初级和二级球差时，以 $(h/h_\mathrm{m})^2$ 为纵坐标的球差曲线应为一条抛物线。如图 2.38(a) 所示，相应的波像差曲线如图 2.38(b) 所示。为使波像差为最小，应取理想波面的中心于点 A 处，以使面积 $ABC = COD = DEF$，如图 2.38(c) 所示，此时最大的波像差仅由面积 ABC 决定，显然其比原来波像差小得多，如图 2.38(d) 所示。因为最佳焦点或最佳像面的位置一般不和高斯像点或高斯像面重合。这种选取最佳焦点的方法称为离焦，因是沿光轴方向的离焦，故称为轴向离焦。

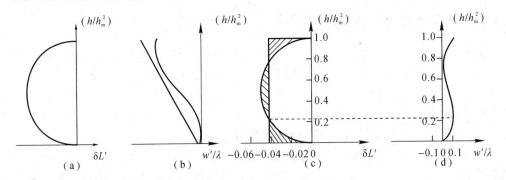

图 2.38 含有初级球差和二级球差的球差曲线和波像差曲线

最佳焦点的位置或离焦量的大小，在只包括初级和二级球差的光学系统，可以由抛物线的性质来推知，如图 2.39 所示为一抛物线，其方程为

$$y = ax^2$$

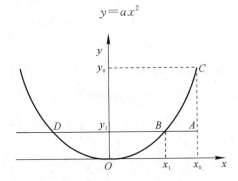

图 2.39 最佳焦点与离焦量

积分后的面积为

$$面积\ Ox_0ACBO = \int_0^{x_0} y\mathrm{d}x = \int_0^{x_0} ax^2\mathrm{d}x = \frac{1}{3}ax_0^3$$

矩形面积 $Ox_0Cy_0O = x_0y_0 = ax_0^3$，故得面积 $OBCy_0O = \frac{2}{3}ax_0^3$。

同理，面积 $OBy_1O = \frac{2}{3}ax_1^3$，故得面积 ABC 为

面积 $ABC = Ox_0ACBO - (Ox_0Ay_1O - OBy_1O) = \dfrac{1}{3}ax_0^3 - ax_1^2x_0 + \dfrac{2}{3}ax_1^3$

此处，应该要求面积 $ABC = BOD = 2OBy_1O$，故得

$$\frac{1}{3}ax_0^3 - ax_1^2x_0 + \frac{2}{3}ax_1^3 = \frac{4}{3}ax_1^3$$

或写为

$$2x_1^3 + 3x_1^2x_0 - x_0^3 = 0$$

令 $x_1/x_0 = K$，则上式可写为

$$2K^3 + 3K^2 - 1 = 0$$

解之得 $K = 1/2$，另外两个根不适用，略去。即当 $x_1 = \dfrac{1}{2}x_0$ 时，就能得到面积 $ABC = OBDO$，其相应的纵坐标 y_1 为

$$y_1 = ax_1^2 = a\left(\frac{x_0}{2}\right)^2 = \frac{a}{4}x_0^2 = \frac{1}{4}y_0$$

将此结果与前述球差曲线联系起来，可以得出如下结论：对于只包含初级和二级球差的光学系统，当对边缘孔径校正了球差以后，其最佳焦点位置应该在高斯像点 $\dfrac{3}{4}\delta L'_{0.7h}$ 处。并且，在 $(h/h_m)^2 = 1/4$ 带处具有最大的波像差，在 $(h/h_m)^2 = 3/4$ 带处波像差为零。在边缘带处的波像差与在 $(h/h_m)^2 = 1/4$ 带处的波像差相等。最大的波像差为

$$\left(\frac{W'}{\lambda}\right)_m = \frac{n'h_m^2}{2\lambda f'^2}\frac{4}{3}ax_1^3$$

式中，$a = \dfrac{y_0}{x_0^2} = \delta L'_{0.7h} / \left(\dfrac{h^2}{h_m^2}\right)_0^2 = \dfrac{\delta L'_{0.7h}}{0.5^2} = 4\delta L'_{0.7h}$，$x_1 = \left(\dfrac{h}{h_m}\right)_1^2 = \dfrac{1}{4}$，将其带入上式得

$$\left(\frac{W'}{\lambda}\right) = \frac{n'h'_m}{2\lambda f'^2}\frac{1}{3}\cdot 4\delta L'_{0.7h}\left(\frac{1}{4}\right)^3 = \frac{n'h'_m}{2\lambda f'^2}\frac{\delta L'_{0.7h}}{12} \tag{2.99}$$

把已知的数值 $h_m = 10$ mm，$f' = 79.563$ mm，$\lambda = 589.3$ nm，$\delta L'_{0.7h} = -0.055$ 代入上式，得 $(h/h_m)^2 = 1/4$ 带处的最大波像差为

$$\left(\frac{W'}{\lambda}\right)_m = 13.4 \times \frac{0.055}{12} = 0.0615$$

可见，当参考点位于最佳焦点处时，最大的波像差只有 $1/16\lambda$，仅为原来的波像差的 $1/8$。

作为波像差的评价标准是瑞利判断，即当波像差小于 $\pm\dfrac{1}{4}\lambda$ 时，认为系统为完善的。上述系统在以高斯像点为参考点时，波像差约为半个波长，远远大于瑞利判断。但离焦以后，波像差比瑞利判断小得多。因此，所设计的物镜是可用的。

2.8.3　参考点移动与焦深

参考点位置变化时，对几何像差而言，相当于计算像差的坐标原点的变化。对于波像差而言，相当于参考球面的半径发生变化，这将引起波像差的变化。若参考点沿波面对称轴移动 $\Delta l'$，其所产生的波像差变化量 $\Delta W'$ 仍可用式 (2.97) 来计算。只是用参考点移动量 $\Delta l'$ 取代式中的球差 $\delta L'$ 即可。并把 $\Delta l'$ 看成常量，其所引起的波像差变化量为

$$\Delta W' = \frac{n'}{2}\Delta l'\int_0^{u'_m}\mathrm{d}u'^2 = \frac{n'}{2}u'^2_m\Delta l' \tag{2.100}$$

当参考点在垂轴方向移动 $\Delta y'$ 时，把参考点移动量可看作常量，其所产生的波像差变化量 $\Delta W'$ 可由下式求得，并使 $\delta Z'=0$ 得

$$\Delta W' = \frac{n'}{R'}\Delta y' \int_0^{\eta'_m} \mathrm{d}\eta'^2 = n'\Delta y'\frac{\eta'_m}{R'} \tag{2.101}$$

式中，R' 为参考球面半径，且 $\dfrac{\eta'_m}{R'}=\sin U'_m \approx u'_m$，上式可写为

$$\Delta W' = n'\Delta y'\sin U'_m \approx n'\Delta y'U'_m \tag{2.102}$$

对于理想光学系统，高斯像面上的波像差为零，若给以某一离焦量 $\Delta l'$，其所产生的波像差可由式(2.100)计算。按瑞利判断，只要所产生的波像差小于四分之一波长，这一离焦量不影响像质，是允许的。该量以 $\Delta l'_0$ 表示，有

$$\frac{n'}{2}u'^2_m \Delta l'_0 \leqslant \frac{\lambda}{4}$$

$$\Delta l'_0 \leqslant \frac{0.5\lambda}{n'u'^2_m} \tag{2.103}$$

由于实际像点无论在高斯像点之前或之后的 $\Delta l'_0$ 范围以内，波像差都不会超过四分之一波长，所以把 $2\Delta l'_0$ 定义为焦深，即

$$2\Delta l'_0 \leqslant \frac{\lambda}{n'u'^2_m} \tag{2.104}$$

焦深仅与光学系统的孔径角有关。孔径角越大，焦深越小。焦深是光学系统的一项重要指标，它可作为衡量光学系统轴向像差的一个尺度，也是光学仪器装配中考虑调焦影响的量值。

2.8.4　波色差

色差也可以用波色差的概念来描述，对轴上点而言，λ_1 光和 λ_2 光在出瞳处两波面之间的光程差称为波色差，用 $W_{\lambda_1\lambda_2}$ 来表示。例如对目视光学系统，若对 F 光和 C 光校正色差，则其波色差的计算，不需要对 F 光和 C 光进行光路计算，只需对 D 光进行球差的光路计算就可以求出，其计算公式为

$$W'_{FC} = W_F - W_C = \sum_1^n (D-d)\mathrm{d}n \tag{2.105}$$

$$\mathrm{d}n = n_F - n_C$$

其中，d 为透镜沿光轴的厚度；$\mathrm{d}n$ 为介质的色散。

第3章 光学系统的像质评价和像差容限

在光学系统设计中不可能使所有的像差都校正为零,因此,需研究光学系统有残存的像差时应校正到怎样的状态,即像差校正应有一个最佳的校正方案。另一方面应研究残存像差允许保留的量值,即像差容限。这两方面都属于光学系统的像质评价。

评价一个光学系统的质量一般是根据物空间的一点发出的光能量在像空间的分布状况决定的。按几何光学的观点来看,理想光学系统对点物成像,在像空间中光能量集中在一个几何点上,因光学系统的像差而使能量分散。因此,认为理想光学系统可以分辨无限细小的物体结构。而实际上由于衍射现象的存在,这是不可能达到的。所以,几何光学的方法是不能描述能量的实际分布的。因此,人们提出许多种对光学系统的评价方法,这是本章主要讨论的内容。

评价方法与所设计的光学系统的像差特性有关,对于小像差光学系统和大像差光学系统所采用的评价方法是不同的。例如显微镜系统和望远镜系统属小像差系统,可用波像差评价成像质量。普通照相物镜属大像差系统,可用本章即将讨论的点列图等方法来评价其成像质量。

3.1 瑞利判断

1879年瑞利(Rayleigh)在观察和研究光谱仪成像质量时,提出了一个简单的判断:"实际波面和参考球面之间的最大波像差不超过$\frac{1}{4}\lambda$时,此波面可看作是无缺陷的。"这个判断称作瑞利判断。这个判断提出了两个标准:首先在瑞利看来,有特征意义的是波像差的最大值,而参考球面选择的标准是使波像差的最大值为最小。这实际上是最佳像面位置的选择问题。其次是提出在这种情况下波像差的最大值允许量不超过$\frac{1}{4}\lambda$时,认为成像质量是好的。瑞利波像差$W \leqslant \frac{1}{4}\lambda$作为像质良好的标准,虽然不是从点像的光强分布观点提出来的,但是结论与后来提出的斯特列尔判断"当中心点亮度 S.D. $\geqslant 0.8$时认为像质是完善的"相一致。当波像差$W \leqslant \frac{1}{4}\lambda$时,S.D. ≈ 0.8。

从光波传播光能的观点看,瑞利判断是不够严密的。因为它不考虑波面上的缺陷部分在整个面积中所占的比重,而只考虑波像差的最大值。例如在透镜中的小气泡或表面划痕等等,可引起很大的局部波像差,这按瑞利判断是不允许的,但是实际上这些占波面整个面积的比值接近于零的缺陷,对成像质量并无明显影响。

由于可以用光线光路计算结果作出的几何像差曲线,按图形积分方便地求得波像差曲线,这样就使得瑞利判断的优越性突出起来,不需做许多计算,便可判定成像质量的优劣。

瑞利判断的另一个优点就是对通光孔不需做什么假定,只要计算出波像差曲线,便可用瑞利判断进行评价。正是由于上述原因,瑞利判断在实际中得以广泛应用。

对于小像差系统,例如远物镜和显微物镜,利用上述两种方法来评价成像质量,可认为已经很好地解决了问题。

此外,瑞利判断可直接用来确定球差、正弦差和位置色差的容限。

3.2　中心点亮度

斯特列尔(K. Strehl)于 1894 年提出一个判断光学系统质量的指标——用有像差时衍射图形中心最大亮度(艾里斑亮度)与无像差时最大亮度之比来表示系统成像质量,这个比值简称为中心点亮度,以 S. D. 表示。在像差不大时中心点亮度和像差有较简单的关系,利用这种关系和上述判断就可以决定像差的最佳校正方案及像差公差。设通光孔为圆孔,且半径为 1,由有像差存在时像面上点引起的光振动公式可得:

$$
\mathrm{S.D.} = \frac{|\ \Psi_P(W \neq 0)\ |^2}{|\ \Psi_P(W = 0)\ |^2} = \frac{1}{\pi^2} \left| \int_0^1 \int_0^{2\pi} \mathrm{e}^{iKW} r \mathrm{d}r \mathrm{d}\varphi \right|^2 \tag{3.1}
$$

式中,$\Psi_P(W \neq 0)$ 为有像差时的光振动,$\Psi_P(W=0)$ 为无像差时的光振动,当波相差 W 很小时,可把积分中指数函数展开为级数($\mathrm{e}^x = 1 + x + x^2/2 + \cdots$),当

$$
|W| < \frac{1}{K} = \frac{\lambda}{2\pi}
$$

指数展开式取三项后,再用牛顿二项式,得:

$$
\begin{aligned}
\mathrm{S.D.} &= \frac{1}{\pi^2} \left| \int_0^1 \int_0^{2\pi} \left(1 + \mathrm{j}KW - \frac{K^2}{2}W^2 \right) r \mathrm{d}r \mathrm{d}\varphi \right|^2 \\
&\approx \left| 1 + \mathrm{j}K\,\overline{W} - \frac{K^2}{2}\,\overline{W^2} \right| \approx 1 - K^2 \left[\overline{W^2} - (\overline{W})^2 \right]
\end{aligned} \tag{3.2}
$$

式中,$\overline{W}$ 和 $\overline{W^2}$ 分别为波像差的平均值和平方平均值,可用下式表示:

$$
\begin{cases}
\overline{W} = \dfrac{1}{\pi} \int_0^1 \int_0^{2\pi} W r \mathrm{d}r \mathrm{d}\varphi \\[2mm]
\overline{W^2} = \dfrac{1}{\pi} \int_0^1 \int_0^{2\pi} W^2 r \mathrm{d}r \mathrm{d}\varphi
\end{cases} \tag{3.3}
$$

由于计算波像差 W 时,参考球面半径是任意选择的,因 W 中有任意常数项,适当选择常数总可以使 $\overline{W}$。这样选择后,S. D. 就只与波像差的平方平均值有关。

由于衍射,在点像的衍射图样中,爱里斑上集中了全部能量的 83.8%。其各级亮环占 16.2%。当光学系统有像差存在时,能量分布情况发生变化,将导致中心点光能量降低。随着波像差的增大,衍射斑的光能量分布情况如表 3-1 所示。

表 3-1　衍射光斑能量分布情况

波像差 W	中心亮斑能量占百分数	外面各环能量占百分数	S. D.
0	84	16	1.00
$\lambda/16$	83	17	0.99
$\lambda/8$	80	20	0.95
$\lambda/4$	68	32	0.81

斯特列尔指出，当中心点亮度 S.D. $\geqslant 0.8$ 时，系统可以认为是完善的，这就是衡量光学系统像质的斯特列尔判断。这是一个比较严格的、可靠的像质评价方法。但是由于计算繁杂实际上应用非常不便，因此很少用它。

3.3　分　辨　率

分辨率反映了光学系统能够分辨物体细节的能力，它是光学系统一个很重要的性能指标，因此也可以用分辨率来作为光学系统的成像质量评价方法。

瑞利指出"能分辨的两个等亮度点间的距离对应艾里斑的半径"，即一个亮点的衍射图案中心与另一个亮点的衍射图案的第一暗环重合时，则这两个亮点能被分辨，如图 3.1(b)所示。这时在两个衍射图案光强分布的叠加曲线中有两个极大值和一个极小值，其极大值与极小值之比为 1：0.735，这与光能接收器（如眼睛或照相底板）能分辨的亮度差别相当。若两亮点更靠近时（如图 3.1(c)所示），则光能接收器就不能再分辨出它们是分离开的两个点了。

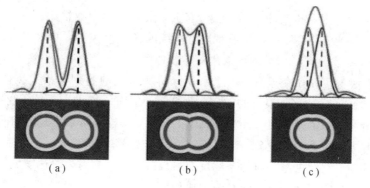

(a)　　　　　　　　(b)　　　　　　　　(c)

图 3.1　瑞利分辨极限

根据衍射理论，无限远物体经过理想光学系统后形成的衍射图案中，第一暗环半径对出射光瞳中心的张角为

$$\Delta\theta = \frac{1.22\lambda}{D} \tag{3.4}$$

式中，$\Delta\theta$ 为光学系统的最小分辨角；D 为出瞳直径。

对于 $\lambda = 0.555\ \mu m$ 的单色光，最小分辨角以"″"为单位，D 以 mm 为单位来表示时，有

$$\Delta\theta = \frac{140''}{D} \tag{3.5}$$

式(3.5)是计算光学系统理论分辨率的基本公式，对于不同类型的光学系统，可由式(3.5)推导出不同的表达形式。

图 3.2 给出了 ISO12233 鉴别率板的缩小示意图。这是一种专门用于数码相机镜头分辨率检测的鉴别率板，图中数字为每 mm 线对数。

将分辨率作为光学系统成像质量的评价方法并不是一种完善的方法，这是因为：

(1) 这种方法只适用于大像差系统。光学系统的分辨率与其像差大小直接有关，即像差可降低光学系统的分辨率，但在小像差光学系统（例如望远系统、显微物镜）中，实际分

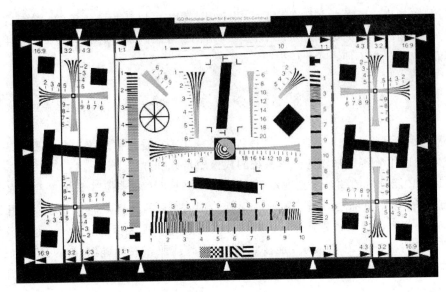

图 3.2　鉴别率板

辨率几乎只与系统的相对孔径(即衍射现象)有关,受像差的影响很小;而在大像差光学系统(例如照相物镜、投影物镜)中,分辨率是与系统的像差有关的,并常以分辨率作为系统的成像质量指标。

(2) 这种方法与实际存在差异。由于用于分辨率检测的鉴别率板为黑白相间的条纹,这与实际物体的亮度背景有着很大的差别;此外,对于同一个光学系统,使用同一块鉴别率板来检测其分辨率,由于照明条件和接收器的不同,其检测结果也是不相同的。

(3) 这种方法存在伪分辨现象。对照相物镜等作分辨率检测时,当鉴别率板对某一组条纹已不能分辨时,它对更密一组的条纹反而可以分辨,这是因为对比度反转而造成的。

综上所述,用分辨率来评价光学系统的成像质量也不是一种严格而可靠的像质评价方法,但由于其指标单一,且便于测量,在光学系统的像质检测中仍得到了广泛的应用。

3.4　点　列　图

在几何光学的成像过程中,由一点发出的许多条光线经光学系统成像后,由于像差的存在,使其与像面不再集中于一点,而是形成一个分布在一定范围内的弥散图形,称为点列图。在点列图中利用这些点的密集程度来衡量光学系统的成像质量的方法称为点列图法。

对于大像差光学系统(例如照相物镜等),利用几何光学中的光线追迹方法可以精确地标出点物体的成像情况。其做法是把光学系统入瞳的一半分成大量的等面积小面元,并把发自物点、且穿过每一个小面元中心的光线认为是代表通过入瞳上小面元的光能量。在成像面上,追迹光线的点子分布密度就代表像点的光强或光亮度。因此对同一物点,追迹的光线条数越多,像面上的点子数就越多,越能精确地反映出像面上的光强度分布情况。实验表明,在大像差光学系统中,用几何光线追迹所确定的光能分布与实际成像情况的光强度分布是相当符合的。

图 3.3 列举了光瞳面上选取面元的方法,可以按直角坐标或极坐标来确定每条光线的坐标。对于轴外物点发出的光束,当存在拦光时,只追迹通光面积内的光线。

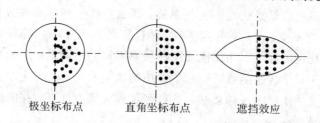

极坐标布点　　　　　　直角坐标布点　　　　　遮挡效应

图 3.3　光瞳上的坐标选取方法

　　用点列图法来评价照相物镜等的成像质量时,通常是利用集中 30% 以上的点或光线所构成的图形区域作为其实际有效弥散斑,弥散斑直径的倒数为系统的分辨率。图 3.4 给出了一个照相物镜轴上物点的点列图计算实例。其中,"+"号为蓝色光的分布情况;"×"号为绿色光的分布情况;"□"号为红色光的分布情况。虽然部分边光比较分散,但主要能量(大部分光线)集中在中心区域。

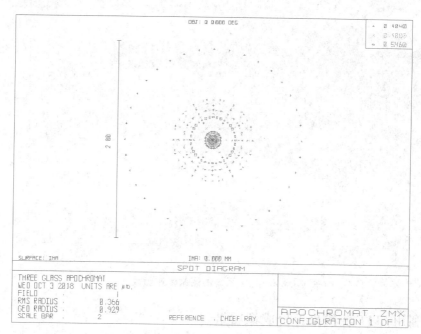

图 3.4　轴上物点的点列图

　　利用点列图法来评价成像质量时,需要做大量的光路计算,一般要计算数百条光线,因此工作量非常大,所以只有利用计算机才能实现上述计算任务。但由于它又是一种简便而易行的像质评价方法,因此常应用在大像差的照相物镜等设计中。

3.5　光学传递函数

　　上面介绍的几种光学系统成像质量的评价方法,都是基于把物体看做是发光点的集合,并以一点成像时的能量集中程度来表征光学系统的成像质量的。利用光学传递函数来评价光学系统的成像质量，是基于把物体看做是由各种频率的谱组成的，也就是把物体的光强分布函数展开成傅里叶级数（物函数为周期函数）或傅里叶积分（物函数为非周期函数）的形式。若把光学系统看做是线性不变的系统，那么物体经光学系统成像，可视为物体经光学系统传递后频率不变，但其对比度下降，相位要发生推移，并在某一频率处截止，即对比度为零。这种对比度的降低和相位推移是随频率不同而不同的，其函数关系我们称之为光学传递函数。由于光学传递函数既与光学系统的像差有关，又与光学系统的衍射效果有关，故用它来评价光学系统的成像质量，具有客观和可靠的优点，并能同时运用于小像差光学系统和大像差光学系统。

光学传递函数反映了光学系统对物体不同频率成分的传递能力。一般来说，高频部分反映物体的细节传递情况，中频部分反映物体的层次传递情况，而低频部分则反映物体的轮廓传递情况。表明各种频率传递情况的则是调制传递函数（MTF，如图 3.5 所示）。下面简要介绍两种利用调制传递函数来评价光学系统成像质量的方法。

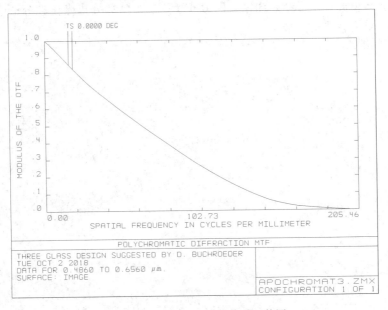

图 3.5　光学系统的调制传递函数图

3.5.1　利用 MTF 曲线来评价成像质量

MTF 是表示各种不同频率的正弦强度分布函数经光学系统成像后，其对比度（即振幅）的衰减程度。当某一频率的对比度下降为零时，说明该频率的光强分布已无亮度变化，即该频率被截止。这是利用光学传递函数来评价光学系统成像质量的主要方法。

设有两个光学系统（Ⅰ和Ⅱ）的设计结果，它们的 MTF 曲线如图 3.6 所示，图中的调制传递函数 MTF 是频率为ν的函数。曲线Ⅰ的截止频率较曲线Ⅱ的小，但曲线Ⅰ在低频部分的值较曲线Ⅱ的大得多。对这两种光学系统的设计结果，我们不能轻易说哪种设计结果较好，这要根据光学系统的实际使用要求来判断。若把光学系统作为目视系统来应用，由于人眼的对比度阈值大约为 0.03，因此 MTF 曲线下降到 0.03 以下时，曲线Ⅱ的 MTF 值大于曲线Ⅰ，说明光学系统Ⅱ用作目视系统较光学系统Ⅰ有较高的分辨率。若把光学系统作为摄影系统来使用，其 MTF 值要大于 0.1，从图 3.6 中可看出，曲线 I 的 MTF 值要大于曲线 II，即光学系统 I 较光学系统 II 有较高的分辨率，且光学系统 I 在低频部分有较高的对比度。用光学系统 I 作摄影使用时，能拍摄出层次丰富、真实感强的对比图像。所以在实际评价成像质量时，根据不同的使用目的，其 MTF 的要求是不一样的。

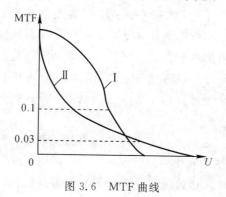

图 3.6　MTF 曲线

3.5.2　利用 MTF 曲线的积分值来评价成像质量

上述方法虽然能评价光学系统的成像质量，但只能反映 MTF 曲线上少数几个点处的情况，而没有反映 MTF 曲线的整体性质。从理论上可以证明，像点的中心点亮度值等于 MTF 曲线所围的面积，MTF 曲线所围的面积越大，表明光学系统所传递的信息量越多，光学系统的成像质量越好，图像越清晰。因此在光学系统的接收器截止频率范围内，利用 MTF 曲线所围面积的大小来评价光学系统的成像质量是非常有效的。

图 3.7(a) 的阴影部分为 MTF 曲线所围的面积，从图中可以看出，所围面积的大小与 MTF 曲线有关，在一定的截止频率范围内，只有获得较大的 MTF 值，光学系统才能传递较多的信息。

图 3.7(b) 的阴影部分为两条曲线所围的面积，曲线 I 是光学系统的 MTF 曲线，曲线 II 是接收器的分辨率极值曲线。此两曲线所围的面积越大，表示光学系统的成像质量越好。两条曲线的交点处为光学系统和接收器共同使用时的极限分辨率，说明此种成像质量评价方法也兼顾了接收器的性能指标。

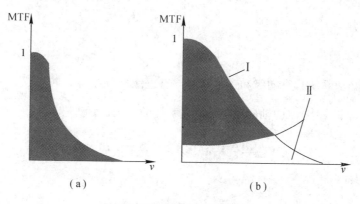

（a）　　　　　　　　　　　　（b）

图 3.7　MTF 曲线所围的面积

3.6 像差容限

对于一个光学系统来说,一般不可能也没有必要消除各种像差,那么多大的剩余像差被认为是允许的呢? 这是一个比较复杂的问题。因为光学系统的像差公差不仅与像质的评价方法有关,而且还随系统的使用条件、使用要求和接收器性能等的不同而不同。像质评价的方法亦很多,它们之间虽然有直接或间接的联系,但都是从不同的观点、不同的角度来加以评价的,因此其评价方法均具有一定的局限性,使得其中任何一种方法都不可能评价所有的光学系统。此外有些评价由于数学推演繁杂,计算量大,实际上也难从像质判据来直接得出像差公差。

由于波像差与几何像差之间有着较为方便和直接的联系,因此以最大波像差作为评价依据的瑞利判断是一种方便而实用的像质评价方法。利用它可由波像差的允许值得出几何像差公差,但它只适用于评价望远镜和显微镜等小像差系统。对于其他系统的像差公差则是根据长期设计和实际使用要求而得出的,这些公差虽然没有理论证明,但实践证明是可靠的。

3.6.1 望远物镜和显微物镜的像差公差

由于这类物镜视场小,孔径角较大,应保证其轴上物点和近轴物点有很好的成像质量,因此必须校正好球差、色差和正弦差,使之符合瑞利判断的要求。

1. 球差公差

对于球差可直接应用波像差理论中推导的最大波像差公式导出球差公差计算公式。当光学系统仅有初级球差时,经 $\frac{1}{2}\delta L'_{\mathrm{m}}$ 离焦后的最大波像差为

$$W'_{\max}=\frac{n'}{16}u'^2_{\mathrm{m}}\delta L'_{\mathrm{m}}\leqslant\frac{\lambda}{4} \tag{3.6}$$

所以

$$\delta L'_{\mathrm{m}}\leqslant\frac{4\lambda}{n'u'_{\mathrm{m}}}=4\text{ 倍焦深} \tag{3.7}$$

严格的表达式为

$$\delta L'_{\mathrm{m}}\leqslant\frac{4\lambda}{n'\sin^2 u'_{\mathrm{m}}} \tag{3.8}$$

大多数的光学系统具有初级和二级球差,当边缘孔径处球差校正后,在 0.707 带上有最大剩余球差,作 $\frac{3}{4}\delta L'_{0.707}$ 的轴向离焦后,其系统的最大波像差为

$$W_{\max}=\frac{n'h^2_{\mathrm{m}}}{24f^2}\delta L'_{0.707}=\frac{n'u'_{\mathrm{m}}\delta L'_{0.707}}{24}\leqslant\frac{\lambda}{4}$$

所以

$$\delta L'_{0.707}\leqslant\frac{6\lambda}{n'u'_{\mathrm{m}}}=6\text{ 倍焦深} \tag{3.9}$$

严格的表达式为

$$\delta L'_{0.707} \leqslant \frac{6\lambda}{n' \sin^2 u'_{\mathrm{m}}} \tag{3.10}$$

实际上边缘孔径处的球差未必正好校正到零，可控制在焦深以内，故边缘孔径处的球差公差为

$$\delta L'_{\mathrm{m}} \leqslant \frac{\lambda}{n' \sin^2 u'_{\mathrm{m}}} \tag{3.11}$$

2. 彗差公差

小视场光学系统的彗差通常用相对彗差 SC' 来表示，其公差值根据经验取

$$SC' \leqslant 0.0025 \tag{3.12}$$

3. 色差公差

色差公差通常取

$$\Delta L'_{\mathrm{FC}} \leqslant \frac{\lambda}{n' \sin^2 u'_{\mathrm{m}}} \tag{3.13}$$

按波色差计算为

$$W'_{\mathrm{FC}} = \sum_{1}^{k} (D - d) \delta n_{\mathrm{FC}} \leqslant \frac{\lambda}{4} \sim \frac{\lambda}{2} \tag{3.14}$$

3.6.2　望远目镜和显微目镜的像差公差

目镜的视场角较大，一般应校正好轴外点像差，因此本节主要介绍其轴外点的像差公差，轴上点的像差公差可参考望远物镜和显微物镜的像差公差。

1. 子午彗差公差

子午彗差公差用 K'_t 表示为

$$K'_t \leqslant \frac{1.5\lambda}{n' \sin^2 u'_{\mathrm{m}}} \tag{3.15}$$

2. 弧矢彗差公差

弧矢彗差公差用 K'_s 表示为

$$K'_s \leqslant \frac{\lambda}{n' \sin^2 u'_{\mathrm{m}}} \tag{3.16}$$

3. 像散公差

像散公差用 x'_{ts} 表示为

$$x'_{ts} \leqslant \frac{\lambda}{n' \sin^2 u'_{\mathrm{m}}} \tag{3.17}$$

4. 场曲公差

因为像散和场曲都应在眼睛的调节范围之内，可允许有 $2\sim4$D(屈光度)，因此场曲为

$$\begin{cases} x'_t \leqslant \dfrac{4f'_{\text{目}}}{1000} \\[2mm] x'_s \leqslant \dfrac{4f'_{\text{目}}}{1000} \end{cases} \tag{3.18}$$

目镜视场角 $2\omega < 30°$ 时，公差应缩小一半。

5. 畸变公差

畸变公差用 $\delta y'_z$ 表示为

$$\delta y'_z = \frac{y'_z - y'}{y'} \times 100\% \leqslant 5\% \tag{3.19}$$

当 $2\omega = 30° \sim 60°$ 时，$\delta y'_z \leqslant 7\%$；当 $2\omega > 60°$，$\delta y'_z \leqslant 12\%$。

6. 倍率色差公差

目镜的倍率色差常用目镜焦平面上的倍率色差与目镜的焦距之比来表示，即用角像差来表示其大小：

$$\frac{\Delta y'_{FC}}{f'} \times 3440' \leqslant 2' \sim 4' \tag{3.20}$$

3.6.3 照相物镜的像差公差

照相物镜属大孔径、大视场的光学系统，应校正全部像差。但作为照相系统接收器的感光胶片因有一定的颗粒度，在很大程度上限制了系统的成像质量，因此照相物镜无需有很高的像差校正要求，往往以像差在像面上形成的弥散斑大小（即能分辨的线对）来衡量系统的成像质量。

照相物镜所允许的弥散斑大小应与光能接收器的分辨率相匹配。例如，荧光屏的分辨率大约为 $4 \sim 6$ 线对/mm；光电变换器的分辨率为 $30 \sim 40$ 线对/mm；常用照相胶片的分辨率为 $60 \sim 80$ 线对/mm；微粒胶片的分辨率为 $100 \sim 140$ 线对/mm；超微粒干板的分辨率为 500 线对/mm。所以不同的接收器有不同的分辨率，照相物镜应根据使用的接收器来确定其像差公差。此外，照相物镜的分辨率 N_L 应大于接收器的分辨率 N_d，即 $N_L \geqslant N_d$，所以照相物镜所允许的弥散斑直径应为

$$2\Delta y' = 2 \times \frac{1.5 \sim 1.2}{N_L} \tag{3.21}$$

系数 $(1.5 \sim 1.2)$ 是考虑到弥散圆的能量分布，也就是把弥散斑直径的 $60\% \sim 65\%$ 作为影响分辨率的亮核。

对一般的照相物镜来说，其弥散斑的直径在 $0.03 \sim 0.05$ mm 以内是允许的。对以后需要放大的高质量照相物镜，其弥散斑直径要小于 $0.01 \sim 0.03$ mm。倍率色差最好不超过 0.01 mm，畸变要小于 $2\% \sim 3\%$。以上只是一般的要求，对一些特殊用途的高质量照相物镜，例如投影光刻物镜、微缩物镜、制版物镜等，其成像质量要比一般照相物镜高得多，其弥散斑的大小要根据实际使用分辨率来确定，有些物镜的分辨率高达衍射分辨极限。

第 2 部分　典型光学系统

第4章 望远镜物镜设计

前面几章已经对光学设计的基本理论做了概要性的介绍，从本章开始，分别介绍各种典型光学系统的设计方法。由于不同类型光学系统的设计方法和步骤差别很大，因此我们有必要对各类典型光学系统的具体设计方法分别进行讨论。不同类型的光学系统其设计特点主要是由它们的光学特性决定的。在此，首先介绍望远系统的基本特性。

4.1 望远镜及其光学特性

4.1.1 普通望远镜特性

望远系统是用于观察远距离目标的一种光学系统，相应的目视仪器称为望远镜。由于通过望远光学系统所成的像对眼睛的张角大于物体本身对眼睛的直观张角，因此给人一种"物体被拉近了"的感觉。利用望远镜可以更清楚地看到物体的细节，扩大了人眼观察远距离物体的能力。放大率在10倍以内的望远镜一般为手持式，其典型结构如图4.1所示。

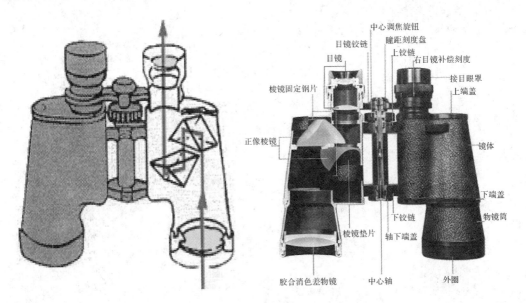

图 4.1　10倍手持式望远镜结构图

望远系统一般由物镜和目镜组成的，有时为了获得正像，需要在物镜和目镜之间加一棱镜式或透镜式转像系统。其特点是物镜的像方焦点与目镜的物方焦点重合，光学间隔 $\Delta = 0$，因此平行光入射望远系统后，仍以平行光出射。图4.2表示了一种常见的望远系统的光路图。这种望远系统没有专门设置的孔径光阑，物镜框就是孔径光阑，也是入射光瞳。出射光瞳位于目镜像方焦点之外，观察者就在此处观察物体的成像情况。系统的视场光阑设在物镜的像平面处，即物镜和目镜的公共焦点处。入射窗和出射窗分别位于系统的物方和像方的无限远，各与物平面和像平面重合。

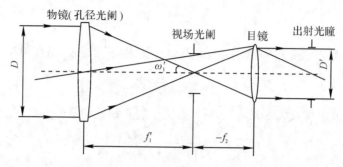

图 4.2　望远系统光路图

望远系统的放大率主要有垂轴放大率、角放大率和轴向放大率等几种。

垂轴放大率：
$$\beta = -\frac{f_2'}{f_1'}$$

角放大率：
$$\gamma = -\frac{f_1'}{f_2'}$$

轴向放大率：
$$\alpha = \left(\frac{f_2'}{f_1'}\right)^2$$

其中，f_1'、f_2'分别是物镜和目镜的焦距。

望远系统的放大率取决于望远系统的物镜焦距和目镜焦距。

对于目视光学仪器来说，更有意义的特性是它的视放大率，即人眼通过望远系统观察物体时，物体的像对眼睛的张角ω'的正切值与眼睛直接观察物体时物体对眼睛的张角ω的正切值之比，用Γ表示：

$$\Gamma = \frac{\tan\omega'}{\tan\omega} \tag{4.1}$$

$\frac{\tan\omega'}{\tan\omega}$就是望远系统的角放大率，则

$$\Gamma = \gamma = -\frac{f_1'}{f_2'} \tag{4.2}$$

由图 4.2 可知，$\dfrac{D}{2f_1'} = \dfrac{D'}{2f_2'} = \tan\omega'$，则

$$\Gamma = -\frac{D}{D'} \tag{4.3}$$

从式 4.3 中可以看到：视放大率仅取决于望远系统的结构参数，其值等于物镜和目镜的焦距之比。欲增大视放大率，必须使 $|f_1'| > |f_2'|$。

表示目视仪器观察精度的指标是它的极限分辨角。若以 $60''$ 作为人眼的分辨极限，为使望远镜所能分辨的细节也能被人眼分辨，即达到充分利用望远镜分辨率的目的，望远镜的视放大率应与它的极限分辨角 φ 有如下的关系：

$$\varphi\Gamma = 60'' \tag{4.4}$$

若减小极限分辨角 φ，则需增大视放大率 Γ。

望远镜的极限分辨角是指刚刚能被分辨的远方两发光点之间的最小角间距。由衍射理论可得

$$\varphi = \frac{1.22\lambda}{D} \tag{4.5}$$

式中：D 是望远镜的入瞳直径。如果 $\lambda = 550$ nm，并将 φ 化为秒（角度单位），则

$$\varphi = \frac{140''}{D}$$

将望远镜的极限分辨角 φ 代入式(4.4)，就得到了望远镜应该具备的最小视放大率：

$$\Gamma = \frac{60''}{\left(\frac{140}{D}\right)''} \approx \frac{D}{2.3} \tag{4.6}$$

由式(4.6)求出的视放大率称为正常放大率，它相当于出射光瞳直径 $D' = 2.3$ mm 时望远镜所具有的视放大率。

由于 $60''$ 是人眼的分辨极限，因此按正常放大率设计的望远镜，须以很大的注意力去观察物体通过望远镜的像。为了减轻操作人员的疲劳，设计望远镜时宜用大于正常放大率的值，即将工作放大率作为望远镜的视放大率，使望远镜所能分辨的极限角以大于 $60''$ 的视角成像在眼前。工作放大率通常为正常放大率的 $1.5 \sim 2$ 倍。

在瞄准仪器中，仪器的精度用瞄准误差 $\Delta\alpha$ 来表示，它和视放大率的关系与式(4.4)相似，只是因瞄准方式不同，需用不同的值代替等号右面的值。例如压线瞄准时：

$$\Delta\alpha\Gamma = 60'' \tag{4.7}$$

对线、双线或叉线瞄准时：

$$\Delta\alpha\Gamma = 10'' \tag{4.8}$$

由此可见，望远镜的视放大率越大，它的瞄准精度越高。

望远系统的视放大率与仪器结构尺寸的关系可由式(4.2)和式(4.3)看出。当目镜的焦距确定时，望远镜物镜的焦距随视放大率的增大而加大；当目镜所要求的出瞳直径确定时，望远镜物镜的直径随视放大率的增大而加大。这种关系在军用望远镜设计中显得非常重要。体积和重量问题往往是军用仪器增大视放大率的障碍。

选取望远系统的视放大率也需要考虑具体的使用条件。例如，大气抖动可能引起景物的抖动达 $1'' \sim 2''$ 之多，为了减小这种现象对成像清晰度的影响，地面观测瞄准仪器的视放大率不宜太大，通常都得小于 $30^\times \sim 40^\times$。处于抖动状态使用的望远镜、视放大率更小的手持望远镜的视放大率不超过 $8^\times$，超过 $8^\times$ 者需要使用支架固定。

4.1.2 伽利略望远镜和开普勒望远镜

1. 伽利略望远镜

伽利略发明了第一台折射式天文望远镜。该天文望远镜的物镜是一块正透镜，目镜是一块负透镜，如图 4.3 所示，这种结构型式称为伽利略望远镜。伽利略就是用这种望远镜发现了木星的卫星。

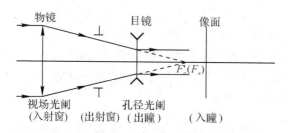

图 4.3 伽利略望远镜的光学结构图

在不考虑眼瞳的作用时，伽利略望远镜的物镜框就是整个系统的入射光瞳。入瞳由目镜所成的像是一个虚像，位于目镜的前面，这就是整个系统的出射光瞳。由于眼瞳无法与出射光瞳重合，因此轴外光束中有一部分光线不能进入眼瞳，而产生拦遮现象。若把眼瞳也作为一个光孔来考虑，则它就是整个系统的出射光瞳，也是孔径光阑。该光阑被目镜和物镜所成的像位于眼瞳之后，是一个放大的虚像，这就是系统的入射光瞳。在考虑眼瞳作用时，伽利略望远镜的视场光阑为物镜框，它被目镜所成的像位于物镜和目镜之间，这就是系统的出射窗。伽利略望远镜由于入射窗不能与物平面重合，因此边缘视场在成像时必然有渐晕现象。在确定伽利略望远镜的视场时，必须考虑到光束渐晕的要求。一般情况下，以 50% 的光束渐晕来规定视场的大小。

伽利略望远镜的放大率一般不超过 $6^\times \sim 8^\times$，以便获得较大的视场。伽利略望远镜的优点是结构简单，筒长短，较为轻便，光能损失少，并且使物体成正立的像（后者是做普通观察仪器时所必需的）。但是，伽利略望远镜没有中间实像，不能安装分划板，因此不能用来瞄准和定位。它问世不久就被开普勒望远镜代替了。

2. 开普勒望远镜

开普勒望远镜是 1611 年在开普勒所著的光学书上首先介绍的，于 1615 年实际建造完成。早期的开普勒望远镜并没有考虑消色差的问题，它的物镜和目镜都是用单块正透镜构成的。设物镜和目镜所用的玻璃都是 ν 值小于 60 的，则单透镜产生的色差为

$$-\Delta l'_{FC} = \frac{f'}{\nu} \geqslant \frac{f'}{60} \tag{4.9}$$

若使它小于焦深，则需满足下式要求：

$$\frac{f'}{60} \leqslant \frac{\lambda}{n' \sin^2 U'} = \frac{\lambda}{n' \left(\frac{D}{2f'}\right)^2} = \frac{0.0005 \times 4f'^2}{D^2} \, . \tag{4.10}$$

即

$$f' \geqslant \frac{D^2}{60 \times 0.0005 \times 4} \tag{4.11}$$

以制造口径 $D = 100$ mm 的物镜为例，计算所需焦距，其值应大于 80 m，显然这种结构是不能适用的。直到消色差问题解决之后，开普勒望远镜的长度才得到缩短。

由于开普勒望远镜在物镜和目镜中间构成物体的实像，因而具备了测量和瞄准的条件。在实像位置上可安置一块分划板，并以此作为视场光阑。

望远镜的视场光阑直径 $2y'$ 由物镜的焦距 f' 和视场角 ω 决定其值，即

$$2y' = 2f' \tan\omega \tag{4.12}$$

在开普勒望远镜中，目镜的口径足够大时，光束没有渐晕现象，这是因为视场光阑与实像平面重合的缘故，此时系统的入射窗与物平面重合。但是，在大视场和大孔径望远镜中，目镜的口径可以适当地减小，使边缘视场的成像光束直径小于中心点成像光束的直径，渐晕系数可达 50%。这样一来，有利于结构尺寸的减小，也有利于轴外成像质量的提高。有渐晕现象的望远镜如图 4.4 所示。

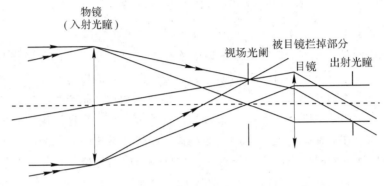

图 4.4　有渐晕现象的望远镜

在开普勒望远镜中，物镜和目镜的焦距都是正值，视放大率 $\Gamma = f_1'/f_2'$，因此，物体通过望远镜时形成倒像。这在天文观察和远距离目标的观测中是无关紧要的，但是在一般观察用的望远镜中，总是希望出现正立的像。为此，应该在系统中加入转像系统。

4.2　望远物镜的设计

4.2.1　望远物镜的特点

望远物镜是望远系统的一个组成部分。它的光学特性具有以下两个特点：

（1）相对孔径不大。在望远系统中，入射的平行光束经过系统以后仍为平行光束，因此物镜的相对孔径 $(D/f_物)$ 和目镜的相对孔径 $(D'/f_目)$ 是相等的。目镜的相对孔径主要由出瞳直径 D' 和出瞳距离 l_z' 决定。目前，军用望远镜的出瞳直径 D' 一般为 4 mm 左右，出瞳距离 l_z' 一般要求为 20 mm 左右。为了保证出瞳距离，目镜的焦距 $f_目$ 一般大于或等于 25 mm。这样，目镜的相对孔径约为

$$\frac{D'}{f_目'} = \frac{4}{25} \approx \frac{1}{6}$$

所以，望远物镜的相对孔径一般小于 1/5。

（2）视场较小。望远物镜的视场角 ω 和目镜的视场角 ω' 以及系统的视放大率 Γ 之间有以下关系：

$$\tan\omega = \frac{\tan\omega'}{\Gamma}$$

目前常用目镜的视场 $2\omega'$ 大多在 70° 以下，这就限制了物镜的视场不可能太大。例如，对于一个 8× 的望远镜，由上式可求得物镜视场 $2\omega \approx 10°$。通常望远物镜的视场不大于 10°。由于望远物镜视场较小，同时视场边缘的成像质量一般允许适当降低，因此望远物镜中都

不校正对应像高 y' 的二次方以上的各种单色像差(像散、场曲、畸变)和垂轴色差,只校正球差、彗差和轴向色差。

　　由于望远物镜要和目镜、棱镜或透镜式转像系统配合使用,因此在设计物镜时应当考虑到它和其他部分的像差补偿。在物镜光路中有棱镜的情况下,物镜的像差应当和棱镜的像差互相补偿。棱镜中的反射面不产生像差,棱镜的像差等于展开以后的玻璃平板的像差。由于玻璃平板的像差和它的位置无关,因此不论物镜光路中有几块棱镜,也不论它的相对位置如何只要它们所用的材料相同,都可以合成一块玻璃平板来计算像差。另外,目镜中通常有少量剩余球差和轴向色差,需要物镜给予补偿,所以物镜的像差常常不是真正校正到零,而是要它等于指定的数值。在系统装有分划镜的情况下,由于要求通过系统能够同时看清目标和分划镜上的分划线,因此分划镜前后两部分系统应当尽可能分别消像差。

4.2.2　望远物镜的类型和设计方法

　　上节已经介绍过,望远物镜的相对孔径和视场都不大,要求校正的像差也比较少,所以它们的结构一般比较简单,多数采用薄透镜组或薄透镜系统。望远物镜的设计方法大多建立在薄透镜系统初级像差理论的基础上,其设计理论比较完整。下面我们介绍常用望远物镜的类型和它们的设计特点。

　　望远物镜有折射式(图 4.5)、反射式(图 4.6)和折反射式(图 4.7)三种型式。

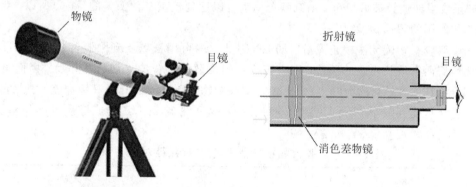

图 4.5　折射式望远镜外观及内部光学构造

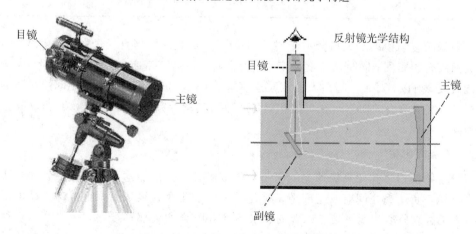

图 4.6　反射式望远镜外观及内部光学构造

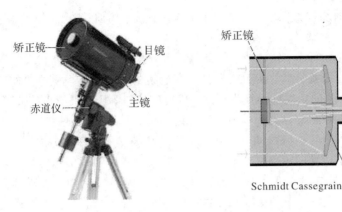

图 4.7　折反射式望远镜外观及内部光学构造

1．折射式物镜

1）双胶合物镜

望远镜物镜要求校正的像差主要是轴向色差、球差和彗差。由薄透镜系统的初级像差理论知道，一个薄透镜组除了校正色差以外，还能校正两种单色像差，正好符合望远物镜校正像差的需要，因此望远物镜一般由薄透镜组构成。最简单的薄透镜组就是双胶合透镜组。如果恰当地选择玻璃组合，则双胶合物镜可以达到校正三种像差的目的。所以，双胶合物镜是最常用的望远物镜。

由于双胶合物镜无法校正像散、场曲，因此它的可用视场受到限制，一般不超过 10°。如果物镜后面有较长光路的棱镜，则由于棱镜的像散和物镜的像散符号相反，因而可以抵消一部分物镜的像散，视场可达 15°~20°。双胶合物镜无法控制孔径高级球差，因此它的可用相对孔径也受到限制。不同焦距时，双胶合物镜可能得到满意的成像质量的相对孔径，如表 4-1 所示。

表 4-1　双胶合物镜的焦距与相对孔径对应关系表

f'	50	100	150	200	300	500	1000
D/f'	1：3	1：3.5	1：4	1：5	1：6	1：8	1：10

一般双胶合物镜的最大口径不能超过 100 mm，这是因为当直径过大时，会使透镜的重量过大而胶合不牢固，同时当温度改变时，胶合面上容易产生应力，使成像质量变坏，严重时可能脱胶。所以，对于直径过大的双胶透镜组，往往不进行胶合，而是中间用很薄的空气层隔开，空气层两边的曲率半径仍然相等。这种物镜从像差性质来说实际上和双胶合物镜完全相同。

2）双分离物镜

双胶合物镜由于孔径高级球差的限制，它的相对孔径只能达到 1/4 左右。如果我们使双胶合物镜正负透镜之间有一定间隙，则有可能减小孔径高级球差，使相对孔径可以增加到 1/3 左右。双分离物镜对玻璃组合的要求不像双胶合物镜那样严格，一般采用折射率差和色散差都较大的玻璃，这样有利于增大半径，减小孔径高级球差。但是，这种物镜的色球差并不比双胶合物镜小；另外，空气间隙的大小和两个透镜的同心度对成像质量影响很大，所以装配调整比较困难。由于上述原因，其目前使用不很多。

　　3）双单和单双物镜

　　如果物镜的相对孔径大于 1/3，则一般采用一个双胶合和一个单透镜组合而成。根据它们前后位置的不同，分为双单和单双两种，如图 4.8(a)、(b)所示。

　　这种型式的物镜，如果双胶合组和单透镜之间的光焦度分配合适，胶合组的玻璃选择恰当，孔径高级球差和色球差都比较小，则相对孔径最大可达 1/2 左右。这是目前采用较多的大相对孔径的望远镜物镜。

　　4）三分离物镜

　　三分离物镜的结构如图 4.9 所示。它能够很好地控制孔径高级球差和色球差，相对孔径可达 1/2。三分离物镜的缺点是装配调整困难，光能损失和杂光都比较大。

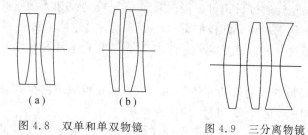

图 4.8　双单和单双物镜　　　　图 4.9　三分离物镜

　　5）摄远物镜

　　一般物镜长度（物镜第一面顶点到像面的距离）都大于物镜的焦距，在某些高倍率的望远镜中，由于物镜的焦距比较长，为了减小仪器的体积和重量，希望减小物镜系统的长度，这种物镜一般由一个正透镜组和一个负透镜组构成，称为摄远物镜，如图 4.10 所示。

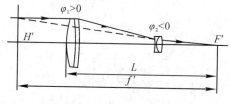

图 4.10　摄远物镜

　　摄远物镜的优点如下：

　　(1) 系统的长度 L 小于物镜的焦距 f'，一般可达焦距的 2/3～3/4。

　　(2) 由于整个系统有两个薄透镜组，因此有可能校正四种单色像差，除了球差、彗差外，还可能校正场曲和像散。因此，它的视场角比较大，同时可以充分利用它校正像差的能力来补偿目镜的像差，使目镜的结构简化或提高整个系统的成像质量。

　　这种物镜的缺点是系统的相对孔径比较小，因为前组的相对孔径一般都要比整个系统的相对孔径大一倍以上。如果前组采用双胶合，相对孔径大约为 1/4，则整个系统的相对孔径一般在 1/8 左右。要增大整个系统的相对孔径，就必须使前组复杂化，以提高它的相对孔径，例如采用双分离或者双单、单双的结构。

　　6）对称式物镜

　　对于焦距比较短而视场角比较大的望远镜物镜（$2\omega>20°$），一般采用两个双胶合组构成，如图 4.11 所示。这种物镜实际上和下一章中要介绍的对称式目镜相似，它的视场可以达到 $30°$左右。

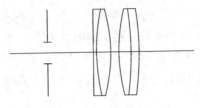

图 4.11　对称式物镜

7）内调焦物镜

对于测量用的望远物镜，在其焦平面上安装有分划板，要求无限远物体的像平面与分划板刻线平面重合，这样通过目镜可以同时看清分划板刻线和无限远物体的像。如果物体的位置变化，像平面就不再和分划板的刻线平面重合，这就需要通过调节使分划板的刻线平面和像平面重合，这个过程就是调焦。能实现调焦的光学系统有两种调焦方式，即外调焦和内调焦。

外调焦是通过目镜和分划板的整体移动而使望远物镜对不同距离物体所成的像与分划板刻线重合，完成调焦。这种调焦的结构比较简单。

内调焦望远物镜由正、负光组组合而使主面前移，缩短了望远镜的筒长。在调焦过程中，前组正光组与分划板的相对位置不变，仅通过移动调节中间负光组，使不同位置的远方物体像落在分划板的刻线面上完成调焦。其结构形式如图 4.12 所示，当物在无限远时，望远物镜正、负光组间隔为 d_0，此时无限远物体的像落在分划板刻线平面上。当物在有限距离$-l_1$时，调焦镜需要移动 Δd，使物体 A_1 的像落在分划板刻线平面上。利用高斯公式：

$$\frac{1}{l_1'}-\frac{1}{l_1}=\frac{1}{f}，l_2=l_1'-d$$

$$d=d_0+\Delta d，l_2'=L-d$$

$$\frac{1}{L-d}-\frac{1}{l_1'-d}=\frac{1}{f_2'}$$

可以解得 Δd。式中 L 为物镜正光组和分划板的距离。

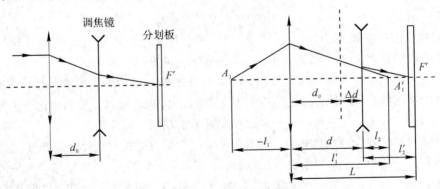

图 4.12　内调焦望远镜基本结构

2. 反射式物镜

除了用透镜成像外，反射镜也能用于成像。在消色差物镜发明以前，绝大部分天文望远镜都是由反射镜构成的。目前，虽然在大多数场合反射镜已被透镜所代替，但是反射镜和透镜比较，在某些方面有其优越性，因此在有些仪器中仍然必须使用反射镜。

反射镜的主要优点是：

（1）完全没有色差，各种波长光线所成的像是严格一致、完全重合的。

（2）可以在紫外到红外的很大波长范围内工作。

（3）反射镜的镜面材料比透镜的材料容易制造，特别对大口径零件更是如此。

由于反射镜的这些优点，因此在某些特殊领域中使用的光学仪器仍然必须用反射镜。反射式物镜主要有以下三种型式。

1）牛顿系统

牛顿系统由一个抛物面主镜和一块与光轴成 45°的平面反射镜构成，如图 4.13 所示。抛物面能使无限远的轴上点在它的焦点 F' 成一个理想的像点。第二个平面反射镜同样能理想成像。

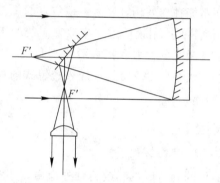

图 4.13　牛顿反射式物镜

2）格里高里系统

格里高里由一个抛物面主镜和一个椭球面副镜构成，如图 4.14 所示。

抛物面的焦点和椭球面的一个焦点 F_1' 重合。无限远轴上点经抛物面理想成像于 F_1'，F_1' 又经椭球面理想成像于另一个焦点 F_2'。

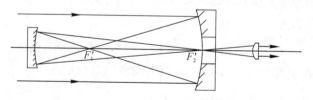

图 4.14　格里高里反射式物镜

3）卡塞格林系统

卡塞格林由一个抛物面主镜和一个双曲面副镜构成，如图 4.15 所示。抛物面的焦点和双曲面的虚焦点 F_1' 重合，F_1' 经双曲面理想成像于实焦点 F_2'。

由于卡塞格林系统的长度短，同时主镜和副镜的场曲符号相反，有利于扩大视场，因此目前几乎大多数光学系统均采用卡塞格林系统。

上述反射系统对轴上点来说，满足等光程条件，成像符合理想情况。但就轴外点而言，它们的彗差和像散却很大，因此可用的视场十分有限。例如，对抛物面来说，如果要求彗差引起的弥散斑直径小于 $1''$，当相对孔径 $D/f'=1/5$ 时，视场只有 $\pm 2.2'$，当相对孔径 $D/f'=1/3$ 时，视场为 $\pm 0.8'$。

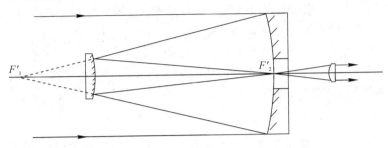

图 4.15　卡塞格林反射式物镜

为了扩大系统的可用视场，可以把主镜和副镜做成高次曲面，代替原来的二次曲面。这种系统的缺点是主镜焦面不能独立使用，因为主镜焦点的像差没有单独校正，而是和副镜一起校正的；同时，也不能用更换副镜的方法来改变系统的组合焦距。这种高次非球面系统目前被广泛地用作远红外激光的发射和接收系统，可以获得较大的视场。

另一种扩大系统视场的方法是，在像面附近加入透镜式的视场校正器，用以校正反射系统的彗差和像散。

3. 折反射式物镜

1）带施密特校正板的折反射式物镜

为了避免非球面光学零件的制造困难和改善轴外像质，可采用球面反射镜作主镜，然后用透镜来校正球面镜的像差，这样就形成了折反射系统。最早的校正透镜是施密特校正板，如图 4.16 所示。

在球面反射镜的球心上，放置一块非球面校正板，校正板的近轴光焦度近似等于零，用它校正球面反射镜的球差，并作为整个系统的入瞳，因此球面不产生彗差和像散，校正板也没有轴向色差和垂轴色差，只有少量色球差。这种系统的相对孔径可达到 $D/f'=1/2$，甚至达到 1。它的缺点是系统长度比较大，等于主反射镜焦距的两倍。

2）马克苏托夫折反射式物镜

马克苏托夫发现，利用一块由两个球面构成的弯月形透镜，也能校正球面反射镜的球差和彗差。这种透镜被称为马克苏托夫弯月镜，如图 4.17 所示。

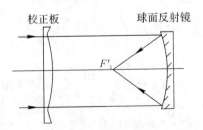

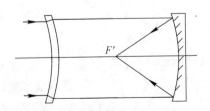

图 4.16　带有施密特校正板的折反射式物镜　　图 4.17　马克苏托夫折反射式物镜

这种系统和施密特校正板不同，它不能同时校正整个光束的球差，而是和一般的球面系统一样只能校正边缘球差，因此存在剩余球差，也有色球差。轴外彗差可以得到校正，但像散不能校正。它的相对孔径一般不大于 1/4。

如果用和主反射镜同心的球面构成的同心透镜作为校正透镜，则既能校正反射面的球差，也可以不产生轴外像差。

上面两种折反射系统的共同特点是校正镜结构比较简单，只有一块玻璃，并且自行校正色差，没有二级光谱色差，因此多用于较大口径的望远镜上（例如从数百毫米到一米）而且便于使用一些特殊的光学材料，例如石英玻璃，这样，系统还可以用于紫外与远红外，保持了反射系统工作波段宽的优点。它们的缺点是校正像差的能力有限，系统的相对孔径和视场都受到限制。

某些小型望远镜的物镜也采用折反射系统，一般是为了两个目的：一个是利用反射镜折叠光路，以缩小仪器的体积和减轻仪器的重量；另一个是由于主反射镜没有色差，和相同光学特性的透镜系统比较，可以大大减小二级光谱色差，因此被用在一些相对孔径比较大或焦距特别长的系统中。由于系统的实际口径不是很大，因此有可能采用一些结构更复杂的校正透镜组，以使系统的像差校正得更好。例如，用一个双透镜组作为校正透镜，如图4.18所示。如果这两块透镜用同样的玻璃构成，则系统也没有二级光谱色差。

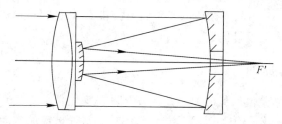

图 4.18　用一个双透镜组作为校正透镜的折反射系统

有些系统中把负透镜和主反射面结合成一个内反射镜，如图 4.19 所示。

有些系统中把第二反射面和校正透镜组中的一个面结合，如图 4.20 所示。

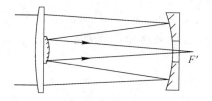

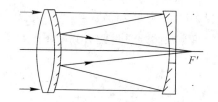

图 4.19　内反射型式的折反射系统　　图 4.20　反射面和透射面共面的折反射系统

上面介绍了一些常用的望远物镜，这些物镜基本上都是由薄透镜系统或反射系统构成的，而且多数望远物镜的相对孔径和视场都不大，高级像差比较小。因此，多数望远镜物镜的设计方法都可以建立在薄透镜初级像差理论的基础上，所以比较简单，也比较系统。一般整个设计过程大致分为以下三个步骤：

（1）根据外形尺寸计算对物镜的焦距、相对孔径和视场以及成像质量提出的要求，选定物镜的结构型式；

（2）应用薄透镜系统初级像差公式求透镜组的初始结构参数；

（3）通过光路计算求出实际像差，然后进行微量校正，得到最后结果。

第5章　显微镜物镜设计

5.1　显微镜及其光学特性

显微光学系统是用来帮助人眼观察近距离物体微小细节的一种光学系统。由其构成的目视光学仪器称为显微镜，它是由物镜和目镜组合而成的。显微镜和放大镜的作用相同，都是把近处的微小物体通过光学系统后成一放大的像，以供人眼观察。区别是通过显微镜所成的像是实像，且显微镜比放大镜具有更高的放大率。

显微镜的光学特性主要有衍射分辨率和视放大率。由于显微镜物镜决定了物点能够进入系统成像的光束大小，因此显微镜的光学特性主要是由它的物镜决定的。这一章我们着重介绍显微镜物镜的有关设计问题。

5.1.1　显微镜成像原理

图 5.1 是物体被显微镜成像的原理图。图中为方便计算，把物镜 L_1 和目镜 L_2 均以单块透镜表示。物体 AB 位于物镜前方，离物镜的距离大于物镜的焦距，但小于两倍物镜焦距。所以，物体 AB 经物镜以后，必然形成一个倒立的放大的实像 $A'B'$。$A'B'$ 位于目镜的物方焦点 F_2 上，或者在很靠近 F_2 的位置上，再经目镜放大为虚像 $A''B''$ 后供人眼观察。虚像 $A''B''$ 的位置取决于 F_2 和 $A'B'$ 之间的距离，可以在无限远处(当 $A'B'$ 位于 F_2 上时)，也可以在观察者的明视距离处(当 $A'B'$ 在图中焦点 F_2 右边时)。目镜的作用与放大镜一样，所不同的只是眼睛通过目镜看到的不是物体本身，而是物体被物镜所成的、已经放大过一次的像。

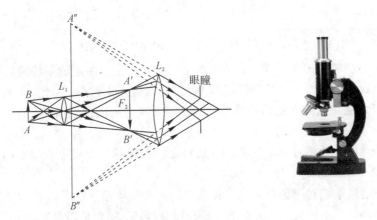

图 5.1　显微镜成像原理图

　　由于经过物镜和目镜的两次放大，因此显微镜总的放大倍率 Γ 应该是物镜放大倍率 β 和目镜放大倍率 Γ_1 的乘积。和放大镜相比，显微镜可以具有高得多的放大率，并且通过更换不同放大倍率的目镜和物镜，能方便地改变显微镜的放大率。由于在显微镜中存在着中间实像，故可以在物镜的实像平面上放置分划板，从而可以对被观察物体进行测量，并且在该处还可以设置视场光阑，消除渐晕现象。

　　因为物体被物镜成的像 $A'B'$ 位于目镜的物方焦面上或者附近，所以此像相对于物镜像方焦点的距离 $x' \approx \Delta$。这里，Δ 为物镜和目镜的焦点间隔，在显微镜中称它为光学筒长。设物镜的焦距为 f_1'，则物镜的放大率为

$$\beta = -\frac{x'}{f_1'} = -\frac{\Delta}{f_1'}$$

物镜的像再被目镜放大，其放大率为

$$\Gamma_1 = \frac{250}{f_2'}$$

式中，f_2' 为目镜的焦距。由此，显微镜的总放大率为

$$\Gamma = \beta\Gamma_1 = -\frac{250\Delta}{f_1' f_2'} \tag{5.1}$$

　　由上式可见，显微镜的放大率和光学筒长成正比，和物镜及目镜的焦距成反比。并且，由于式中有负号，因此当显微镜具有正物镜和正目镜时（一般如此），整个显微镜给出倒像。

　　根据几何光学中合成光组的焦距公式可知，整个显微镜的总焦距 f' 和物镜及目镜焦距之间，符合以下公式：

$$f' = \frac{f_1' f_2'}{\Delta}$$

代入式(5.1)，则有

$$\Gamma = \frac{250}{f'}$$

　　上式与放大镜的放大率公式具有完全相同的形式。可见，显微镜实质上就是一个复杂化了的放大镜。由单组放大镜发展成为由一组物镜和一组目镜组合起来的显微镜，比单组放大镜还具有前面提到的一系列优点。

5.1.2　显微镜中的光束限制

1. 显微镜的孔径光阑

　　在显微镜中，孔径光阑按如下的方式设置：对于单组的低倍物镜，物镜框就是孔径光阑，它被目镜所成的像是整个显微镜的出瞳，显然要在目镜的像方焦点之后。对于由多组透镜组成的复杂物镜，一般以最后一组透镜的镜框作为孔径光阑，或者在物镜的像方焦面上或其附近设置专门的孔径光阑。在后一种情况下，如果孔径光阑位于物镜的像方焦面上，则整个显微镜的入瞳在物方无限远。出瞳则在整个显微镜的像方焦面上，其相对于目镜像方焦点的距离为

$$x_2' = -\frac{f_2 f_2'}{\Delta} = \frac{f_2'^2}{\Delta}$$

式中：f_2' 为目镜焦距；Δ 为光学筒长，并且总是正值。因此，$x_F' > 0$，即此时出瞳所在的显微

镜像方焦面位于目镜像方焦点之外。

如果孔径光阑位于物镜像方焦点附近相距为 x_1' 的位置(见图 5.2),则整个显微镜的出瞳相对于目镜像方焦点的距离为

$$x_2' = -\frac{f_2 f_2'}{x_1' - \Delta} = \frac{f_2'^2}{\Delta - x_1'}$$

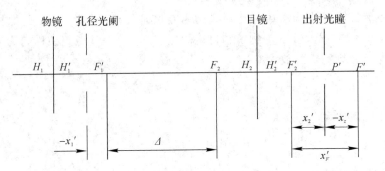

图 5.2　显微镜出瞳与光阑位置关系

而显微镜出瞳相对于显微镜像方焦点的距离为

$$x_Z' = x_2' - x_F' = \frac{f_2'^2}{\Delta} = \frac{x_1' f_2'^2}{\Delta(\Delta - x_1')}$$

上式中,x_1' 和 Δ 比较是一很小的值,故上式可表示为

$$x_Z' = \frac{x_1' f_2'^2}{\Delta^2}$$

由于 x_1' 是一小值,而 $f_2'^2/\Delta^2$ 也是一个很小的数,约为几十分之一,甚至几百分之几,因此 x_z' 的值很小。这说明,即使孔径光阑位于物镜像方焦点的附近,整个显微镜的出瞳仍可认为与显微镜的像方焦面重合,即总是在目镜像方焦点之外距离 x_F' 处。所以,用显微镜来观察时,观察者的眼瞳总可以与出瞳重合。

2. 显微镜出瞳直径

图 5.3 画出了像方空间的成像光束。设出瞳和显微镜的像方焦面重合,$A'B'$ 是物体 AB 被显微镜所成的像,大小为 y'。

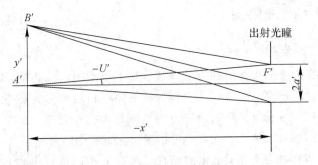

图 5.3　像空间成像光束示意图

由图可见,出瞳半径为

$$a' = x' \tan U'$$

因显微镜的像方孔径角 U' 很小,故可用正弦来代替其正切,则

$$a' = x'\sin U' \tag{5.2}$$

另外，显微镜应满足正弦条件，即有

$$n'\sin U' = \frac{y}{y'} n\sin U$$

式中：

$$\frac{y}{y'} = \frac{1}{\beta} = -\frac{f'}{x'}$$

并且，显微镜中 n' 总等于 1，故

$$\sin U' = -\frac{f'}{x'} n\sin U$$

将其代入式(5.2)，得

$$a' = -f'n\sin U = -f'\mathrm{NA} \tag{5.3}$$

式中：$\mathrm{NA} = n\sin U$，称为显微镜物镜的数值孔径，是表征显微镜物镜特性的一个重要参数。此外，公式中的负号并没有实际意义。

若将公式

$$f' = \frac{250}{\Gamma}$$

代入公式(5.3)，则得

$$a' = 250\frac{\mathrm{NA}}{\Gamma} \tag{5.4}$$

由上式可见，当已知显微镜的放大率 Γ 及物镜数值孔径 NA，即可求得出瞳直径 $2a'$。表 5-1 列出了三大放大率和数值孔径及出瞳孔径之间的关系。

表 5-1　放大率和数值孔径及出瞳孔径之间的关系

Γ	$1500^\times$	$600^\times$	$50^\times$
NA	1.25	0.65	0.25
$2a'/\mathrm{mm}$	0.42	0.54	2.50

由上表数据可以看出，显微镜的出瞳很小，一般小于眼瞳直径，只有当放大率较低时，才能达到眼瞳的大小。

3. 显微镜的视场光阑和视场

由于显微镜的视场受到安置在物镜像平面上的专设视场光阑的限制，因此，在显微镜中，由于入射窗与物平面重合，因而在观察时可以看到界限清楚和照度均匀的视场。

与放大镜一样，显微镜的视场也是以在物平面上所能看到的圆直径来表示的，该范围内物体的像应该充满视场光阑。据此，视场光阑的直径和线视场大小的比值，就应该是物镜的放大率。

显微镜物镜特别是高倍镜，因要提高分辨率，故必须有很大的数值孔径。因此，物镜是以很宽的光束来成像的，这需要首先保证轴上点和视场中心部分有良好的像差校正。在这种情况下，视场一增大，视场边缘部分的像质就会急剧变化，所以一般显微镜只能有很小的视场。通常当线视场 $2y$ 不超过物镜焦距的二十分之一时，成像质量是满意的，即

$$2y \leqslant \frac{f_1'}{20} = \frac{\Delta}{20\beta}$$

可见,显微镜的视场特别是在高倍物镜时是很小的。

5.1.3 显微镜的景深

当显微镜调焦于某一物平面(称之为对准平面)时,如果位于其前面和后面的物平面仍能被观察者看清楚的话,则该两平面之间的距离就称为显微镜的景深。

在图 5.4 中,$A'B'$ 是对准平面的像(称之为景像平面),$A_1'B_1'$ 是位于对准平面之前的物平面的像,它相对于景像平面的距离为 $\mathrm{d}x'$,并设显微镜的出瞳与其像方焦点 F' 重合。

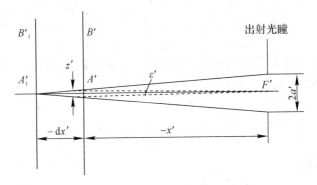

图 5.4 景深计算光路

由图可见,A_1' 点的成像光束在景像平面上截出直径为 z' 的弥散斑,可得如下关系:

$$\frac{z'}{2a'} = \frac{\mathrm{d}x'}{x' + \mathrm{d}x'}$$

上式分母 $x' + \mathrm{d}x'$ 中的 $\mathrm{d}x'$ 与 x' 相比是一个很小的值,可以略去,则得

$$\mathrm{d}x' = \frac{x'z'}{2a'}$$

要使直径为 z' 的弥散斑被肉眼看起来仍是点像,它对出瞳中心的张角 ε' 必须不大于眼睛的极限分辨角。此时,$\mathrm{d}x'$ 的二倍就可以认为是在像方能同时看清楚的景像平面前后两个平面之间的深度,即

$$2\mathrm{d}x' = \frac{x'z'}{a'} = \frac{x'^2\varepsilon'}{a'} \tag{5.5}$$

将 $2\mathrm{d}x'$ 换算到物方空间去,即可得到显微镜景深的表达式。显然,这只要将 $2\mathrm{d}x'$ 除以轴向放大率 α 即可。根据几何光学的有关公式有

$$\alpha = \frac{\mathrm{d}x'}{\mathrm{d}x} = -\beta^2 \cdot \frac{f'}{f} = -\frac{x'^2}{f'^2} \cdot \frac{f'}{f} = -\frac{x'^2}{ff'} = \frac{n'x'^2}{nf'^2} = \frac{x'^2}{nf'^2}$$

由此可得

$$2\mathrm{d}x = \frac{2\mathrm{d}x'}{\alpha} = \frac{nf'^2\varepsilon'}{a'} \tag{5.6}$$

或

$$2\mathrm{d}x = \frac{nf'\varepsilon'}{\mathrm{NA}} = \frac{250n\varepsilon'}{\Gamma\mathrm{NA}} \tag{5.7}$$

由上式可见,显微镜的放大率越高、数值孔径越大,景深越小。

例如，有一显微镜 $n=1$，$\mathrm{NA}=0.5$，并设弥散斑的极限角 $\varepsilon'=0.0008$（约 2.75 分），在 $\Gamma=10^{\times}\sim500^{\times}$ 之间时，按上式计算所得的景深如表 5-2 所示。

表 5-2 放大率和景深的关系

放大倍率 Γ/倍	10	50	100	500
景深 $2\mathrm{d}x$/mm	0.04	0.008	0.004	0.0008

可见，显微镜的景深是很小的。但是，式(5.7)以及按其所算得的景深值，是在观察时假定眼睛的调节为不变的情况下得到的。实际上，眼睛总能在近点和远点之间进行调节，因此，实际的景深还应该考虑到眼睛的调节本领。

设在像空间，近点和远点到显微镜出瞳的距离分别为 p' 和 r'。因出瞳与像方焦面重合，故物空间中的近点和远点的距离为

$$p=\frac{ff'}{p'},\ r=\frac{ff'}{r'}$$

或

$$p=\frac{nf'^2}{p'},\ r=-\frac{nf'^2}{r'}$$

上述两式的差值 $r-p$ 即为通过显微镜观察时眼睛的调节深度，有

$$r-p=-nf'^2\left(\frac{1}{r'}-\frac{1}{p'}\right) \tag{5.8}$$

式中，括号内的 r' 和 P' 如果以米为单位时，则括号内的值就是以折光度为单位的眼睛的调节范围 A，故

$$r-p=-0.001nf'^2\,\overline{A} \tag{5.9}$$

或

$$r-p=-62.5\,\frac{n\overline{A}}{\Gamma^2}$$

对于具有正常视力的 30 岁左右的人来说，调节范围 $\overline{A}$ 约为 7 个折光度，则

$$r-p=-437.5\,\frac{n}{\Gamma^2}$$

式中，负号仅表示远点在近点的远方（或左方）。仍以上面所举显微镜为例求得不同倍数时的眼睛调节深度如表 5-3 所示。

表 5-3 放大率与眼睛调节深度的对应关系

Γ/倍	10	50	100	500
$r-p$/mm	4.375	0.175	0.044	0.002

显微镜的景深应该是按式(5.7)和式(5.9)算得的 $2\mathrm{d}x$ 和 $r-p$ 之和。

用显微镜观察时，通过调焦来看清被观察物体。调焦时，不可能把对准平面正好重合于被观察平面，但由于有上述的景深范围，故只要将被观察面调焦到该范围以内时就可以观察清楚。不过，从上面的计算例子可以看到，显微镜的景深特别是在高倍时是很小的，要把被观察平面调焦到这样小的范围内，必须有微动调焦装置。

5.1.4　显微镜的分辨率和有效放大率

显微镜的分辨率以它所能分辨的两点间最小距离来表示。其表示式如下：

$$\sigma_0 = \frac{0.61\lambda}{NA}$$

式中，λ 为观测时所用光线的波长；NA 为物镜数值孔径。实际上，人眼对两个亮点间照度对比为 $1:(0.93\sim0.95)$ 时就可以分辨，所以实际分辨率可以比理论分辨率高。

上式表示显微镜对两个自发光亮点的分辨率，对于不能自发光的物点，根据照明情况不同，分辨率是不同的。阿贝在这方面做了很多研究，当被观察物体不发光，而被其他光源照明时，分辨率为

$$\sigma_0 = \frac{\lambda}{NA}$$

在斜照明时，分辨率为

$$\sigma_0 = \frac{0.5\lambda}{NA}$$

从以上公式可见，显微镜对于一定波长的光线的分辨率，在像差校正良好时，完全由物镜的数值孔径所决定，数值孔径越大，分辨率越高。这就是希望显微镜要有尽可能大的数值孔径的原因。

当显微镜的物方介质为空气时，$n=1$，物镜可能具有的最大数值孔径为 1，一般只能达到 0.9 左右。而当在物体与物镜第一片之间浸以液体，一般是浸以 $n=1.5\sim1.6$（甚至 1.7）的油或高折射率的液体（如杉木油 $n_D=1.517$，溴化萘 $n_D=1.656$，二碘甲烷 $n_D=1.741$ 等），数值孔径可达 $1.5\sim1.6$。因此，光学显微镜的分辨率基本上与所使用光线的波长是同一数量级。

数值孔径大于 1 的物镜，设计时必须考虑物方介质（即浸液）的折射率。这种物镜称为阿贝浸液物镜。

为了充分利用物镜的分辨率，使已被显微物镜分辨出来的细节能同时被眼睛所看清，则显微镜必须有恰当的放大率，以便把它放大到足以被人眼所分辨的程度。

便于眼睛分辨的角度距离为 $2'\sim4'$。若取 $2'$ 为分辨角的下限，$4'$ 为分辨角的上限，则在明视距离 250 mm 处能分辨开两点之间的距离 σ' 为

$$250 \times 2 \times 0.000\,29 < \sigma' < 250 \times 4 \times 0.000\,29$$

式中，σ' 是显微镜像空间被人眼所能分辨的线距离。换算到显微镜的物方，相当于显微镜的分辨率乘以视放大率，即

$$250 \times 2 \times 0.000\,29 < \frac{0.5\lambda}{NA}\Gamma < 250 \times 4 \times 0.000\,29$$

设所使用光线的波长为 0.000 55 mm，则上式为

$$527\,NA < \Gamma < 1054\,NA$$

或近似写成

$$500\,NA < \Gamma < 1000\,NA \tag{5.10}$$

满足式（5.10）的放大率，称为显微镜的有效放大率。

一般浸液物镜的最大数值孔径约为 15，所以光学显微镜能够达到的有效放大率不超过 $1500^\times$。

由以上公式可见，显微镜能有多大的放大率，取决于物镜的分辨率或数值孔径。当使用比有效放大率下限更小的放大率时，则不能看清楚物镜已经分辨出来的某些细节。如果盲目取用高倍目镜得到比有效放大率上限更大的放大率，则是无效放大。

5.2　显微镜物镜的类型

根据显微镜物镜的性能及用途不同，可将它们分为消色差物镜、复消色差物镜、平像场物镜、反射式物镜和折反射物镜。

5.2.1　消色差物镜

消色差物镜是一种结构相对比较简单、应用广泛的一类显微镜物镜。在这类物镜中，只校正球差、正弦差以及一般的消色差，而不校正二级光谱色差，所以称为消色差物镜。这类物镜根据它们的倍率和数值孔径不同又分为低倍、中倍和高倍以及浸液物镜四类。

1. 低倍消色差物镜

这类物镜的倍率大约为 $3^\times \sim 4^\times$，数值孔径为 $0.1 \sim 0.15$，对应的相对孔径大约为 1/4。由于相对孔径不大，视场又比较小，只要求校正球差、彗差和轴向色差，因此这些物镜一般都采用最简单的双胶合组，如图 5.5(a)所示。它的设计方法和一般的双胶合望远镜物镜的设计方法十分相似，不同的只是物体不位于无限远，而位于有限距离。

2. 中倍消色差物镜

这类物镜的倍率大约为 $8^\times \sim 12^\times$，数值孔径为 $0.2 \sim 0.3$。由于物镜的数值孔径加大，对应的相对孔径也增加，因此采用一个双胶合组已不能满足要求，因为孔径高级球差将大大地增加。为减小孔径高级球差，这类物镜一般采用两个双胶合组构成，如图 5.5(b)所示。每个双胶合组分别消色差，这样整个物镜同时校正轴向色差和垂轴色差。两个透镜组之间通常有较大的空气间隔，这是因为如果两透镜组密接，则整个物镜组和一个密接薄透镜组相当，仍然只能校正两种单色像差；如果两透镜组分离，则相当于由两个分离薄透镜组构成的薄透镜系统，最多可能校正四种单色像差，这就增加了系统校正像差的可能性。因此，除了显微镜物镜中必须校正的球差和彗差以外，还有可能在某种程度上校正像散，以提高轴外物点的成像质量。这种物镜也称为"李斯特"型显微物镜。

3. 高倍消色差物镜

这类物镜的倍率大约为 $40^\times \sim 60^\times$，数值孔径大约为 $0.6 \sim 0.8$。其结构如图 5.5(c)所示。这种物镜可以看作是在"李斯特"型物镜的基础上加上一个或两个由无球差、无彗差的折射面构成的会聚透镜，这些透镜的加入基本上不产生球差和彗差，但系统数值孔径和倍率却可以得到提高。图 5.5(c)中的前片透镜是由一个齐明面和一个平面构成的，齐明面不产生球差和彗差，如果把物平面和前片的第一面重合，则相当于物平面位于球面顶点，也不产生球差和彗差。但是，为了工作方便，实际物镜和物平面之间一般需要留有一定的间隙，这样物镜的第一面就将产生少量的球差和彗差，它们可以由后面的两个胶合组进行补偿。前片的色差也同样由后面的两个胶合组进行校正。

这种结构的物镜也称为"阿米西"型显微物镜。设计时，在前片玻璃和结构确定以后，其所产生的色差、球差和正弦差均为已知，这些像差可以通过中组和后组来补偿。

4. 浸液物镜

在前面的几种物镜中，成像物体都位于空气中，物空间介质的折射率 $n=1$，因此它们的数值孔径（$NA=n\sin U$）显然不可能大于 1，目前这种物镜的数值孔径最大约为 0.9。为了进一步增大数值孔径，我们把成像物体浸在液体中，这时物空间介质的折射率等于液体的折射率，因而可以大大地提高物镜的数值孔径。这样的物镜称为浸液物镜，也叫"阿贝"型物镜。这类物镜的数值孔径可以达到 1.2～1.4，最大倍率可以达到 $100^{\times}$。这种物镜的结构如图 5.5(d) 所示。

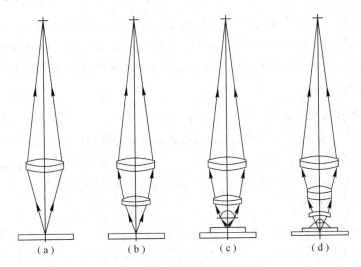

(a)　　　　(b)　　　　(c)　　　　(d)

图 5.5　显微镜物镜的基本形式

采用浸液方式除了可以提高物镜的数值孔径以外，还可以使第一面几乎不产生像差，光能损失较小。

5.2.2　复消色差物镜

复消色差物镜主要用于高分辨率显微照相以及成像质量要求较高的显微系统中。这种物镜可以严格地校正轴上点的色差、球差和正弦差，并能校正二级光谱色差，但是不能完全校正倍率色差，因此，在使用复消色差物镜时，常常用目镜来补偿倍率色差。设计复消色差物镜时，为了校正二级光谱色差，通常采用特殊的光学材料作为部分透镜材料，最常用的是萤石（$\nu=95.5$，$P=0.76$，$n=1.433$），它和一般重冕牌玻璃有相同的部分相对色散，同时具有足够的色散差和折射率差。图 5.6(a)、(b) 为一般消色差物镜和复消色差物镜的轴上球差和色差曲线。复消色差物镜的结构一般比相同数值孔径的消色差物镜复杂，因为它要求孔径高级球差和色球差也应该得到很好的校正。图 5.7 为不同倍率和数值孔径的复消色差物镜的结构，图中打有斜线的透镜就是由萤石做成的。

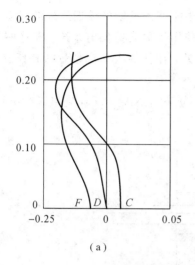

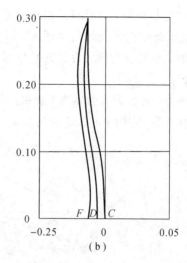

図 5.6　消色差物镜和复消色差物镜的轴上球差、色差曲线

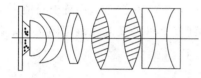

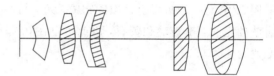

图 5.7　$90^\times$ 和 $40^\times$ 数值孔径分别为 1.3 和 0.85 的两种复消色差物镜结构型式

5.2.3　平像场物镜

对于某些特殊用途的显微系统，如显微照像、显微摄影、显微投影等，除了要求校正轴上点像差（球差、轴向色差、正弦差）以及二级光谱外，还必须严格校正场曲，以获得较大的清晰视场。前面介绍的几种物镜中都没有很好地校正场曲，因此，为了满足实际使用的要求，出现了校正场曲的平像场物镜。平像场物镜又分为平像场消色差物镜和平像场复消色差物镜。前者的倍率色差不大，不必用特殊目镜补偿，而后者必须用目镜来补偿它的倍率色差。这种物镜虽然能使场曲和像散都得到很好的校正，但是结构非常复杂，往往是依靠若干个弯月形厚透镜来达到校正场曲的目的，且物镜的孔径角越大，需要加入的凹透镜数量越多。图 5.8(a)、(b) 为两个平像场物镜的结构图，第一个 $40^\times$ 的物镜的场曲主要是依靠第一个弯月形厚透镜的第一个凹面来校正的，而第二个 $160^\times$ 的浸液物镜的场曲是依靠中间的两个厚透镜来校正的。

5.2.4　反射和折反射显微镜物镜

在显微镜中使用反射或折反射系统的情况主要有两种。

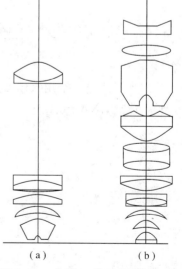

图 5.8　$40^\times$ 和 $160^\times$ 两种平像场物镜结构简图

第一种情况是用于紫外或近红外的系统。由于能够透过紫外或近红外的光学材料十分有限，无法设计出高性能的光学系统，因此只能使用反射或折反射系统。在这些系统中起会聚作用的主要是反射镜，为了补偿反射面的像差，往往加入一定数量的补偿透镜，构成折反射系统。

图 5.9 为一种反射式的显微镜物镜，光学特性为 $50^\times$，NA＝0.56，它可以在 $0.15\sim10$ μm 波长范围内工作。它的中心遮光比为 0.5。

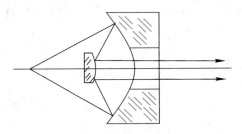

图 5.9　反射式显微镜物镜

图 5.10 为一种折反射显微镜物镜，光学特性为 $53^\times$，NA＝0.72。该系统中只使用了能透过紫外光的石英玻璃和萤石，因此可以在 0.25 μm 到整个可见光波段范围内工作。它的中心遮光比为 0.3。

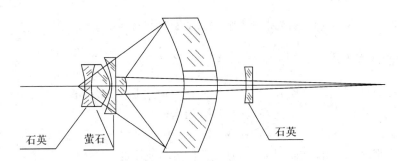

石英　　萤石　　　　　　　　　　　石英

图 5.10　折反射显微镜物镜

图 5.11 是一个用水作浸液的紫外物镜，整个物镜都是用石英玻璃构成的。它的光学特性为 $172^\times$，NA＝0.9。

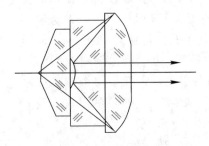

图 5.11　浸液紫外物镜

使用折反射系统作为显微镜的另一种情况，是为了增加显微镜的工作距离。由于反射镜能折叠光路，因此能构成一种工作距离长、倍率高而筒长和一般显微镜物镜相同的系统。

图 5.12 是一种使显微镜物镜工作距离增长的附加系统，光学特性为 NA＝0.57，工作距离可达 12.8 mm。它的第一个反射面镀半透膜，光在它上面透过一次，再反射一次，因此整个附加系统的透光率低于 1/4。

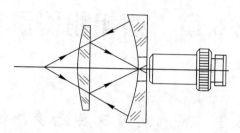

图 5.12　增长显微镜物镜工作距离的附加系统

图 5.13 为一个长工作距离的反射式显微镜物镜，光学特性为 $40^\times$，NA＝0.52。

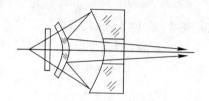

图 5.13　长工作距离反射式显微镜物镜

第6章　照相物镜设计

6.1　照相物镜及其光学特性

6.1.1　照相物镜的光学特性

照相物镜的特点是以感光底片（或 CCD）作接收器，即把外界景物成像在感光底片（或 CCD）上，使底片曝光（或通过 CCD 的输出）产生影像。照相物镜的基本光学性能主要有三个参数表征，即焦距 f'、相对孔径 D/f' 和视场角 2ω。

1. 焦距 f'

照相物镜的焦距决定了所成像的大小。当物体处于有限距离时，像高为

$$y' = (1-\beta)f'\tan\omega \qquad (6.1)$$

式中，β 为垂轴放大率，$\beta = \dfrac{y'}{y} = \dfrac{l'}{l}$。对一般照相机来说，物距 l 都比较大，通常在一米以上，而镜头的焦距一般只有几十毫米，因此像平面靠近焦面，$l' \approx f'$，故有

$$\beta = \frac{f'}{l}$$

当物体处于无限远时，式(6.1)可以简化为

$$y' = f'\tan\omega \qquad (6.2)$$

由此可以看出，像高 y' 与物镜的焦距成正比。

由于用途不同，因而照相物镜的焦距也不相同。通常照相物镜的焦距标准如表 6-1 所示。

表 6-1　照相物镜的焦距标准

物镜类型	物镜焦距 f'/mm	物镜类型	物镜焦距 f'/mm
鱼眼物镜	7.5 15	短望远物镜	85 100
超广角物镜	17 20	望远物镜	135 200 300
广角物镜	24 28 35	超望远物镜	400 500 600 800
标准物镜	50		1200

2. 相对孔径

照相物镜的相对孔径决定其受衍射限制的最高分辨率和像面光照度。这里的最高分辨率亦即通常所说的截止频率 N，其表达式为

$$N = \frac{D/f'}{\lambda} = \frac{2u'}{\lambda} \tag{6.3}$$

式中，D/f' 为相对孔径；u' 为孔径角；λ 为波长。

照相物镜中只有很少几种如微缩物镜和制版物镜追求高分辨率，多数照相物镜因其接收器本身的分辨率不高，相对孔径的作用并不是为了提高物镜分辨率，而是为了提高像面光照度 E'，其表达示为

$$E' = \frac{1}{4}\pi L\tau\left(\frac{D}{f'}\right)^2 \tag{6.4}$$

式中，τ 为物镜的透过率。

从式(6.4)可以看出，当物体光亮度与光学系统的透过率一定时，像面光照度 E' 仅与相对孔径的平方成正比。

照相物镜按其相对孔径的大小，大致分为以下四种：

(1) 弱光物镜，相对孔径小于 1∶9；

(2) 普通物镜，相对孔径为 1∶9～1∶3.5；

(3) 强光物镜，相对孔径为 1∶3.5～1∶1.4；

(4) 超强光物镜，相对孔径大于 1∶1.4，甚至高达 1∶0.6。

弱光物镜要求有非常好的照明条件，而且对曝光时间没有要求，通常只用在户外拍摄。普通物镜和强光物镜则广泛应用于各种照明条件下。超强光物镜则在拍摄快速运动物体和照明条件不好的场合下使用。

为了使同一照明物镜在各种照明条件下所拍摄的像具有适当的光照度，照明物镜的孔径光阑均采用直径可以连续变化的可变光阑。它的变化档次均以 1/2 为公比的等比级数排列，即像面光照度每档次之间相差 1/2 倍。通常把相对孔径规划为如表 6-2 所示的规格，并把相对孔径的倒数称为 F 数或 F 光圈。

表 6-2　相对孔径与 F 数的关系

相对孔径	1∶1	1∶1.4	1∶2	1∶2.8	1∶4	1∶5.6	1∶8	1∶11	1∶16	1∶22	1∶32
F 数	1	1.4	2	2.8	4	5.6	8	11	16	22	32

F 光圈只表明物镜的名义相对孔径，称为光阑指数，如考虑到光学系统的透过率 τ 的影响，那么表明实际相对孔径的有效光阑指数则为

$$\frac{F}{\sqrt{2}} = T \tag{6.5}$$

式中：T 为光圈。

3. 视场角

照相物镜的视场角决定其在接收器上成清晰像的空间范围。按视场角的大小，照相物镜又分为以下四类：

（1）小视场物镜，视场角在 30°以下；

（2）中视场物镜，视场角在 30°～60°之间；

（3）广角物镜，视场角在 60°～90°之间；

（4）超广角物镜，视场角在 90°以上。

照相物镜没有专门的视场光阑，视场大小被接收器本身的有效接收面积所限制，即以接收器的边框作为视场光阑。在相对孔径最大时，物镜中的某些透镜还要遮拦掉一些离主光线较远的轴外斜光束，离开中心视场越远，遮拦越严重。这种光线遮拦的现象称为渐晕，渐晕导致轴外点成像的相对孔径比中心点成像的相对孔径小。

在相机画面大小一定的条件下，视场角直接和物镜的焦距有关，根据无限远物体的理想像高公式：

$$y' = -f'\tan\omega$$

相机的幅面一定，也就是像高一定，只要焦距确定，则视场角 ω 也就随之确定了。物镜的焦距越短，视场角也就越大，因此短焦距的镜头也就是大视场的镜头，在计算照相物镜的视场角时，一般按画面的对角线计算像高，即按最大的视场角计算。

照相物镜上述三个光学性能参数是相互关联、相互制约的，这三个参数决定了物镜的光学性能。企图同时提高这三个指标则是困难的，甚至是不可能的。只能根据不同的使用要求，在侧重提高一个参数指标的同时，相应地降低其余两个参数的指标。比如，长焦距镜的相对孔径和视场角均不能很大；而广角物镜的相对孔径和焦距亦不能太大。这种关系可以从表 6-3 中的几种物镜的光学特性反映出来，这些物镜结构的复杂程度是相似的，它们都是由四块透镜构成的。

表 6-3　几种物镜的光学性能比较

名　　称	型　　式	相对孔径 D/f'	视场角 2ω
托卜岗 Topogon		1:6.3	90°
天塞 Tessar		1:3.5	50°
松纳 Sonnar		1:1.9	30°

从表 6-3 中可以看到，随着相对孔径的增加，相应的视场角便减小。如果要求在相对孔径不变的条件下提高视场，或者在视场不变的条件下提高相对孔径，或者使二者同时提高，则必须使物镜的结构复杂化才有可能办到。Д·С. волосов 曾经给出下列经验公式：

$$\frac{D}{f'}\tan\omega \sqrt{\frac{f'}{100}}=C_m \tag{6.6}$$

用来表示三个光学性能参数之间的关系。对于多数照相物镜来说，C_m 差不多是个常数，约为 0.24 左右。

既然上述三个光学性能参数代表了一个物镜的性能指标，那么它们之间的乘积为

$$f'\frac{D}{f'}\tan\omega=2h\tan\omega=2j \tag{6.7}$$

式中：h 为入瞳半径；j 为拉氏不变量。

该乘积是二倍的拉氏不变量。因此可以说，拉氏不变量可以表征一个物镜总的性能指标。

对于同一种结构型式，如果相对孔径和视场不变，增加系统的焦距时，则相当于把整个系统按比例放大，显然，系统的剩余像差也将按比例增加。为了保证成像质量，减小剩余像差，只能减小系统的相对孔径或视场。

照相物镜具有的光学特性也直接和要求的成像质量有关，成像质量要求越高，允许的剩余像差越小，则物镜的光学特性就要降低。

6.1.2　照相物镜的像差要求

与目视光学系统相比，照相物镜同时具有大相对孔径和大视场。因此，为了使整个像面都能得到清晰的并与物平面相似的像，差不多需要校正所有七种像差。但是，并不要求这些像差都校正得与目视光学系统一样完善。这是由于照相物镜的接收器无论是感光底片还是摄像管，它们的分辨率都不高。由于接收器的这种特性，决定了照相物镜是大像差系统，波像差在 $2\lambda : 10\lambda$ 之间仍然有比较好的成像质量，但这是对大多数照相物镜而言的。以超微粒感光底片为接收器的微缩物镜和制版物镜，则要求它们的像差校正应与目视光学系统一样完善。

照相物镜的分辨率是相对孔径和像差残余量的综合反映。在相对孔径确定后，制定一个既能满足使用要求，又易于实现的像差最佳校正方案，则是非常必要的。为此，首先必须有一个正确的像质评价方法。在像差校正过程中，为方便起见，往往采用"弥散圆半径"来衡量像差的大小，最终则以光学传递函数对成像质量做出评价。

6.2　照相物镜的类型

我们说过，评价一个光学系统设计得好坏，一方面要看它的光学特性和成像质量，另一方面还要看结构的复杂程度。在满足光学特性和成像质量要求的条件下系统的结构最简单，这才算是一个好的设计。如何根据要求的光学特性和成像质量选定一个恰当的结构型式，是设计过程中十分重要的一环。这就需要对现有物镜的结构型式及它们的光学特性和像差特性有较全面的了解。照相物镜的结构型式非常丰富，最古老的物镜仅由一片弯月透镜构成，只适用于光学性能很低的条件。随着光学性能要求的提高，物镜的结构型式越来越多。下面就主要的镜头结构及其像差特点做一些介绍，其中包括大孔径物镜、广角物镜、长焦物镜和变焦距物镜。

6.2.1 大孔径物镜

1. 匹兹万物镜

匹兹万物镜是在 1841 年由匹兹万设计的，它是世界上第一个用计算方法设计出来的镜头，也是 1910 年以前在照相机上应用最广的、孔径最大的镜头。

匹兹万物镜最初的结构型式如图 6.1(a)所示。1878 年以后，后组改为胶合形式，如图 6.1(b)所示。匹兹万物镜能够适应的孔径为 $D/f'=1/1.18$，适用的视场 $\omega<16°$。

图 6.1　匹兹万物镜

匹兹万物镜由彼此分开的两个正光焦度镜组构成。由于物镜的光焦度由两组承担，因此球面半径比较大，这对球差的校正比较有利。但是，也正因为正光焦度是分开的，匹兹万场曲加大了。为了减小匹兹万场曲，可以尽量提高正透镜的折射率，减小负透镜的折射率。但是，由于折射率差减小了，球差和正弦差的校正就很困难了，中间胶合面的半径必然随之减小，球差的高级量随之增加。若把前后胶合透镜组改为分离式的，如图 6.2 (a) 所示，则可以稍有改善。最好的办法是在像面附近增加一组负透镜，如图 6.2(b)所示，使匹兹万场曲得到完全的校正，同时还可以用这块负透镜的弯曲来平衡整个物镜的畸变。它的缺点是工作距离太短，只能用在短工作距离的条件下，如用来做放映物镜等。

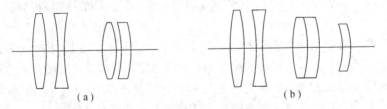

图 6.2　分离式匹兹万物镜

2. 柯克物镜（三片式物镜）

柯克物镜是薄透镜系统中能够校正全部七种初级像差的简单结构，它所能适应的孔径是 $D/f'=1/1.5$，视场是 $2\omega=50°$。

柯克物镜由三片透镜组成，如图 6.3 所示，为了校正匹兹万场曲，应该使正、负透镜分离。考虑到校正垂轴像差，即彗差、畸变和倍率色差的需要，应该把镜头做成对称式的，所以三片式的物镜应按"正—负—正"的次序安排各组透镜，并且在负透镜附近设置孔径光阑。

柯克物镜有八个变数，即六个半径和两个间隔。在满足焦距要求后还有七个变数，这七个变数正好用来校正七种初级像差。

为了使设计过程简化，最好用对称的观点设计柯克物镜。把中间的负透镜用一平面分开，组成一个对称系统，然后求解半部结构。

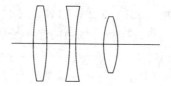

图 6.3　柯克物镜

由一个正透镜和一个平凹透镜组成的半部系统只有四个变数，即两个光焦度、一个弯曲和一个间隔。然而，必须在光焦度一定的条件下，同时校正四种初级像差，即球差、色差、像散和场曲。为了使方程有解，必须把玻璃材料的选择视为一个变数，实际计算表明：负透镜的材料选用色散较大的火石玻璃时，各组透镜的光焦度都减小，这对轴上点和轴外点的校正是有利的。但是，必须注意正、负透镜的玻璃的匹配，否则透镜间的间隔加大了，轴外光束在正透镜上的入射高度增大，反而影响了轴外像差的校正。

3. 天塞物镜和海利亚物镜

天塞物镜和海利亚物镜都是由柯克物镜改进而成的。柯克物镜的剩余像差中以轴外正球差最严重，若把最后一片正透镜改为双胶合透镜组，轴外光线中以上光线在胶合面上有最大的入射角，可造成高级像散和轴外球差的减小，这就构成了天塞物镜，见图 6.4。天塞物镜能够适用的视场略有增加，光学性能指标为 $D/f'=1/3.5\sim1/2.8$，$2\omega=55°$。

如果把柯克物镜中的正透镜全部改成胶合透镜组，就得到了海利亚物镜，见图 6.5。海利亚物镜的轴外成像质量得到了进一步改善，它所适用的视场更大，所以常用于航空摄影。

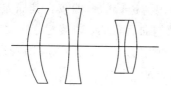

图 6.4　天塞物镜

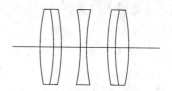

图 6.5　海利亚物镜

4. 松纳物镜

松纳物镜也可以认为是在柯克物镜的基础上发展起来的，它是一种大孔径和小视场的物镜，其结构型式见图 6.6。在柯克物镜的前两块透镜中间引入一块近似不晕的正透镜，光束在进入负透镜之前就得到了收敛，这样减轻了负透镜的负担，高级像差减小了，相对孔径增大了。但是，由于引入了一个正透镜，使 S_{IV} 增大了，并且破坏了结构的对称性，因此使垂轴像差的校正发生了困难。计算结果表明，松纳物镜的轴外像差随视场的增大急剧变大，尤其是色彗差极为严重，于是松纳物镜不得不降低使用要求，它所适用的视场只有 $20°\sim30°$。

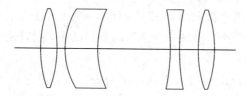

图 6.6　松纳物镜

5. 双高斯物镜

双高斯物镜是一种中等视场大孔径的摄影物镜，它的光学性能指标是 $D/f'=1/2$，$2\omega=40°$。双高斯物镜是以厚透镜校正匹兹万场曲的光学结构，半部系统由一个弯月形的透镜和一个薄透镜组成，如图 6.7 所示。

由于双高斯物镜是个对称的系统，因此垂轴像差很容易校正。设计这种类型的系统时，只需要考虑球差、色差、场曲、像散的校正。在双高斯物镜中依靠厚透镜的结构变化可以校正场曲 S_{IV}，利用薄透镜的弯曲可以校正球差 S_{I}，改变两块厚透镜间的距离可以校正像散 S_{III}，在厚透镜中引入一个胶合面可以校正色差 C_{I}。

双高斯物镜的半部系统可以看做由厚透镜演变而来，一块校正了匹兹万场曲的厚透镜是弯月形的，两个球面的半径相等。在厚透镜的背后加上一块正、负镜组成的无光焦度薄透镜组，对整个光焦度的分配和像差分布没有明显的影响，然后把靠近厚透镜的负透镜分离出来，且与厚透镜合为一体，这样就组成了一个两球面半径不等的厚透镜和一个正光焦度的薄透镜的双高斯物镜半部系统，如图 6.8 所示。

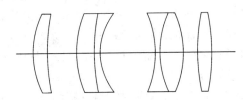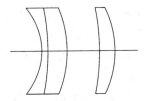

图 6.7　双高斯物镜　　　　　图 6.8　双高斯物镜半部结构

这个半部系统承受无限远物体的光线时，可用薄透镜的弯曲校正其球差。由于从厚透镜射出的轴上光线近似平行于光轴，因此薄透镜越向后弯曲，越接近于平凸透镜，其上所产生的球差及高级量越小。但是，该透镜上轴外光线的入射状态变坏，随着透镜向后弯曲，轴外光线的入射角增大，于是产生了较大的像散。为了平衡 S_{III}，需要把光阑尽量地靠近厚透镜，使光阑进一步偏离厚透镜前表面的球心，用该面上产生的正像散平衡 S_{III}。与此同时，轴外光线在前表面上的入射角急剧增大，产生的轴外球差及其高级量也在增大，从而引出了球差校正和高级量减小时，像散的高级量和轴外球差增大的后果。相反，若将光阑离开厚透镜，使之趋向厚透镜前表面球心，则轴外光线的入射状态就能大大地好转，轴外球差很快下降，此时厚透镜前表面产生的正像散减小。为了平衡 S_{III}，薄透镜应该向前弯曲，以使球面与光阑同心。这样一来，球差及其高级量就要增加。

以上的分析表明：进一步提高双高斯物镜的光学性能指标，将受到一对矛盾的限制，即球差高级量和轴外球差高级量的矛盾，或称球差与高级像散的矛盾。

解决这对矛盾的方法有三种：

第一，选用高折射率低色散的玻璃做正透镜，使它的球面半径加大。

第二，把薄透镜分成两个，使每一个透镜的负担减小，同时使薄透镜的半径加大。这种结构如图 6.9 所示。

第三，在两个半部系统中间引入无光焦度的校正板，使它只产生 S_{V} 和 S_{III}，实现拉大中间间隔的目的，这样，轴外光束可以有更好的入射状态。图 6.10 是在前半部系统中加入无光焦度校正板的一种结构。

采用上述方法设计的双高斯物镜可达到视场角 $2\omega = 50° \sim 60°$。

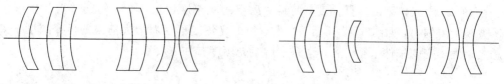

图 6.9 双高斯物镜   图 6.10 无光焦度双高斯物镜

6.2.2 广角物镜

1. 反远距物镜

在普通照相和电影摄影中，为了获得较大视场的画面和丰富的体视感，宜采用短焦距的广角物镜。由于物镜和底片之间要放置分光元件或反光元件，因此希望物镜有较长的工作距，在焦距短的情况下用普通照相物镜，可能达不到设计上的这一要求。例如，双高斯物镜的后工作距为焦距的 $0.5 \sim 0.7$ 倍，DF 相机镜头要求有 38.5 mm 的后截距。显然，在设计 $f' = 38$ mm、$2\omega = 63°$ 的短焦距广角镜时，这一要求就不能得到满足。采用所谓"反远距"的物镜结构，就能得到大于焦距的后工作距离。

反远距物镜由分离的负、正光组构成，如图 6.11 所示。靠近物空间的光组具有负光焦度，称为前组。靠近像平面的光组具有正光焦度，称为后组。入射光线经过前组发散后，再经过后组会聚于焦平面 F'。由于像方主面位于正组的右侧靠近像平面的空间里，因此反远距的后工作距可以大于焦距。

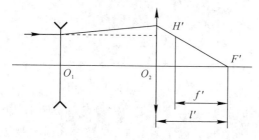

图 6.11 反远距物镜结构

反远距物镜的光阑常常设在正组中间，所以前组远离光阑，轴外光束有较大的入射高度，产生了较大的初级轴外像差和高级轴外像差。视场不大时，前组可以采用单片负透镜；视场较大时，前组应该采用双胶合的负透镜和双分离的负光焦度结构，甚至可以用其他更复杂的结构，如鼓形透镜等。前组产生的轴外像差力求由本身解决，剩余的量可以由后组补偿。反远距物镜的后组承担了较大的孔径，其视场由于有前组的发散作用，已经有所减小。和一般照相物镜比较，反远距物镜的后组是对近距离成像的，在成像关系上它处于更加对称的位置，所以，后组似乎有更充分的理由采用对称结构。但是考虑到前组剩余的像差，尤其是垂轴像差 S_{II}、S_V 和 C_{II} 需要后组给予补偿，则采用不对称的结构型式更为合理，如三片式或匹兹万结构都可以成为后组的理想结构。

根据像面边缘照度 E' 与中心照度 E'_0 的关系式 $E' = E'_0 \cos\omega'$ 得知，广角镜头视场边缘的照度随视场角的增大而减小的速度是很快的。特别是在像差校正中，为了保证边缘视场的成像质量，需要拦掉一部分轴外光线，更加重了边缘视场的渐晕现象。

在对称系统中，像方视场角 ω' 与物方视场角 ω 大致相等。在反远距系统中，像方视场角 ω' 随前、后组光焦度的分配而变，前组对后组的光焦度比值越大，则同一视场角所对应的像方视场角越小，如图 6.12 所示。假设后组的光焦度不变而增大前组的负光焦度，在保证总光焦度不变的条件下，间隔 d 与前、后组光焦度有如下关系：

$$d = \frac{\varphi_1 + \varphi_2 - \varphi}{\varphi_1 \varphi_2} = \frac{1 + \dfrac{\varphi_2 - \varphi}{\varphi_1}}{\varphi_2} = \frac{1 - \dfrac{\varphi_2 - \varphi}{|\varphi_1|}}{\varphi_2}$$

由于反远距系统的总光焦度 $\varphi < \varphi_2$，则当 $|\varphi_1|$ 提高时，间隔 d 应该随之增大。根据轴外偏角的公式

$$\omega' - \omega = h_{z1} \varphi_1 = d\omega' \varphi_1$$

可求得

$$\omega'(1 - d\varphi_1) = \omega'(1 + d|\varphi_1|) = \omega \tag{6.8}$$

则在物方视场角不变的情况下，当 $|\varphi_1|$ 提高时，像方视场角 ω' 将要减小。图 6.12 中虚线所示的各组位置和成像关系就是 $|\varphi_1|$ 提高后的情况。

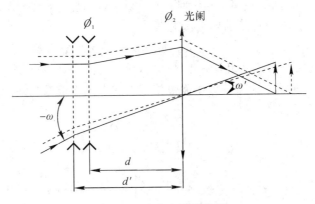

图 6.12　光焦度计算简图

如果把光阑移至后组的前焦点 F_2 上，则像方视场角 $\omega' = 0$，如图 6.13 所示。这是一种远心光路，由于 $\omega' = 0$，因此在没有渐晕的条件下，整个像面的照度是均匀的。

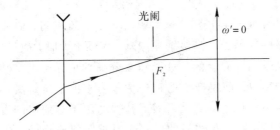

图 6.13　光焦度提高后各组位置和成像关系

2. 超广角物镜

视场角 $2\omega > 90°$ 的照相物镜称为超广角物镜，它是航空摄影中常用的镜头。由于视场大，轴外像差也大，因而像面照度更不均匀，当视场角 $2\omega = 120°$ 时，边缘视场的照度仅为中心视场照度的 6.25%。这样的照度比例对于底片特别是彩色底片是不允许的。所以，研究轴外像差的校正问题和像面照度的补偿问题是设计广角物镜的两个关键。为了校正轴外像

差，几乎所有的超广角物镜都做成弯向光阑的对称型结构，如最早出现的海普岗物镜，就是由两个弯曲得非常厉害的弯月形透镜构成的，如图 6.14 所示。对称性使垂轴像差自动得到校正，调整两透镜的间隔，可以使 S_{II} 得到校正。但是，因为透镜弯曲过于厉害及对称排列，则球差和色差都不能校正，所以这种物镜的孔径指标相当小。

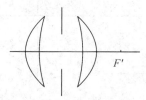

图 6.14　超广角物镜

为了校正球差和色差，在海普岗物镜的基础上，加入两块对称的无光焦度的透镜组，并且把正透镜与弯月形透镜组合起来，负透镜单独分离出来，就构成了托普岗型广角物镜，如图 6.15 所示，图(a)中间的两块透镜是无光焦度的透镜组，图(b)为正透镜与弯月镜合并后的结构。负透镜极度弯曲，且与光阑同心，可以产生大量的正球差，但产生的像散很少。同时采用火石玻璃，可以校正色差。相对孔径可提高到 $D/f' = 1/6.3$。

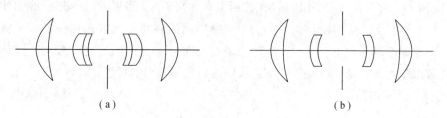

（a）　　　　　　　　　　　　　　（b）

图 6.15　托普岗型广角物镜

反远距物镜改善像面照度均匀性的方法在超广角物镜中是不适用的，因为超广角物镜为了校正垂轴像差，特别是畸变，一律采用"负—正—负"的对称结构，像方视场角 ω' 与物方视场角 ω 几乎相等。目前，在超广角物镜中，利用像差渐晕现象提高像面照度的方法是一种很好的设计方案。

光学系统中存在着两种渐晕现象，一种是几何渐晕，一种是像差渐晕。前者是因提高轴外大孔径成像质量时，有意识拦掉一部分光线而造成的。几何渐晕使轴外成像光束的截面积小于视场中心成像光束的截面积，进一步降低了边缘视场的照度。像差渐晕则是由光阑彗差产生的。为了说明像差渐晕的概念，先从反远距物镜说起。在图 6.16 中，反远距的前组存在着大量的光阑彗差，使得交于入瞳边缘 P_1 点的所有光线，在光阑和出瞳处不再交于一点，轴上的光束交于 P_1' 点，轴外光束交于 P_1'' 点，$P_1'P_1''$ 就称为光阑彗差 K_{TZ}，它使得轴外点出瞳的面积小于轴上点出瞳的面积。

据以前分析，一个光学系统的照度分布实际上应该遵守如下规律：

$$E' = E_0' K_1 K_2 \cos^4 \omega'$$

式中：K_1 为面渐晕系数；K_2 为像差渐晕系数。K_1 总是小于 1 的。K_2 则不然，只是对于反远距物镜，K_2 才是小于 1 的。在像差允许的情况下，扩大轴外点的入射光束直径，使出射光束充满出瞳面积，极限状态下可以使 $K_2 = 1$。

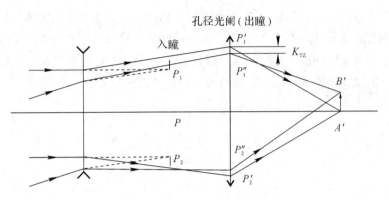

图 6.16 反远距物镜的像差渐晕

目前，普遍用于超广角物镜的球壳型结构是一种"负—正—负"的对称结构。它可以看作是由两个反远距物镜对称地合成的。显然，两部分的光阑彗差是相等的，而符号是相反的；入瞳和出瞳也是对称的。所以，对球壳型物镜，尽管在半部系统中存在着光阑彗差，但是只要轴上点和轴外点在入瞳处的光束面积相等，则在出瞳处也一定相等，即 $K_2 = 1$。在像差校正能够允许时，加大轴外光束的入射孔径，直到光束完全充满位于镜头中间的光阑，如图 6.17 所示。由于在入射（和出射）光瞳面上有光阑 K_{TZ}，当射入入射光瞳的轴外点光束孔径 D_ω 大于轴上点光束孔径 D 时，由出射光瞳射出的轴外点光束孔径一定大于轴上点光束孔径，即像差渐晕系数 $K_2 > 1$。这种考虑对提高轴外像点的照度是有效的。但是必须注意，上述考虑是有条件的，即轴外像差必须校正到足够理想的程度，而且光学系统前、后组光阑彗差必须是对称的。

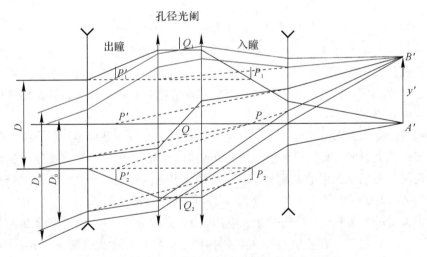

图 6.17 负—正—负球壳型对称结构的超广角物镜

鲁萨型超广角物镜就是采用加大光阑彗差来补偿边缘像面照度的。图 6.18(a) 和图 6.18(b) 是两种鲁萨型超广角物镜的结构图。这两种鲁萨型物镜的光学性能指标可达 $D/f' = 1/8, 2\omega = 122°$。这种超广角物镜为了增大光阑彗差，极度地弯曲了前、后组的球壳。虽然照度分布的规律由 $\cos^4\omega'$ 变成了 $\cos^3\omega'$，但轴外像差增大了，以至于由于光阑彗差太大，使轴外宽光束的聚焦效果变得很坏，影响了轴外分辨率。

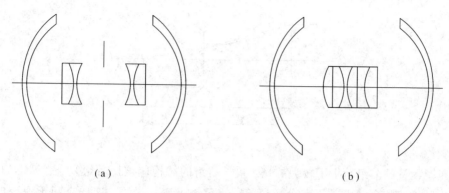

（a）　　　　　　　　　　　　（b）

图 6.18 鲁萨型超广角物镜

图 6.19 是瑞士设计的一种阿维岗超广角物镜，它是一个四球壳的物镜，有的做成五球壳或六球壳型物镜。这种物镜首先着眼于像差的校正，由于利用了分散的球壳透镜分担光焦度，轴上和轴外像差都很理想，相对孔径可达 1:5.6。为了补偿照度不均匀的缺陷，在物镜前面增加一块滤光镜，滤光镜上镀有不均匀的透光膜，中心透光率只有边缘透光率的 50%。这样，阿维岗物镜的照度分布是：从中心到 $\omega=45°$ 的视场处 $E'=E_0'\cos^2\omega'$，45° 视场以外的照度 $E'=E_0'\cos^3\omega'$。

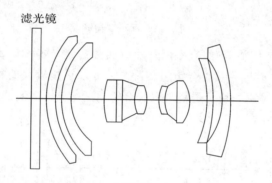

滤光镜

图 6.19 阿维岗超广角物镜

6.2.3 长焦物镜

为了适应远距离摄影的需要，物镜要有较长的焦距，以使远处的物体在像面上有较大的像。高空摄影物镜的焦距可达 3 m，现在普通照相机上也可配有焦距为 600 mm 的长焦距镜头。

由于焦距长，结构必然很大，为了缩短筒长，宜采用正负组分离且正组在前的结构，或者采用折反射式的结构。和反远距系统相反，正组在前的正负组分离结构使主面推向物空间，筒长小于焦距，如图 6.20 所示。这种结构称为远距型系统，一般筒长 L 可缩短三分之一左右。

随着焦距的加大，物镜的球差和二级光谱都要成比例地加大。为了校正二级光谱，远距物镜常常采用特殊玻璃，甚至是晶体材料。负透镜可用低折射率和低色散的玻璃或晶体，如特种火石玻璃及氟化钙、氟化钠晶体。除此之外，为了避免色差和二级光谱的产生，还可以采用反射系统。

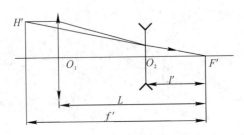

图 6.20　长焦物镜结构

远距型物镜的前组承担了较大的光焦度，前组的结构应该比后组复杂。简单的远距型物镜前组采用双胶合镜组或用双分离镜组，使负镜组弯向光阑，这样有利于像差的校正，如图 6.21 所示。

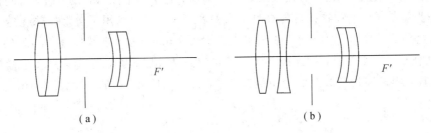

（a）　　　　　　　　　　　　　　　　（b）

图 6.21　远距型物镜

当相对孔径要求较大时，前组宜采用三片或四片透镜，如图 6.22 所示。在图 6.22(a)中，前组用了一片正透镜与一双胶合镜组相配，它可以承担较大的相对孔径，减轻胶合面的负担。而图 6.22(b)是用一块负透镜与双胶合镜组配合，可以使色差得到较好的校正。

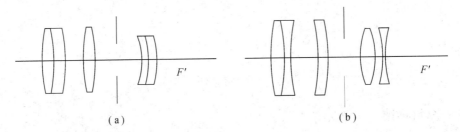

（a）　　　　　　　　　　　　　　　　（b）

图 6.22　三片和四片长焦物镜

6.2.4　变焦距物镜

变焦距物镜是一种利用系统中某些镜组的相对位置移动来连续改变焦距的物镜，特别适宜于电影或电视摄影，能达到良好的艺术效果。变焦距物镜在变焦过程中除需满足像面位置不变、相对孔径不变（或变化不大）这两个条件外，还必须使各档焦距均有满足要求的成像质量。

变焦或变倍的原理基于成像的一个简单性质——物像交换原则，即透镜要满足一定的共轭距可有两个位置，这两个位置的放大率分别为 b 和 $1/b$。若物面一定，当透镜从一个位置向另一个位置移动时，像面将要发生移动，若采取补偿措施使像面不动，便构成一个变焦距系统。

变焦距系统有光学补偿和机械补偿两种："前后固定组＋双组联动＋中组固定"构成光学补偿变焦距系统，使像面位置的变化量大为减小，如图 6.23 所示；"前固定组＋线性运动的变倍组＋非线性运动的补偿组＋后固定组"构成机械补偿变焦距系统，使像面位置不动。各运动组的运动须由精密的凸轮机构来控制。

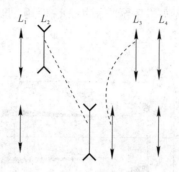

图 6.23　变焦距物镜结构

实际的变焦距物镜为满足各焦距的像质要求，根据变焦比的大小，应对三、五个焦距校正好像差，所以各镜组都需由多片透镜组成，结构相当复杂。现在，由于光学设计水平的提高，光学玻璃的发展，光学塑料及非球面加工工艺的发展，变焦距物镜的质量已可与定焦距物镜相媲美，正向着高变倍、小型化、简单化的方向发展，并且不仅在电影和电视摄影中广泛采用，也已普遍用于普通照相机中。普通照相机的主要要求是结构紧凑、体积小、重量轻，目前多采用二组元、三组元和四组元的全动型变焦距系统。图 6.24 是日本 Minolta公司推出的一个成功的商品化实例，它是一个二组元全动型系统，并使用了一个非球面。

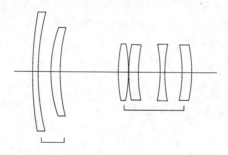

图 6.24　Minolta35.70 二组元全动型变焦系统

6.2.5　折反射照相物镜

照相物镜的折反射系统主要用在长焦距系统中，目的是利用反射镜折叠光路，或者是为了减少系统的二级光谱色差。

目前在折反射照相物镜中，使用较多的是图 6.25 所示的系统，系统前部校正透镜的结构决定了它的相对孔径。一般在离最后像面不很远的会聚光束中，还要加入一组校正透镜，以校正系统的轴外像差，增大系统的视场。这类系统普遍存在的问题是，由于像面和主反射镜接近，因此主反射镜上的开孔要略大于幅面对角线。若要增加系统的视场，就必须扩大开孔，这样就增加了中心遮光比（中心遮光部分的直径和最大通光直径之比）。所以，在这类系统中，幅面一般只有反射镜直径的 1/3 左右，中心遮光比通常大于 0.5。另外，这种系统的杂光遮拦问题比较难处理，为了防止外界景物的光线不经过主反射镜而直接到像面，要求图 6.25 中遮光罩的边缘 K 和中心遮光筒的端点 M 的连线 KM 不能进入像面。因此，扩大视场除了要增加主反射镜的中心开孔以外，还要增加中心遮光筒的长度，这样也会使中心遮光比增加，而且会使斜光束渐晕加大。在初步计算系统外形尺寸时必须考虑到这些因素，否则由于杂光遮挡不好，系统将根本无法使用。即使光线不能直接到达像面，通过镜筒内壁反射的杂光也比一般透射系统严重，因此在这种系统中镜筒内壁的消光问题也应该特别重视。

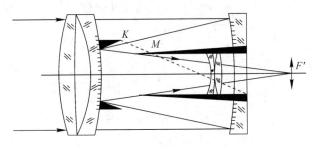

图 6.25　折反射照相物镜

为了解决折反射系统的杂光遮拦问题，可以采用两次成像的原理构成折反射系统，如图 6.26 所示。外界景物通过主反射镜和副镜一次成像于 F'_1，再通过一个后组透镜放大到达最后像面 F'。把整个系统合理安排，可以使后放大镜组位于主反射镜的开孔附近，这样幅面的大小基本上和主反射镜的开孔大小就没有关系了，所以幅面尺寸可以接近主反射镜的直径，也就是说可以在折反射系统中获得大幅面。假定校正镜组的中心挡光部分 MN 经放大镜组成一实像 $M'N'$，若在 $M'N'$ 处设置光阑，则可以挡住直接射入系统的全部杂光，而且不影响中心遮光，因此系统可以达到较小的中心遮光比。不过，由于系统需要两次会聚成像，而且在第一个实像平面 F'_1 的附近必须加入起聚光作用的正场镜，因此整个系统像差的校正比较困难，特别是场曲。

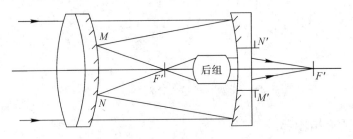

图 6.26　采用两次成像原理构成的折反射系统

第7章 目镜设计

7.1 目镜及其光学特性

7.1.1 目镜的光学特性

目镜是目视光学系统的重要组成部分。被观察的物体通过望远物镜和显微物镜成像在目镜的物方焦平面处，经目镜系统放大后将其成像在无穷远，供人眼观察。观察时，人眼与目镜的出瞳重合，出瞳的位置在目镜的像方焦点附近。目镜可以看成是一个与物镜相匹配的放大镜，因此，目镜的放大率为

$$\Gamma = \frac{250}{f_2'}$$

式中，f_2' 为目镜的焦距。

从上式可以看出，要使目镜有足够的放大率，必须缩小它的焦距 f_2'。所以，在望远系统中，目镜焦距一般为 10～40 mm；在显微系统中，目镜焦距更短，甚至是几个毫米。表示目镜光学特性的参数主要有焦距 f_2'、像方视场角 $2\omega'$、工作距离 l_F 及镜目距 P'。

目镜的视场光阑即是物镜的视场光阑，二者重合在目镜的物方焦平面上。

目镜的视场一般是指像方视场。目镜的像方视场角 $2\omega'$ 和物镜的视场角 2ω 以及系统的视放大率三者之间有如下关系：

$$\tan\omega' = \Gamma\tan\omega$$

由此可以看出，无论是提高系统的视放大率，还是增大物镜的视场角，都会引起目镜视场角的增大。但是，如果增大目镜视场，轴外像差势必增大，这将影响系统的成像质量。因此，望远系统的视放大率和视场主要受目镜视场的限制。

对于显微系统的目镜，其视场角取决于目镜焦距 f_2' 的大小。目镜焦距越短，所对应的视场角就越大，同时可以获得较大的放大率。

目镜的视场一般比较大，普通目镜的视场角约为 40°～50°，广角目镜的视场角约为 60°～90°，超广角目镜的视场角大于 90°。

镜目距 P' 是指出瞳到目镜最后一面顶点的距离，也是观察时眼睛瞳孔的位置。镜目距一般不小于 6～8 mm，由于军用目视仪器需要加眼罩或防毒面具，因此通常镜目距 $P' \geqslant 20$ mm。对于一定型式的目镜，镜目距与焦距的比值 P'/f_2'（称为相对镜目距）近似地等于常数。

目镜出瞳的大小受眼瞳限制，大多数仪器的出瞳直径与眼瞳直径相当，即出瞳直径为 2～4 mm，军用仪器的出瞳直径较大，一般在 4 mm 左右变化。而目镜焦距常用的范围为 15～30 mm，因此目镜的相对孔径比较小，在 1/4～1/15 之间。

目镜的工作距离 l_F 是指目镜第一面顶点到物方焦平面的距离，一般物镜的像在目镜的物方焦平面附近。如果显微镜和望远镜不带分划板，可以允许 $l_F>0$，这样目镜的物方焦平面在目镜内部；如带分划板，则 $l_F<0$，此时必须使目镜的物方焦平面在外面，否则没有分划板的安置空间。

7.1.2 目镜的像差特点

由目镜的光学特性可知，目镜是一种短焦距、大视场、相对孔径较小的光学系统。目镜的光学特性决定了目镜的像差特点。其轴上点像差不大，无须严格校正就可使球差和位置色差满足要求。由于目镜的视场比较大，出瞳又远离透镜组，因此轴外像差如彗差、像散、场曲、畸变、倍率色差都很大，为了校正这些像差，往往致使目镜的结构比较复杂。在上述五种轴外像差中，以彗差、像散、场曲和倍率色差对目镜的成像质量影响最大，是系统像差校正的重点。但受目镜结构限制，目镜的场曲不易校正，可用像散来对场曲做适当补偿，再加上人眼有自动调节能力，所以对场曲的要求可以降低。而畸变由于不影响成像清晰度，一般不做完全校正。

为提高整个系统的成像质量，目镜在校正像差的同时，还必须考虑与物镜之间的像差补偿问题。设计时，若系统带有分划板，则需要对物镜和目镜分别独立校正像差，然后再对整个系统进行像差平衡；如系统不要求安装分划板，则物镜和目镜的像差校正可以按整个系统来考虑，在初始计算时就要考虑像差补偿的可能性，通常是先计算和校正目镜像差，然后根据目镜像差的校正结果，把剩余像差作为物镜像差的一部分，再对物镜进行像差校正。需要注意的是，目镜通常是按反光路计算的，所以在像差补偿时一定要考虑像差符号。

7.1.3 目镜的视度调节

为了使目镜适应于近视眼和远视眼的需要，目镜应该有视度调节的能力。比如，对望远镜或显微镜来说，为了瞄准和测量的需要，往往在系统中要安置分划板。对正常眼而言，分划板的位置应在目镜的物方焦平面处，而对于近视眼和远视眼来说，由于人眼视差的存在，必须使分划板的位置相对目镜的物方焦平面有一定量的移动，以便看清分划板像。

视度调节的目的是使分划板被目镜所成的像位于非正常眼的远点上。如图 7.1 所示，将分划板相对目镜的物方焦点向右移动 Δ 距离至 A 点位置，A 点经目镜所成的像为 A' 点，眼睛位于目镜的出瞳位置，A' 与人眼的距离为 r，它是非正常眼的远点。

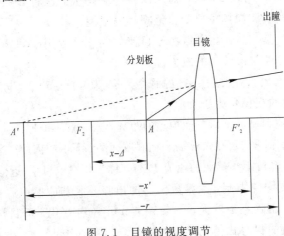

图 7.1　目镜的视度调节

由牛顿公式有

$$xx' = f_2 f_2'$$

式中，f_2 和 f_2' 分别是目镜的物方和像方焦距，通常出瞳在 F_2' 点之外不远处，因此有 $r \approx x'$，而 $\Delta = x$。对于近视眼，$r < 0$，$\Delta > 0$；对于远视眼，$r > 0$，$\Delta < 0$。当分划板由 F_2 移动到 Δ 时，视度调节了 N 个折光度，即

$$N = \frac{1}{r}$$

式中 r 以米为单位。由此可以得到

$$\Delta = x = \frac{N f_2'^2}{1000} \quad (\text{mm})$$

一般视度调节 $N = \pm 5$ 折光度，根据视度调节范围可通过上式计算分划板与目镜的相对调节范围，这是目镜结构设计的重要参数。需要注意的是，为了保证视度调节时不使目镜表面与分划板相碰，目镜的工作距离应该大于视度调节时最大的轴向位移 x。

7.2　目 镜 的 类 型

在望远镜和显微镜中，目前常用的目镜有惠更斯目镜、冉斯登目镜、凯涅尔目镜、对称式目镜、无畸变目镜和广角目镜等。

1. 惠更斯目镜和冉斯登目镜

图 7.2 为惠更斯目镜的结构示意图，它是由两块间隔为 d 的平凸透镜组成的。其中口径较大靠近物镜一方的透镜 L_1 为场镜，另一透镜 L_2 靠近目方，称为接目镜，两块透镜的焦距分别为 f_1' 和 f_2'。场镜的作用是把物镜所成的像再一次成像在两透镜中间，并且使物镜射来的轴外光束不过于分散而折向后面的接目镜，成像位置是接目镜的物方焦平面处，中间像再由接目镜成像在无穷远。

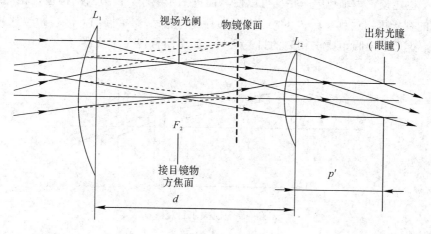

图 7.2　惠更斯目镜

惠更斯目镜的像方焦点 F' 位于接目镜之后，物方焦点 F 在两透镜之间。所以物体被物镜所成的放大像位于两透镜之间，对于场镜来说是一虚物 y，它被场镜成一实像 y' 位于接目镜的物方焦平面处。惠更斯目镜的场镜和接目镜通常选用同一种光学材料，如果二者间

隔满足 $d=(f_1'+f_2')/2$ 条件，则惠更斯目镜可以校正垂轴色差。

　　惠更斯目镜的视场光阑安置在接目镜的物方焦平面上，出射窗在无穷远处。惠更斯目镜在视场光阑处不安置分划板，这主要是由于场镜产生的轴外像差太大，很难校正和补偿。惠更斯目镜的视场在 45°左右，相对镜目距 $P'/f_2'=1/3$，通常用于观察显微镜和天文望远镜中。

　　冉斯登目镜的结构与惠更斯目镜相似，它是由两块凸面相对并具有一定间隔的平凸透镜组成的，其结构示意图如图 7.3 所示。冉斯登目镜的特点是物方焦点 F 在场镜之前，接目镜的焦点 F_2 在 F 之前，视场光阑位于目镜的物方焦平面 F 处。经物镜所成的实像 y 在目镜的焦平面 F 上，再经场镜成虚像 y'，该虚像位于接目镜的物方焦点 F_2 处，经接目镜成像在无穷远。冉斯登目镜的视场在 30°～40°之间，相对镜目距 $P'/f_2'=1/3$，由于这种目镜有实像面，在视场光阑处可以安置分划板，因此冉斯登目镜能够用于测量仪器中。

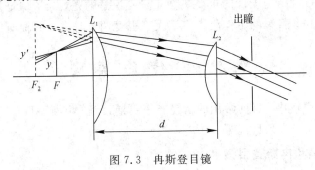

图 7.3　冉斯登目镜

2. 凯涅尔目镜

　　凯涅尔目镜可以看做是冉斯登目镜的演变型式，其结构型式如图 7.4 所示。它是用双胶合透镜替换冉斯登目镜中的接目镜，目的是弥补冉斯登目镜不能校正垂轴色差的缺陷。这样，凯涅尔目镜不仅可以校正彗差、像散以及轴向色差，而且在场镜和接目镜间隔较小的情况下，也能校正垂轴色差，并且可以使场曲进一步减小，目镜的结构也会相应缩短。凯涅尔目镜的视场可以达到 40°～50°，相对镜目距 $P'/f_2'=1/2$，同时，出瞳距也比冉斯登目镜的要大，更适于出瞳距要求较高的目镜系统，如军用目视光学仪器。

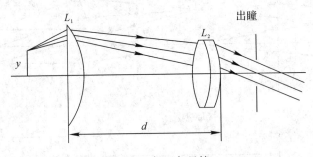

图 7.4　凯涅尔目镜

3. 对称式目镜

　　对称式目镜是目前应用比较多的一种中等视场目镜，如图 7.5 所示，是由两个双胶合透镜组成的。为了加工方便，大多数对称式目镜都采取两个透镜组完全相同的结构。由薄透镜系统的消色差条件知道，如果这两个双胶合透镜组分别消色差，则整个系统可以同时消除轴向色差和垂轴色差。另外，这种目镜还能够校正彗差和像散，与前面介绍的目镜相比较，这种对称式目镜的结构更紧凑，场曲更小。

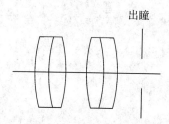

图 7.5　对称式目镜

对称式目镜的视场可以达到 $40°$ 左右，相对镜目距 $P'/f'_2 = 1/1.3$。

对称式目镜是中等视场的目镜中成像质量比较好的一种，出瞳距离也比较大，有利于减小整个仪器的体积和重量，因此在一些中等倍率和出瞳距离要求较大的望远系统中使用得非常广泛。

4. 无畸变目镜

无畸变目镜是由一个平凸的接目镜和一组三胶合透镜组构成的，其结构如图 7.6 所示。三胶合透镜组的作用是：① 可以补偿接目镜产生的一定量的像散和彗差；② 三胶合透镜组的第一个面与接目镜相结合（总光焦度近似等于整个目镜的总光焦度），可以减小场曲和增大出瞳距离；③ 可利用三胶合透镜的两个胶合面来校正像差，如像散、彗差及垂轴色差等；④ 把最后一个半径作为场镜，可用来调整目镜的光瞳位置。

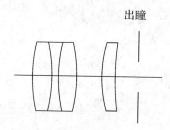

图 7.6　无畸变目镜

无畸变目镜的特点是接目镜所成的像恰好落在三胶合透镜组第一个面的球心和齐明点之间，有利于整个系统像差的校正。另外，接目镜的焦距一般为

$$f'_{眼} = 1.6f'_{目} \approx 2p'$$

也就是说，接目镜的入瞳位于平凸透镜前方 1/2 焦距处。

无畸变目镜的光学特性为 $2\omega' = 40°$，$P'/f'_2 = 1/0.8$。它是一种具有较大出瞳距离的中等视场的目镜，基于上述特点，这种目镜广泛用于大地测量仪器和军用目视仪器中。这种目镜的畸变比一般目镜小一些，通常在 $40°$ 视场内，相对畸变大约为 $3\% \sim 4\%$。

5. 广角目镜

图 7.7 所示为两种目前应用较多的视场在 $60°$ 以上的广角目镜结构。这两种广角目镜的共同点是接目镜由两组透镜组成，区别是组成接目镜的两组透镜型式不同。Ⅰ 型广角目镜（图 7.7(a)）中由两组单透镜组成接目镜，三胶合透镜用来校正像差，其中加入负光焦度

是为了减小场曲。Ⅱ型广角目镜(图 7.7(b))是由胶合透镜和中间的凸透镜组成接目镜，而另一个胶合透镜是用来补偿整个系统像差的。这两种广角目镜的光学特性分别为：

Ⅰ 型
$$2\omega' = 60° \sim 70°, \quad \frac{p'}{f'} = \frac{1}{1.5} \sim \frac{1}{1.3}$$

Ⅱ 型
$$2\omega' = 60° \sim 70°, \quad \frac{p'}{f'} = \frac{1}{1.5}$$

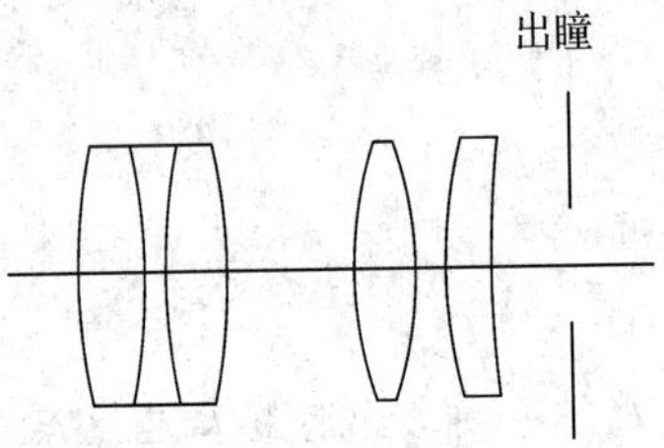

(a) Ⅰ型广角目镜 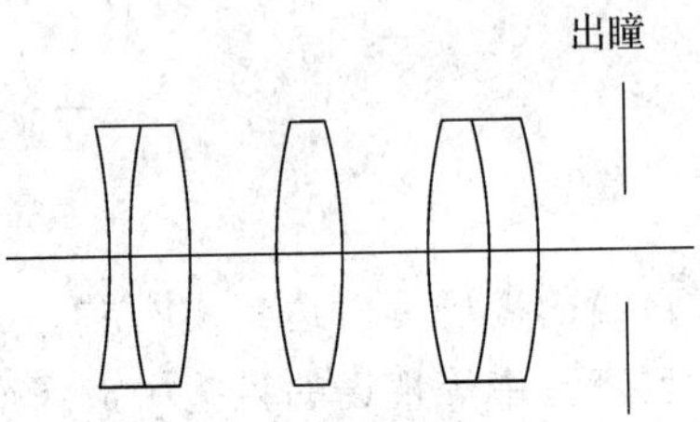　　　　　　　　(b) Ⅱ型广角目镜

图 7.7　广角目镜

第8章 非球面及其在现代光学系统中的应用

8.1 非球面概述

100多年以来，传统光学系统设计手段早已由查对数表的手工计算阶段发展到计算机辅助设计阶段，大大提高了设计效率和设计自由度。传统的光学制造工艺也从最早的玻璃磨制、抛光等手段发展成各种现代化加工手段。与此同时，各种各样光学系统的性能和要求也不断提升，如提高系统相对孔径、扩大视场角、改善照明均匀性、简化系统结构以及提高成像质量等。传统光学系统为了获得高性能系统和高质量像质，往往需要采取相当复杂的多片球面透镜的结构，这是设计原理方面无法逾越的障碍。

1638年，Johann Kepler 奠定了非球面应用的基础，他通过非球面克服了单球面无法克服的球差问题，获得了无球差像点。在17世纪，非球面被广泛应用于反射式望远系统中，它可以用来校正小角度无限远光线所产生的球差。之后，在一些像质要求不高的系统，比如照明器中的反射、聚焦、放大等系统中也开始应用非球面。近年来，超精密车削等加工工艺和光学检测水平不断提高，非球面的应用日益广泛，已应用于成像质量要求较高的系统中，如照相摄影、广角、大孔径、变焦距镜头中。

非球面透镜相比球面透镜的单一参量(曲率半径)而言，具有以下诸多优点：

(1)提高镜头的成像质量和光学性能。

由于非球面透镜的设计自由度远远多于传统的球面透镜，从而在设计时能够更加有效地校正控制各种像差，提高镜头的成像质量和光学性能，实现大孔径化，广角化和高变倍比等。

(2)减小镜头的外形尺寸，实现镜头的小型化、轻量化。

由于照相镜头需要校正控制全部七种初级像差，如果只用球面透镜，那么为了达到一定的成像要求，设计时需要采用多片透镜组合的复杂结构，倘若使用非球面，仅一片就能达到或者超过多片球面透镜组合的效果，从而实现透镜数量的减少和镜头结构的简化。

(3)降低镜头的生产成本，提高企业的竞争力。

综上所述，我们可以通过一片非球面透镜实现多个球面透镜类似的像差校正效果，因此可以明显地减少系统的透镜数，提高透射率，以及减小光学系统的体积。

当今成像类小型化手机镜头中已全部采用非球面透镜、玻璃模造和塑胶注塑成型技术，使得非球面透镜成本大为降低。利用非球面来代替球面透镜是当前光学镜头设计的方向之一。

8.2 非球面的数学表述

8.2.1 二次非球面

从广义上来讲，除了球面和平面，其他类型的表面都可以称为非球面。非球面上的半径是变化的，即不能用一个半径来确定非球面的面型。实际上，非球面囊括了各种各样的面型，其中包括旋转对称式非球面(如二次非球面、高次非球面)和非旋转对称式非球面(如自由曲面)。光学系统中最常用的是具有近轴区的旋转对称非球面表面，在该表面中心点是连续的，该点的切线垂直于它的轴线。

这里采用直角坐标系描述非球面面型，设 z 轴是光轴，直角坐标系的原点 (x, y, z) 与非球面表面的原点重合，且旋转轴与系统的光轴重合。通常，轴对称的二次旋转非球面可表示为：

$$z(r) = \frac{cr^2}{1 + \sqrt{1 - (k+1)c^2 r^2}} \tag{8.1}$$

式中，$r = \sqrt{x^2 + y^2}$ 为非球面到光轴的距离，即主光线在非球面上的入射高度(半孔径)；$c = 1/R_0$，其中 R_0 为定点处曲率半径；$k = -e^2$，其中 k 为圆锥系数，e 为偏心率。

此时，不同的 k 值代表不同的面型，各种二次曲面的母线形式如图 8.1 所示：$k < -1$ 时，为双曲面；$k = -1$ 时，为抛物面；$-1 < k < 0$ 时，为以椭圆长轴为对称轴的半椭球面；$k = 0$ 时，为球面；$k > 0$ 时，为以椭圆短轴为对称轴的半椭球面。

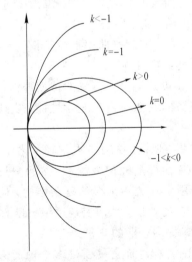

图 8.1 不同偏心率对应的二次曲面的母线形式

8.2.2 高次非球面

在大多数情况下，光学系统中应用较多的是高次非球面，即在球面或者二次曲面的基础上做一些微小变形，以达到校正像差的目的，因而一般采用在二次曲面上附加变形的表示方法来表示旋转对称非球面。高次非球面包括奇次非球面和偶次非球面。

1. 奇次非球面

$$z(r) = \frac{cr^2}{1 + \sqrt{1 - (k+1)c^2 r^2}} + \beta_1 r^1 + \beta_2 r^3 + \beta_3 r^5 + \cdots \tag{8.2}$$

式中第一项即为基准二次曲面，以 β_1、β_2、β_3 等为系数的各项表示非球面相对于基准二次曲面的变形。式中没出现 r 的二次项，是因为基准二次曲面部分已包含了二次项，如果出现，实际上影响的将是基准面形。

2. 偶次非球面

$$z(r) = \frac{cr^2}{1 + \sqrt{1 - (k+1)c^2 r^2}} + \alpha_1 r^2 + \alpha_2 r^4 + \alpha_3 r^6 + \cdots \tag{8.3}$$

第一项即为一般的二次曲面方程，第二项为二次抛物面方程。第二项的顶点曲率半径 $r_1 = 1/c$，第二项的 $r_2 = 1/2\alpha_1$。Zemax 计算程序偶次非球面"曲率半径"一栏中的数是 r_1，因此，如果 $\alpha_1 \neq 0$，则实际曲面顶点曲率半径 R 决定于 r_1 和 r_2，所以在镜头设计过程中一般二次项系数 α_1 都取 0。

8.2.3　Forbes 非球面

与球面相比，非球面能给光学设计提供更多的自由度，能有效地校正光学系统中的像差，减小系统的复杂程度，这一点人们在上世纪初期就已经认识到了，尤其是对高变倍比的变焦系统更为有利。然而，在使用非球面的过程中，我们发现一个问题，即非球面系数取多少项合适？非球面系数取得越多越好吗？使用传统的非球面方程我们无法得到答案。

有很多种非球面方程可以用来表征非球面面形，如 splines（样条曲线）、Chebyshev polynomials（切比雪夫多项式）、Zernike polynomials（泽尼克多项式）、transcendental functions（超越函数）、implicit surface definition（隐式曲面定义式），以及我们通常使用的传统非球面方程：

$$z(r) = \frac{cr^2}{1 + \sqrt{1 - (1+K)c^2 r^2}} + r^4 \sum_{m=0}^{M} a_{2m+4} r^{2m} \tag{8.4}$$

式中，a_{2m} 为非球面系数，K 为二次曲面系数，即圆锥系数，r 为到非球面光轴的距离。

这种表达方式看似简单，但在实际使用时却存在较多的问题：① 式(8.4)是通过符号相反的各项相互叠加来实现对真实面形的拟合，各项符号相反，数值较大，如果在拟合较好的表达式中新添一项系数，为保持对真实面形的拟合，则会导致前面各项系数都发生较大的变化，这意味着这个表达式中的各项之间相互关联，我们所采用的任何一项对整个非球面面形拟合都起到至关重要的作用，通过表达式我们无法判断采用多少项才能准确拟合一个非球面，通常我们习惯采用的项数有可能是不够的或多余的。② 表达式中 r 通常使用非归一化半径，导致各非球面系数没有直观的物理意义。③ 式中 a_{2m} 的数值较小，为了准确表示非球面面形，所需的有效数字较多，而用科学计数方法表达这些数值时其有效数字可能会丢失。④ 由于各项系数之间相互关联，不正交，导致不可能对非球面系数进行公差分析。以上这些问题会给非球面设计、非球面加工带来困难，因此研究两种新型非球面。

1. 第一类 Forbes 非球面

Rochester 大学的 G. W. Forbes 等人提出了一种新的非球面方程（Forbes strong aspheric），它能很好地解决传统非球面方程存在的问题，新的非球面方程如式(8.5)所示：

$$z(r) = \frac{cr^2}{1 + \sqrt{1 - (1+K)c^2 r^2}} + u^4 \sum_{m=0}^{M} a_m Q_m(u^2) \tag{8.5}$$

上式中，$u = \dfrac{r}{r_{max}}$，r 为非球面到光轴的距离，r_{max} 为元件边缘到光轴的距离，将式(8.5)与式(8.4)对比发现，两式中前半部分相同，后半部分不同，不同点主要有两点：

(1) 式(8.5)是用 (r/r_{max}) 代替了式(8.4)中的 r，其意义就是用归一化半径代替式(8.4)中的真实元件半径，这样使得式(8.5)中的多项式系数 a_m 具有实际的物理意义，其数值大小表示非球面与二次曲面之间的矢高偏差，单位为 mm。

(2) 用 $\{Q_0(x), Q_1(x), Q_2(x), \cdots, Q_m(x)\}$ 等多项式代替传统非球面方程中的 $\{1, x^2, x^3, \cdots, x^m\}$ 等多项式。与式(8.4)不同的是，式(8.5)中的 $x^2 Q_m(x)$，$x^2 Q_n(x)$ 项之间正交，即：

$$\int_0^1 Q_m(x) \cdot Q_n(x) x^4 \, \mathrm{d}x = h_m \delta_{mn} \tag{8.6}$$

式中 h_m 为归一化常量，$\delta_{mn} = 0 (m \neq n)$，$x^4$ 可视为权重因子项，与之对应的能使上式严格成立的 $Q_m(x)$ 可与 Jacobi 多项式相联系，即：

$$Q_m(x) = P_m^{(0, 4)}(2x - 1) \tag{8.7}$$

采用这种新的非球面方程后，可以克服旧非球面系数所需有效数字太多的问题，并且可以通过非球面系数的数值大小判断采用多少项就能准确表征一个非球面面形，下面我们用新的非球面方程来表示系统中的非球面，以比较新旧非球面方程之间的差异，如表 8-1 所示。

表 8-1　两种非球面方程对同一非球面的表示

普通非球面系数		第一类 Forbes 非球面系数	
4	.3.80471e.007 mm⁻³	0	.207177 nm
6	.1.78894e.010 mm⁻⁵	1	.10758 nm
8	.1.41966e.014 mm⁻⁷	2	.637 nm
10	.4.43902e.017 mm⁻⁹	3	.76 nm
12	.1.97511e.020 mm⁻¹¹	4	.3 nm

表 8-1 中给出系统中同一非球面分别用两种非球面方程表达的结果，两者拟合精度相同，从表中可以看出，采用新的非球面方程所需的有效数字较少；新的非球面系数有明确的物理意义，随着级数的增加其数值下降；高级次非球面系数对面形拟合影响较小，如上表中的.3 nm 项，由于其数值较小，且各项之间相互正交，可直接将其删掉，而不会对整个非球面的面形造成太大的影响。由于其对面形的影响不超过 3nm，对系统的像质影响也是微乎其微，删掉此项后系统波像差的变化较小。

因此，采用新的非球面方程，可以直接通过非球面系数的大小判断此项对系统像质的影响，高次项对系统的像质影响微乎其微，对于那些系数数值足够小的高次项，可以将其删掉，以减少不必要的非球面系数，这也意味着可以通过非球面系数大小来判断究竟应采用多少项来准确表征非球面面形。而这在传统非球面方程中是不能实现的，因为传统非球面方程严重依靠符号相反的各项之间的相互抵消来实现面形拟合(拟合精度也能较高)，通常各项数值较大，在整体的拟合中每一项都起到了至关重要的作用，去掉任何一项，原有的各项之间的平衡就会被打乱，为了实现对新面形的拟合，各项非球面系数需要做较大的改变。

2. 第二类 Forbes 非球面

G. W. Forbes 等人提出了另外一种非球面方程(Forbes mild aspheric)，其目的是将方程中的系数跟非球面斜率(aspheric slope)之间建立关系，因为传统的非球面方程和上一种非球面方程均不能用系数反映非球面斜率的大小。而 aspheric slope 决定着非球面检测的难易程度，非球面斜率过大，导致干涉条纹过密，超过干涉仪探测器的分辨能力，就不能用标准球面波作为参考面来检测此非球面，而必须采用零位补偿器，这样会增加非球面制造成本。新的非球面方程如下：

$$z(r) = \frac{c_{\text{bfs}} r^2}{1 + \sqrt{1 - c_{\text{bfs}}^2 r^2}} + \frac{u^2 (1 - u^2)}{\sqrt{1 - c_{\text{bfs}}^2 r_{\max}^2 u^2}} \sum_{m=0}^{M} a_m Q_m^{\text{bfs}}(u^2) \tag{8.8}$$

式中，$u = \dfrac{r}{r_{\max}}$，u 为孔径角，r 为非球面到光轴的距离，$r_{\max}$ 为元件边缘到光轴的距离，a_m 为多项式系数，Q 为方程中的各个多项式，c_{bfs} 为最佳拟合球面的曲率，最佳拟合球面的顶点和非球面顶点重合，c_{bfs} 的选择原则是使球面和非球面之间最大偏离量尽量小，其定义为

$$c_{\text{bfs}} = \frac{2f(r_{\max})}{[r_{\max}^2 + f(r_{\max})^2]} \qquad (f(r_{\max}) \text{为边缘矢高差})$$

非球面沿最佳拟合球面法线方向的非球面斜率定义为

$$s_m(u) = \frac{\mathrm{d}}{\mathrm{d}u} \left[u^2 (1 - u^2) Q_m^{\text{bfs}}(u^2) \right] \tag{8.9}$$

$s_m(u)$ 各项间的点乘积为

$$\frac{\displaystyle\int_0^1 S(u) T(u) w(u) u \mathrm{d}u}{\displaystyle\int_0^1 w(u) u \mathrm{d}u} \tag{8.10}$$

其中，$w(u)$ 是元件口径内权重因子，$w(u) = \dfrac{1}{u\sqrt{1 - u^2}}$ 能有效地控制口径内最大的非球面斜率。据此，可以根据式(8.9)、式(8.10)选择合适的 $Q_m^{\text{bfs}}(x)$，使 $s_m(u)$ 各项正交归一化，经合适选择，$Q_m^{\text{bfs}}(x)$ 前 6 项方程为

$$Q_0^{\text{bfs}}(x) = 1$$

$$Q_1^{\text{bfs}}(x) = \frac{1}{\sqrt{19}}(13 - 16x)$$

$$Q_2^{\text{bfs}}(x) = \sqrt{\frac{2}{95}} [29 - 4x(25 - 19x)]$$

$$Q_3^{\text{bfs}}(x) = \sqrt{\frac{2}{2545}} \{207 - 4x[315 - x(577 - 320x)]\}$$

$$Q_4^{\text{bfs}}(x) = \frac{1}{3\sqrt{131831}} (7737 - 16x\{4653 - 2x[7381 - 8x(1168 - 509x)]\})$$

$$Q_5^{\text{bfs}}(x) = \frac{1}{3\sqrt{6632213}} [66657 - 32x(28338 - x\{135325 - 8x[35884 - x(34661 - 12432x)]\})]$$

非球面相对于最佳拟合球面而言，其非球面斜率的均方表示为

$$\frac{1}{r_{\max}^2}\sum_{m=0}^{M}a_m^2 \tag{8.11}$$

式(8.11)将非球面系数同非球面斜率联系起来。通过约束非球面系数，可以控制非球面的整体的斜率，以降低非球面的检测成本。

综上所述，与传统的非球面方程相比，上述新的非球面方程对非球面的设计、检测等都带来很大的益处。

8.2.4 自由曲面

从 20 世纪 50 年代起，随着国防和民用光电技术的不断发展，各种复杂的光学和机械结构开始出现，这对现代成像系统的性能、像质、体积和重量等指标都提出了更高的要求。如航空航天领域所采用的离轴折反式光路中，系统的非对称性带来了更多的非对称和更高级像差，光学系统需要向超薄、超简的方向发展，这些仅靠传统的球面和对称非球面已难以满足。此时，非球面系统的更高级阶段——自由曲面开始登上历史舞台。

我们通常所说的自由曲面一般指没有旋转对称轴的复杂非常规连续曲面，或者说，可以是任何形状的表面。显然，不论是在初始结构计算、面型描述、系统优化还是制作加工上，自由曲面都面临着相当大的难以把握性。

1. 自由曲面的初始结构获得

自由曲面初始结构的获得可以从球面或非球面逐步逼近而来，或通过光线追迹得到点云再进行曲面拟合。对于前者，通常先设计低阶曲面，以满足系统的光学特性参数和结构要求，如焦距和数值孔径。在之后的优化过程中，再逐步加入其他参数，使其向着更复杂的面型发展，以满足像质要求。对于后者而言，点云通常基于费马原理直接获得，即对于共轭的一对物像点，沿不同路径传播的光线具有相同的光程。得到点云之后，再选择合适的数学方式对其进行拟合和描述。

2. 自由曲面的面型描述方法

自由曲面的面型描述方法非常丰富，其遵循的原则是灵活多变、能描述多种复杂面型、像差校正能力强、光线追迹和优化收敛速度快。按照面型控制方式，这些描述方法大致可以分为两类：全局控制曲面和局部控制曲面。对于前者而言，每个参数都会对表面的全局形状产生影响，因此我们只改变其中一个参数，曲面各处的矢高和斜率都会发生改变。此类描述方法包括各种多项式定义的方法。而对于后者而言，每个参数对曲面面型变化的作用范围有限，因此可以通过改变某个或某几个参数来调整局部面型。此类描述方法包括三次样条曲面、非均匀有理样条曲面以及高斯基函数组合曲面等。这里我们列举一些常用的自由曲面描述方法。

1）复曲面

复曲面表面在正交的两个方向上分别具有独立的曲率和各阶系数，其特点是具有互相垂直的两个对称面，即 xz 平面和 yz 平面。与双曲率面不同的是，复曲面不一定具有旋转对称轴。

2）xy 多项式曲面

xy 多项式曲面是在非球面的基础上增加了各阶单项式得到的曲面，打破了非球面原有的旋转对称性。可以看作是对非球面的更高级修正。进一步地，我们还可以设计复曲面基底 xy 多项式曲面，即以复曲面为基底，增加各阶单项式，从而结合复曲面和 xy 多项式曲面各自的优势，也为光学设计提供更多的自由度。

3）梯形畸变校正曲面

梯形畸变校正曲面是由美国 ORA 公司（现属 Synopsys 公司）的 J. Rogers 提出的一种自由曲面。它在形式上与传统对称非球面类似，但在代入非球面公式之前，首先对 x 和 y 坐标做不同程度的变换（倾斜和缩放），从而校正由带有光焦度的离轴反射镜所带来的梯形畸变。由于坐标变换的存在，这类表面也不再具有传统非球面的旋转对称性。

4）Zernike 多项式曲面

Zernike 多项式曲面是由诺奖得主 F. Zernike 提出的一种曲面，它由一系列在圆域内正交的基函数组成。这意味着定义在该圆域内的函数如果用 Zernike 多项式来拟合，无论使用的项数有多少，其各项系数始终保持不变。此外，它还容易与经典的塞德尔像差建立联系，这也是它得到普遍应用的主要原因。

5）高斯基函数复合曲面

高斯基函数复合曲面是由美国中佛罗里达大学的 O. Cakmakci 等提出的一种局部面型可控的自由曲面，它可以是在二次曲面的基础上叠加一组线性拓扑形状分布的高斯曲面，也可以抛离基底项而直接由一系列高斯函数组合而成。该方法对于像差的控制力更强，与 Zernike 圆域正交的描述方式相比，对矩形或其他形状的非球面描述能力更强，很容易实现面型的局部控制。

6）非均匀有理 B 样条曲面（NURBS 曲面）

非均匀有理 B 样条曲面是一种非常优秀的曲面描述方法，广泛应用于现有三维 CAD 软件中。该方法使用一系列带有权重的顶点来控制面型，各顶点呈拓扑矩形排列。这是一种典型的局部控制曲面，即每个顶点仅影响周围局部区域的面型，因此 NURBS 曲面可以表示出非常复杂的面型。1991 年国际标准化组织（ISO）颁布的关于工业产品数据交换的 STEP 国际标准，把 NURBS 作为定义工业产品形状的唯一数学方法。

7）分段环形面和拼接非球面

顾名思义，是由各段曲面拼接而成。对于分段环形面而言，每段曲面由一个三次多项式定义，曲面整体为旋转对称。而拼接非球面以非球面和环形面为基础。显然，各段表面在接线处需保证边界点相接且一阶导数连续，才能使曲面整体光滑。

3. 自由曲面的光学设计优化

优化是光学设计的重要步骤之一，通过优化我们可以提升系统的成像质量以及控制结构参数。对于几何光学设计，优化过程基于光线追迹。我们通过对不同视场和孔径位置的光线进行采样，逐表面追迹其路径，并分析光线在各表面上的位置，从而计算系统的像差并对其进行控制。同时，在优化的过程中，系统的各优化变量需要收敛于某一组值，使得系统的像差向着局部最小的方向发展。这个过程需要根据光线追迹的结果对面型进行迭代。

每一次迭代都需要计算各变量对像质或约束条件的微分，并重新计算优化评价函数。因此，追迹的光线数量越多，描述面型的参数越复杂，迭代所需的计算量越大，系统收敛的速度越慢。而自由曲面由于面型自由度高，需要更加密集地对不同视场和孔径位置的光线进行采样，以防止表面在小范围内产生剧烈变形。所以，自由曲面光学系统的优化要远远难于普通球面或非球面系统的优化。尽管计算机性能日益强大，这些工作都可以由计算机自动完成，但一个较为复杂的自由曲面光学系统往往也需要几天的时间才能优化完成。

由于自由曲面的优化过程中需要对视场进行密集采样，因此像面整体成像质量也更加难以控制。如果采用手动方法平衡系统的像质则会极其复杂耗时，并且很大程度上依赖设计者的经验知识。此时，基于像面整体成像质量的自动平衡算法可以有效减小这部分的工作量。这种方法的主要思想是在迭代过程中采用特定算法对各视场的评价函数分配不同的权重。这种方法使系统在全视场范围内达到均衡的成像质量，甚至能够提高系统整体的成像性能。

4. 自由曲面光学元件的加工

目前尽管单点金刚石切削技术已经能够实现各种复杂表面的加工，但如果对每个光学表面都采用这种方式进行加工的话，势必付出相当大的成本。目前来看模压玻璃的压注工艺尚不成熟，加工效果不稳定，因此注塑加工是最适合自由曲面光学元件的量产方式。其过程主要是通过金刚石车床加工出自由曲面模芯，闭合后注入树脂材料。这个过程涉及一系列材料本身的特性，如材料的热胀冷缩可能会形成内应力，需要我们不断调整注塑各阶段的时间和速度。此外，我们还需要对光学表面进行镀膜，以使得系统的反射率和透射率能够符合我们的预期要求。

8.3　非球面的初级像差

为了在光学系统中正确地设计非球面，有必要研究非球面的初级像差贡献，以了解非球面校正像差的能力。通过考察非球面产生的波差可以得出其初级像差贡献的数学表达式。对于最常用的旋转对称偶次非球面，其初级像差贡献可以用比较简单的形式来描述。

旋转对称非球面可以看作是由一个球面与一个中心厚度无限薄的校正板叠合而成。非球面的方程可表示为

$$z = \frac{1}{2}cr^2 + Br^4 + Cr^6 + Dr^8 + \cdots \qquad (8.12)$$

在原点与非球面相切的球面方程的级数展开式为

$$z = \frac{1}{2}cr^2 + \frac{1}{8}c^3r^4 + \frac{1}{16}c^5r^6 + \frac{5}{128}c^7r^8 + \cdots \qquad (8.13)$$

比较式(8.12)和式(8.13)，可得：

$$\begin{cases} B = \frac{1}{8}c^3(1+\Delta B) \\ C = \frac{1}{16}c^5(1+\Delta C) \\ D = \frac{5}{128}c^7(1+\Delta D) \end{cases} \qquad (8.14)$$

其中，ΔB、ΔC、ΔD、$\cdots$ 为变形系数，表示非球面与球面的差异。

将式(8.12)式(8.13)相减，可得：

$$\Delta z=\frac{\Delta B}{8}c^3r^4+\frac{\Delta C}{16}c^5r^6+\frac{5\Delta D}{128}c^7r^8+\cdots \tag{8.15}$$

式中 Δz 为中心无限薄的校正板的厚度增量，它必将引起附加光程差，当只考虑初级量时，仅取第一项，其光程差为

$$\Delta l=(n'-n)\cdot\Delta z=(n'-n)\cdot\frac{\Delta B}{8}c^3r^4 \tag{8.16}$$

这就是光阑在非球面顶点时的附加波差。若考虑光阑不在校正板上的一般情况，第二近轴光线在非球面上的入射高度不为零，根据初级像差理论，可得

$$\Delta S_{\mathrm{I}}=(n'-n)\cdot\Delta Bc^3h^4$$

$$\Delta S_{\mathrm{II}}=\Delta S_{\mathrm{I}}\frac{h_p}{h}$$

$$\Delta S_{\mathrm{III}}=\Delta S_{\mathrm{I}}\left(\frac{h_p}{h}\right)^2$$

$$\Delta S_{\mathrm{IV}}=0 \tag{8.17}$$

$$\Delta S_{\mathrm{V}}=\Delta S_{\mathrm{I}}\left(\frac{h_p}{h}\right)^3$$

$$\Delta C_{\mathrm{I}}=0$$

$$\Delta C_{\mathrm{II}}=0$$

式中，h 和 h_p 分别为第一、第二近轴光在非球面上的入射高度。

8.4　非球面的确定

在旋转对称光学系统中应用非球面，首先要确定哪一个光组、哪一个表面采用非球面最合适。从式(8.17)可以看出，选择 h_p 小、h 大的位置(靠近光阑)设置非球面，能得到较小的轴外像差贡献，较大的轴上像差贡献；反之，在 h_p 大、h 小的位置设置非球面，可以在尽量少影响轴上像差的同时对轴外像差施加影响。也就是说，在光阑附近使用非球面主要是校正与孔径有关的像差，在远离光阑的位置使用非球面主要是校正与视场有关的像差。

因此，单光组和多光组定焦光学系统，可以参照非球面位置与初级像差贡献的关系，根据非球面应起的校正像差作用确定非球面位置。当然，在这个前提下，也要适当考虑光学材料的加工性能，将非球面设置在易于加工的表面上。对于组元间有相对运动的变焦系统，孔径光阑可能固定不动，可能随光阑前的组元运动，可能随光阑后的组元运动，也可能以自己特定的曲线运动。这几种不同运动方式再配合以各透镜组元的变焦运动，使第一近轴光线和第二近轴光线在不同的焦距时产生不同的变化，非球面的影响要复杂得多。此时，非球面的应用应该首先着眼于整个系统的性能优化，而不仅仅是为了某焦距时的某种像差。可以根据初级像差方程组的解来确定非球面引进的可能性和位置。这样做的好处是可以尽早发现引进非球面的必要性，并通过优化，获得高次小变形非球面。在具体实施时，应先确定非球面在哪个组元，再进一步在解初始结构时具体到面。

第9章 衍射光学元件及其在现代光学系统中的应用

9.1 普通衍射光学元件及其特性

9.1.1 衍射光学元件的发展历程

衍射光学元件(Diffractive Optical Element，DOE)是基于光波的衍射理论设计的，类似于全息图和衍射光栅，表面带有阶梯状的小沟槽或线等衍射结构的光学元件，通过整个光学表面能产生波前相位变换。

200年前发明的衍射光栅是最早的衍射光学元件，在光学仪器中应用广泛，随后近一个世纪开始了波带片的研究工作。1820年，菲涅尔提出菲涅尔透镜，并在1822年研制成功。1836年，泰伯发现了基于菲涅尔衍射中的泰伯效应。这是设计和制作光学阵列发生器或照明器的重要方法之一。1971年，达曼提出并设计了光电技术、图像处理技术使用的光学分束器——达曼光栅(Dammann Grating)。20世纪80年代中期，美国麻省理工学院林肯实验室率先提出了"二元光学"的概念。二元光学元件(Binary Optical Element，BOE)如图9.1所示，它是基于光波的衍射理论，在传统光学元件表面刻蚀产生两个或多个台阶深度的浮雕结构，形成纯相位、同轴再现、具有极高衍射效率的一类衍射光学元件。1988年，斯涅森(Swanson)和维尔德卡姆(Veldkamp)等利用衍射光学元件的色散特性校正单透镜的轴上色差和球差，研制了多阶相位透镜。从此，开始进行衍射光学元件在光学成像领域的研究。

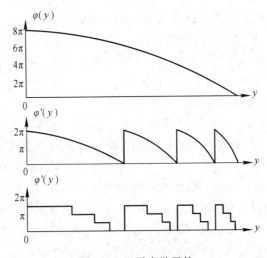

图 9.1 二元光学元件

20 世纪 90 年代，出现了一种既包括传统光学器件，如透镜、棱镜、反射镜等，又包括衍射光学器件的新型光学成像系统。它同时利用了光在传播中所具有的折射和衍射两种性质，通常称为混合光学成像系统（Hybrid Optical System，HOS）。它不仅可以增加光学设计自由度，而且能够在一定程度上突破传统光学系统的许多局限性，在改善系统像质、减小体积和降低成本等方面都表现出了优势。

9.1.2　衍射光学元件的制作方法

衍射光学元件的制作方法很多。在二元光学发展初期，按照所用掩模板及加工表面浮雕结构的特点主要分为三类方法。

（1）第一类是最初的标准的衍射元件制作方法，如图 9.2 所示，由二元掩模板经过多次图形转印，套刻形成台阶式浮雕表面，包括多层掩模刻蚀、多层掩模镀膜、旋转掩模镀膜等。以上均要求衍射面基底为平面。

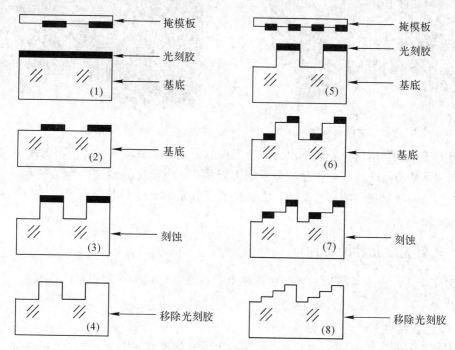

图 9.2　最初的标准的衍射元件制作

（2）第二类是新型的直写法，无需利用掩模板，仅通过改变曝光强度直接在元件表面形成连续浮雕轮廓，主要包括激光束直写和电子束直写。直写法可以制作具有连续曲率的表面结构的光学元件。

（3）第三类是灰阶掩模图形转印法，所用掩模板透射率分布是多层次的，经一次图形转印即形成连续或台阶表面结构。后来由于超精密单点金刚石车削设备的发展，使其成为目前普遍采用的加工衍射光学元件的方法之一。它是在超精密数控机床上，采用天然单晶金刚石刀具，在对机床和加工环境进行精确控制的条件下，直接利用金刚石刀具单点车削加工出符合光学设计要求的光学器件，表面粗糙度可以达到亚纳米级。这是一种制造工艺最简单的方法，可以一次车削成型，可以在任意形状的基底上加工含有任意高次项分布的衍射结构，生产效率高、重复性好、加工精度高、可以精确地控制轮廓深度、适合批量生产。但这种方法对加工材料有选择性，目前只能加工部分金属、某些塑料及少量晶体，无法加工玻璃材料。

图 9.3 为单点金刚石车床，用于衍射光学元件的注塑所用模芯的加工，也可用于塑料和红外光学晶体材料的衍射光学元件的直接加工。图 9.4 为白光轮廓干涉测量仪，用于衍射光学元件结构的局部轮廓测量。

 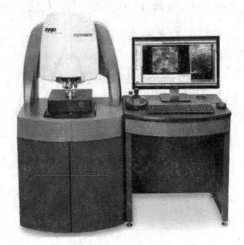

图 9.3　单点金刚石车床　　　　　　图 9.4　白光轮廓干涉测量仪

此外，还可以利用已预先制作出的高精度模具模压或复制出大批量的衍射光学元件。

近年来，精密电子产品对光学成像系统的轻量化、小型化及像质提出了越来越高的要求，加之超精密制造技术的有力支持，更加快了衍射光学元件和混合成像系统的研究及实用化。

9.1.3　衍射光学元件的特性

衍射光学元件由于其特殊的性质在各种光学系统中得到了越来越多的发展和应用，其主要特性如下。

1. 消色差特性

衍射元件的色差由微结构对波长的衍射引起，其色散特性与折射元件正好相反。衍射光学元件在可见光波段的等效阿贝数为

$$\nu = \frac{n_{D}-1}{n_{F}-n_{C}} = \frac{\lambda_{D}}{\lambda_{F}-\lambda_{C}} \tag{9.1}$$

相对部分色散为

$$P = \frac{n_{D}-n_{C}}{n_{F}-n_{C}} = \frac{\lambda_{D}-\lambda_{C}}{\lambda_{F}-\lambda_{C}} \tag{9.2}$$

根据高折射率模型，当 $\lambda_{D}=587.7$ nm，$\lambda_{F}=486.2$ nm，$\lambda_{C}=656.4$ nm 时，则可计算出 $\nu=-3.542$，相对部分色散为 $P=0.596$。可见，衍射元件具有负的色散系数，与常规材料色散正好符号相反，如图 9.5 所示。利用这一特性有利于校正光学系统的色差和二级光谱。

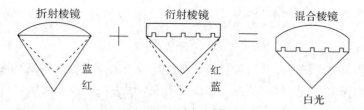

图 9.5　衍射元件消色差原理

在传统折射光学元件中，单块球面透镜不能校正色差，常利用色散系数相差较大的两种材料制成双胶合或密接薄透镜组来消色差，但是它们的阿贝数均为正数，必须采用正、负透镜组合的方式。特别是在红外和紫外区域，可选的材料少，消色差更为困难。折衍混合的元件阿贝数为一很小的负值，其等效折射元件光焦度略小于元件整体光焦度，等效衍射元件色差校正容易。利用这一特性，可以设计消色差或复消色差系统。

2. 衍射光学元件的透过率

折射光学元件的透过率可表示为

$$t_R(x) = e^{i2\pi\varphi(x)} \tag{9.3}$$

式中，相位 φ 的单位是波长。

衍射光学元件的透过率可表示为

$$t_D(x) = e^{i2\pi\varphi'(x)} \tag{9.4}$$

在周期 $[-a/2, a/2]$ 范围内，$\varphi'(x)$ 可以表示为

$$e^{i2\pi\varphi'(x)} = \sum_{-\infty}^{\infty} C_m e^{i2\pi m\varphi(x)} \tag{9.5}$$

$$C_m = \frac{1}{a}\int_{-\frac{a}{2}}^{\frac{a}{2}} e^{i2\pi\varphi(x)} \mathrm{d}\varphi(x) = \frac{\sin[\pi(a-m)]}{\pi(a-m)} \tag{9.6}$$

如果周期为 1 个波长，例如 $a=1$，则 $C_1 = 1$，$C_m = 0$，有

$$e^{i2\pi\varphi'(x)} = e^{i2\pi\varphi(x)} \tag{9.7}$$

此时，衍射光学元件的相位功能等同于相应的折射透镜。

在设计衍射光学元件时，必须首先产生一个连续的相位分布，即

$$\varphi(y) = 2\pi(A_1 y^2 + A_2 y^4 + \cdots) \tag{9.8}$$

式中，φ 为衍射光学元件相位沿径向坐标 y 的相位变化函数，其中在 2π 的 m 倍处产生突变。

3. 消热差特性

光学元件的温度特性用光热膨胀系数 x_f 来表征，其定义为单位温度变化引起的光焦度的相对变化，即

$$x_f = \frac{1}{f} \cdot \frac{\mathrm{d}f}{\mathrm{d}T} \tag{9.9}$$

而当采用薄透镜模型时，可得折射元件的光热膨胀系数 $x_{f,y}$ 为

$$x_{f,y} = \alpha_g - \frac{1}{n-n_0}\left(\frac{\mathrm{d}n}{\mathrm{d}T} - n\frac{\mathrm{d}n_0}{\mathrm{d}T}\right) \tag{9.10}$$

式中，α_g 和 n 分别为透镜材料的热膨胀系数和折射率；n_0 为像空间的折射率。由式(9.10)可见，折射元件光热膨胀系数与透镜形状无关，仅取决于材料的性质。

衍射透镜的光热膨胀系数公认为

$$x_{f,y} = 2\alpha_g + \frac{1}{n}\frac{\mathrm{d}n_0}{\mathrm{d}T} \tag{9.11}$$

衍射透镜的光热膨胀系数与透镜材料的折射率及折射率随温度的变化无关,只与透镜材料热膨胀系数和像空间折射率随温度的变化有关。因为与大多数光学材料具有的热差特性相反,衍射光学元件可以补偿折射透镜引起的热变形。由式(9.11)可知,衍射元件的光热膨胀系数始终为正,而折射元件的光热膨胀系数有正有负。但是,衍射元件的光热膨胀系数与折射元件的光热膨胀系数相比,绝对值很小。在实际设计中,还需要利用正、负光焦度的热差效应来实现。设计无热化红外混合光学系统即可根据上述特性设计。

4. 高衍射效率

衍射效率是衍射光学元件的一项重要性能指标,与其外形轮廓台阶数有关。针对设计波长和入射角度,设每个台阶的高度相同,则衍射效率与台阶数的关系为

$$\eta = \left[\frac{\sin(\pi/L)}{\pi/L}\right] = \left[\mathrm{sinc}\left(\frac{1}{L}\right)\right]^2 \tag{9.12}$$

式中,台阶总数 $L = 2^N$(N 是正整数)。

可见,衍射效率随着台阶数的增多而增大,即:当台阶数很大($L=32$)时,衍射效率接近于 1,如表 9-1 所列。但由于实际工艺比较复杂,设计时具体台阶数应视具体任务而定。但是理论上,衍射光学元件只能对单一波长和设计入射角度进行精确闪耀,实现高效率特点。因此,对于较大视场和宽波段的光学系统,衍射效率受到影响。解决上述问题的方法是谐衍射透镜(Harmonic Diffractive Lens,HDL),也称为多级衍射透镜。相邻环带间的光程差是设计波长 λ_0 的整数 P 倍($P \geqslant 2$),空气中透镜最大厚度为 $p\lambda_0/(n-1)$,是普通衍射透镜的 P 倍。

表 9-1　不同台阶数台阶状相位光栅的一级衍射效率

元件的台阶数	2	4	8	16
一级衍射效率	0.405	0.811	0.950	0.987

9.2　谐衍射光学元件及其特性

9.2.1　谐衍射的概念

由于普通衍射元件的焦距随波长的变化而变化,且只有在中心波长衍射效率高;单片谐衍射元件适用波段较窄,只在一系列分离波长处获得很高的衍射效率;折/谐衍射混合元件可用于双波段成像,但衍射效率不及多层衍射元件。以上各种衍射光学元件的比较见表9-2。结合上述三种方式,采用双层谐衍射元件与折射元件组合而成的折/谐衍射混合系统,既可以实现双波段、宽光谱成像,又能保证较高的衍射效率。用这种方法设计的双波段光学系统可使其光学结构更加紧凑,透镜片数减少,且具有良好的消色差特性。图9.6为几种衍射元件的结构示意图。

表 9 - 2　几种衍射光学元件的比较

	衍射级次	衍射效率	色散	适用范围
普通衍射元件	$+1$	中心波长 100%	负色散 数值较大	单色光，只对中心波长要求高
单片谐衍射元件	m，$m\pm1$，$m\pm2$，$m\pm3\cdots$ （m 值较大）	所有谐波长 100%	负色散 大小可由 m 值控制	较窄波段 （如可见光）
折/谐衍射混合元件	m，$m\pm1$，$m\pm2$，$m\pm3\cdots$ （m 值较小）	所有谐波长 100% 每个波段内高于 80%	负色散 大小可由 m 值控制	多波段系统
多层衍射元件	组合后，具有整数 衍射级次 如：$+1$，$+2$ 等	多个中心波长处 100% 整个波段内高于 95%	负色散 并受几种材料各自 的色散特性影响	宽光谱

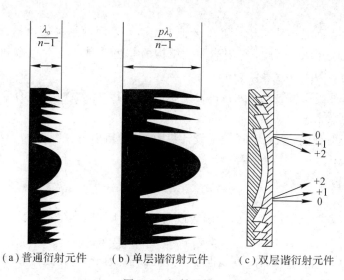

（a）普通衍射元件　　（b）单层谐衍射元件　　（c）双层谐衍射元件

图 9.6　衍射元件

在谐衍射多波段成像方法中，谐衍射透镜同普通透镜一样会聚入射光线，但它不是根据折射原理而是衍射原理。由于衍射作用，透镜产生色差的有效焦距同波长成反比，即

$$f_{m,\lambda}=\frac{p\lambda_0}{m\lambda}f_0 \tag{9.13}$$

其中，P 为相位匹配因子，取 $P\geqslant2$ 的整数，代表最大相位调制（2π）整数倍；λ_0 为设计波长；f_0 为设计波长的焦距；m 为衍射级次；$f_{m,\lambda}$ 为任意波长 λ 处的焦距。

与普通的衍射透镜相比较，谐衍射透镜中心厚度为 $P\lambda_0/(n-1)$，是普通衍射元件的 P 倍，且光通过谐衍射透镜时所产生的最大相位是 $2P\pi$，环带间光程差为 $P\lambda_0$，相当于设计波长为 $P\lambda_0$、焦距为 f_0 的普通衍射透镜，这就是谐衍射元件（HDOE）。若对使用波长为 λ 的 m 衍射级次成像，则其焦距 $f_{m,\lambda}$ 为 $P\lambda_0/m\lambda$，如果要求 $f_{m,\lambda}$ 与设计焦距 f_0 重合，即应满足：

$$\lambda m=P\lambda_0 \tag{9.14}$$

这就说明对于谐衍射元件，凡波长满足式（9.14）的整数 m 所对应的波长均将会聚到共同的焦点 f_0 处，参数 P 提供了设计参数，在一定光谱区范围内控制哪几种的波长会聚到一个焦平面，并把具有不同衍射级次但有相同焦距的各光波波长称为谐振波长。

9.2.2 谐衍射光学元件的色散

普通衍射光学元件使用＋1级次的衍射光，并表现出很大的负色散。谐衍射则是使用＋m级衍射光，其色散性能介于普通衍射与折射之间。在结构上，谐衍射区别于普通衍射的地方在于其微结构沟槽深度所产生的光程差不再是普通衍射的λ，而是mλ这种结构，使得谐衍射透镜同时具有折射与衍射的混合光学特性。谐衍射针对普通衍射在宽波段上所产生的大色散问题做出了改进，它能克服普通衍射元件因色散而产生的离焦，并在一系列离散波长上具有相同的光焦度，而且理论上能够保持衍射效率。

对于谐衍射透镜来说，它的表面微结构对设计波长 λ_0 具有 $2m\pi$ 相位差，其焦点位置实际上是第 m 级衍射光的会聚点。但在分析过程中，可以换一个角度，谐衍射透镜的表面微结构对波长为 $m\lambda_0$ 的入射光具有 2π 相位差，其焦点位置可看作是波长 $m\lambda_0$ 的＋1级衍射光的会聚点。

对于谐衍射表面微结构来说，随着 m 值的增大，表面微结构的沟槽深度也将加深，材料色散的影响也会增大。因此，衍射表面微结构的总色散是由衍射色散和材料色散按一定比例相加而得的，下面进行具体分析。

首先，我们对普通衍射光学元件的总色散进行分析，然后再使用有效波长的方法来分析谐衍射的总色散情况。

根据标量衍射理论，设计波长 λ_0、设计焦距 f_0 的衍射透镜具有抛物型相位调制函数，如式(9.15)所示：

$$\varphi_0(r)=\frac{k_0}{2f_0}r^2，\text{其中 } k_0=\frac{2\pi}{\lambda_0} \tag{9.15}$$

具有该相位调制函数的表面面型函数设为 $\Delta(r)$，则有如下关系式：

$$\varphi_0(r)=k_0(n_0-1)\cdot\Delta(r) \tag{9.16}$$

通过式(9.15)和式(9.16)，可以推得实际表面面型函数，其几何形貌与波长无关：

$$\Delta(r)=\frac{r^2}{2f_0(n_0-1)} \tag{9.17}$$

在宽谱范围内，当入射光偏离设计波长时，以波长 λ 入射到表面面型 $\Delta(r)$ 所引入的相位调制将受到材料色散的影响。设波长 λ 的折射率为 n，若定义材料色散系数为 $\gamma=\frac{n_0-1}{n-1}$，则波长 λ 的相位调制为

$$\varphi(r)=k(n-1)\cdot\Delta(r)=k(n-1)\cdot\frac{r^2}{2f_0(n_0-1)}=\frac{k}{2f_0\gamma}r^2 \tag{9.18}$$

对于设计波长 λ_0，以 2π 相位差来分层压缩相位调制函数 $\varphi_0(r)$，可得如下表达式

$$T(\varphi_0(r))=\frac{k_0}{2f_0}r^2-i\cdot2\pi \tag{9.19}$$

式中 $r_i\leqslant r\leqslant r_{i+1}(i=0,1,2,3,\cdots)$，其中 r_i 为分层压缩过程中的相位突变点所对应的半径值，满足以下关系式：

$$\frac{k_0}{2f_0}r_i^2=i\cdot2\pi \tag{9.20}$$

为了推导方便，将式(9.19)写作以下形式：

$$T(\varphi_0(r)) = \frac{k_0}{2f_0}r^2 - \frac{k_0}{2f_0}r_i^2 \qquad (9.21)$$

如式(9.21)所描述，当入射波长为 λ 时，将引入材料色散，式(9.21)将改写为以下表达式：

$$T(\varphi_0(r)) = \frac{k}{2f_0\gamma}r^2 - \frac{k}{2f_0\gamma}r_i^2 \qquad (9.22)$$

经整理可得：

$$T(\varphi_0(r)) = \frac{kr^2}{2}\left[\frac{1}{f_0\gamma} - \frac{1}{f_0\gamma}\cdot\frac{r_i^2}{r^2} + \frac{1}{f_0\cdot\dfrac{\lambda_0}{\lambda}}\cdot\frac{r_i^2}{r^2}\right] - i\cdot 2\pi \qquad (9.23)$$

分别令 $f_n = f_0\gamma$，$f_\lambda = f_0\dfrac{\lambda_0}{\lambda}$，$\delta_i = \dfrac{r_i^2}{r^2}$，其中 f_n 代表材料色散，f_λ 代表衍射色散，δ_i 代表了透镜的孔径位置，将这些参数代入上式，可简化为

$$T(\varphi_0(r)) = \frac{kr^2}{2}\left[(1-\delta_i)\frac{1}{f_n} + \delta_i\frac{1}{f_\lambda}\right] - i\cdot 2\pi \qquad (9.24)$$

比较式(9.24)和式(9.25)，容易发现，入射波长为 λ 时，衍射光学元件总光焦度有以下完整的数学表达：

$$P = \frac{1}{f} = (1-\delta_i)\frac{1}{f_n} + \delta_i\frac{1}{f_\lambda} \qquad (9.25)$$

式(9.25)说明了衍射光学元件的色散由材料色散和衍射色散共同组成，两种色散所占的比例与孔径位置有关。

通过分析我们发现，在相位突变点 r_1 以内，$i=0$，只存在材料色散，而衍射色散为 0。在分层压缩的相位突变点半径 r_1 位置有 $\delta_i=1$，此时只存在衍射色散，而材料色散为 0；在其他半径位置上的总色散则与材料色散和衍射色散二者都有关系。总之，离透镜中心越近，材料色散的影响也越大；离透镜中心越远，衍射色散所占的比例越大。当孔径位置大到一定程度时，衍射色散将占整个色散的绝大部分，材料色散所产生的影响可忽略不计。

由上述分析我们可以得出结论，即普通衍射光学元件的总色散是由材料色散和衍射色散共同组成的。普通衍射光学元件的色散分析是针对级次的，谐衍射光学元件则利用了谐波长的高级衍射级次。在对相位进行分层压缩的过程中以 π 为周期，将得到一组不同的相位突变点半径值，用这些突变点对全孔径进行分段，则可以对单个波长的色散情况进行分析。

第10章 梯度折射率透镜及其在现代光学系统中的应用

10.1 梯度折射率光学概述

梯度折射率介质亦称为非均匀介质、变折射率介质或者渐变折射率介质，是一类按某种规则改变的介质而并非常数。因此，英文称作 Gradient Index(Grin)。近几十年来，梯度折射率光学慢慢发展成了一门新兴的学科。根据史书记载，公元百年前的自然界中，人们就看到过一种奇特的"蜃景"现象，这种现象是由于光线在铅直方向密度不同的气层中，经过折射造成的结果，这就是我们常说的"海市蜃楼"。实际上，蜃景不仅能在海上、沙漠中产生，柏油马路上偶尔也会看到，主要是由于它们的折射率是不均匀的。人眼晶状体的折射率差为 0.015~0.049，说明人眼晶状体的折射率是梯度变化的，而这种变化的材料和类似于人眼晶状体的表面都方便了像差的校正。人们通过观测和钻研自然界中(例如"海市蜃楼")的奇特现象，慢慢发现折射率不均匀的材料具有一些折射率均匀的材料所不具有的独特光学性能。

理论上，按照折射率的变化规律，折射率大致可分为四类，即径向、轴向、层状和球面梯度折射率。而国内外现有的梯度折射率光学器件基本为径向和轴向梯度折射率光学器件。球面梯度折射率光学器件很少。而球面梯度折射率是随到某一点的距离而变化的，是中心点对称的球面，经过此介质的光线都是平面曲线，这就意味着利用球面梯度折射率制作的光学器件的外观形状对称且光路短，自然体积就较小，而对称形状的光学元件较好加工，这样就便于大批的加工生产。著名的麦克斯韦"鱼眼"就是典型的球面梯度折射率介质模型，这就表明这种光学器件具有很好的光学性能，且具有长远的应用前景。

径向梯度折射率是径向距离的函数，等折射率面是中心轴对称的圆柱面。这种介质在今天的光通信中作为理想的传输介质，自聚焦纤维就属于这种传输介质。在光通信中，它可以用作导光、成像等。国内外光纤医用内窥镜技术已成为现今医用内窥镜的开发重点，这种径向梯度折射率的光纤介质无论在医用内窥镜中，还是光通信中都有着不可忽视的应用前景。

球面梯度折射率是某一定的函数、等折射率面是中心点对称的球面，卢内堡透镜就是利用这种梯度折射率介质制作的。其焦点位于透镜表面，可以使无穷远的物点锐成像，实现宽角度扫描，可应用于微波天线方面。

前面我们提到利用球面折射率介质制成的光学元件具有外观形状对称、光路短等特性，这就使加工的光学元件使用简便，成本低，且经济实惠，所以在微光学元件制造加工和利用其设计的微光学系统等方面存在不可忽视的应用前景。

在传统的光学系统设计中，通常采用的是折射率均匀的光学材料，所以像差的校正往往是使用一些传统的方法，如改变曲率半径和透镜厚度，还有透镜之间的间隔。所设计的系统越复杂，就需要更多的透镜，像差的校正更是难上加难。这不仅仅增加了光学仪器的重量和体积，还大大提高了设计成本。而随着梯度折射率光学的发展，梯度折射率材料的使用使得以上问题迎刃而解。

梯度折射率材料的使用，可以使得光学系统简化，也能减小整个光学系统的体积、重量和光能损失，例如：一个球面轴向梯度折射率透镜等效于一个非球面透镜；一个径向梯度折射率透镜等效于一个成像透镜；一条径向梯度折射率棒透镜等效于一个转像组；一种层状梯度折射率板等效于一个柱面镜；一种层状梯度折射率板等效于一个偏转棱镜；两片梯度折射率玻璃透镜等效于六片优质双高斯物镜。

这些例子都证明了应用于光学系统的梯度折射率光学元件，使光学系统得到了简化，并趋于微小化、便调化，进而光学元件的制作加工也方便简洁了很多。

如今，梯度折射率光学可以说已经真正发展成为了一门新学科。梯度折射率透镜已成为一些光学系统设计中必不可少的光学元件。在梯度折射率介质中的光线追迹、梯度折射率透镜的研制方法及设计和其材料的使用、基于梯度折射率光学的光学系统的像差分析和评价等诸多方面也已逐渐趋于完善。由于上面提出的梯度折射率透镜在光学系统中起到的多重作用，很多领域开始广泛地应用梯度折射率光学元件，包括应用传感技术的光学系统、光纤通信和内窥镜等多方领域。

10.2 梯度折射率介质中的光线追迹

梯度折射率光学亦称均匀介质光学。其介质内的折射率是按某种规律变化的，是空间位置(x, y, z)的函数，因此，光线传播轨迹不是直线而是曲线。光线传播轨迹需要通过求解光线微分方程

$$\frac{\mathrm{d}}{\mathrm{d}s}\left(n\frac{\mathrm{d}r}{\mathrm{d}s}\right) = \nabla n \tag{10.1}$$

来得到。除了在少数情况下，这个方程可寻得解析解外，一般要用数值方法计算。通常采用的方法有级数展开法、欧拉法、龙格·库塔法等。

在光线追迹过程中，一般采用检验公式

$$p^2 + q^2 + l^2 = n^2 \tag{10.2}$$

和

$$xq - yp = x_0 q_0 - y_0 p_0 = c \tag{10.3}$$

或

$$KT = 0 \tag{10.4}$$

式中：$p = n\dfrac{\mathrm{d}x}{\mathrm{d}s}$，$q = n\dfrac{\mathrm{d}y}{\mathrm{d}s}$，$l = n\dfrac{\mathrm{d}z}{\mathrm{d}s}$。

其中，$\mathrm{d}s = [(\mathrm{d}x)^2 + (\mathrm{d}y)^2 + (\mathrm{d}z)^2]^{1/2}$；脚标"0"表示已知的初始值；$K$ 为光线轨迹曲率矢量；T 为光线轨迹单位切线矢量。

在近轴条件下,方程(10.1)简化为

$$\frac{\mathrm{d}}{\mathrm{d}z}\left(n\frac{\mathrm{d}r}{\mathrm{d}z}\right)=\nabla n \tag{10.5}$$

式中,r 为位置坐标矢量 $r(x,y,z)$ 的简记。

按照折射率变化规律梯度折射率大致可分为径向梯度折射率、轴向梯度折射率、层状梯度折射率和球面梯度折射率四类(均匀介质是一种特殊情况:梯度为零)。

1. 径向梯度折射率

折射率是径向距离的函数,其等折射率面为中心轴对称的圆柱系者,称径向梯度折射率。径向梯度折射率介质中光线的光学方向余弦 l 是常数,$l=l_0$ 称为光线沿轴不变量。此时,光线方程(10.1)在笛卡尔坐标中简化为

$$\begin{cases} \dfrac{\mathrm{d}^2 x}{\mathrm{d}z^2}=\dfrac{1}{2l_0^2}\dfrac{\partial n^2}{\partial x} \\[2mm] \dfrac{\mathrm{d}^2 y}{\mathrm{d}z^2}=\dfrac{1}{2l_0^2}\dfrac{\partial n^2}{\partial y} \\[2mm] l=l_0 \end{cases} \tag{10.6}$$

径向梯度折射率函数通常的表达式为

$$n^2(r)=n^2(0)\left[1-(ar)^2+h_4(ar)^4+h_6(ar)^6+\cdots+h_i(ar)^i\right] \tag{10.7}$$

式中,r 为垂轴距离,$r=(x^2+y^2)^{1/2}$;a 为介质二次项分布常数;h_i 为介质 i 次项分布系数,式中 $i=3、5、7、\cdots$ 诸项 $h_i=0$。

径向梯度折射率介质中光线轨迹解析解得公式非常复杂,一般用数值法求解。

1) 径向梯度 $n^2=n^2(0)\left[1-a^2(x^2+y^2)\right]$

径向梯度折射率介质 $n^2=n^2(0)\left[1-a^2(x^2+y^2)\right]$ 中的光线轨迹公式是

$$\begin{cases} x=x_0\cos\left[\dfrac{n(0)a}{l_0}z\right]+\dfrac{p_0}{n(0)a}\times\sin\left[\dfrac{n(0)a}{l_0}z\right] \\[3mm] y=y_0\cos\left[\dfrac{n(0)a}{l_0}z\right]+\dfrac{q_0}{n(0)a}\times\sin\left[\dfrac{n(0)a}{l_0}z\right] \\[3mm] p=p_0\cos\left[\dfrac{n(0)a}{l_0}z\right]-x_0 n(0)a\times\sin\left[\dfrac{n(0)a}{l_0}z\right] \\[3mm] q=q_0\cos\left[\dfrac{n(0)a}{l_0}z\right]-y_0 n(0)a\times\sin\left[\dfrac{n(0)a}{l_0}z\right] \end{cases} \tag{10.8}$$

近轴公式是

$$\begin{cases} x=x_0\cos[az]+\dfrac{p_0}{n(0)a}\sin[az] \\[3mm] y=y_0\cos[az]+\dfrac{q_0}{n(0)a}\sin[az] \\[3mm] p=p_0\cos[az]-x_0 n(0)a\sin[az] \\[3mm] q=q_0\cos[az]-y_0 n(0)a\sin[az] \end{cases} \tag{10.9}$$

这种介质中的光线轨迹在子午面内是一条正弦曲线,其周期为 $\dfrac{2\pi}{a}\cos\zeta$,曲线的振幅、

周期均与 a 成反比，且随光线初始入射角 ζ_0（与光线 z 的夹角）变化。这表明该介质对不同入射角的光线具有不同的会聚能力。这种介质的近轴光线周期为 $\dfrac{2\pi}{a}$，表明这种介质中某一轴上点所发出的近轴光线周期地在轴上重新聚焦。此聚焦点为原轴上点的理想象点。实际光线与近轴光线轨迹如图 10.1 所示。

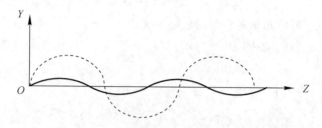

图 10.1　近轴光线与实际光线轨迹

2）径向梯度 $n^2 = n^2(0)\left[1 + a^2(x^2 + y^2)\right]$

梯度折射率介质中的光线没有周期性，光线轨迹是一条双曲正弦曲线。其表达式为

$$
\begin{cases}
x = x_0 \operatorname{ch}\left[\dfrac{n(0)a}{l_0}z\right] + \dfrac{p_0}{n(0)a} \times \operatorname{sh}\left[\dfrac{n(0)a}{l_0}z\right] \\[3mm]
y = y_0 \operatorname{ch}\left[\dfrac{n(0)a}{l_0}z\right] + \dfrac{q_0}{n(0)a} \times \operatorname{sh}\left[\dfrac{n(0)a}{l_0}z\right] \\[3mm]
p = p_0 \operatorname{ch}\left[\dfrac{n(0)a}{l_0}z\right] + x_0 n(0)a \times \operatorname{sh}\left[\dfrac{n(0)a}{l_0}z\right] \\[3mm]
q = q_0 \operatorname{ch}\left[\dfrac{n(0)a}{l_0}z\right] + y_0 n(0)a \times \operatorname{sh}\left[\dfrac{n(0)a}{l_0}z\right]
\end{cases}
\tag{10.10}
$$

此时与式（10.8）很相似，将式（10.8）中的负号全部改为正号，将余弦、正弦分别改为双曲余弦、双曲正弦即成该式。

3）径向梯度 $n = n(0)\operatorname{sech}(ar)$

在这种径向梯度折射率介质中的光线轨迹呈双曲正割分布。这种介质现今在光通信中作为理想的传输介质，即自聚焦纤维。这是因为这种介质中实际光线在子午面内部具有 $\dfrac{2\pi}{a}$ 的变化周期，与初始入射条件无关，其轨迹为典型的正弦曲线，介质内任何一点的子午光线都在一周期内两次聚焦，无像差"锐成像"。但介质内的轴外点，由于斜光线的存在，实际上不会"锐成像"。

这种介质的级数展开式是

$$
n^2 = n^2(0)\left[1 - (ar)^2 + \frac{2}{3}(ar)^4 + \frac{17}{56}(ar)^6 + \cdots\right]
\tag{10.11}
$$

介质 $n^2 = n^2(0)\left[1 - a^2(x^2 + y^2)\right]$ 是自聚焦介质的特例，其近轴光线的光学性质与自聚焦介质相同。这种自聚焦介质的子午光线轨迹公式是

$$
x = \frac{1}{a}\operatorname{sh}^{-1}\left\{\left[\frac{n^2(0)}{l_0^2} - 1\right]^{1/2} \times \sin\left[a(z + c)\right]\right\}
\tag{10.12}
$$

式中，c 为积分常数，可由初始条件确定。

4）径向梯度 $n^2 = n^2(0)[1+(ar)^2]^{-1}$

在径向梯度折射率介质中会出现一种特殊的斜光线，这种光线在介质中的传输轨迹是条螺旋曲线，光线始终保持到光轴的距离不变，即

$$x^2(z) + y^2(z) = \rho^2(z) \tag{10.13}$$

式中，ρ 为螺旋半径，即沿光轴观察时的轨迹半径。

这种光线称螺旋光线，如图 10.2 所示。

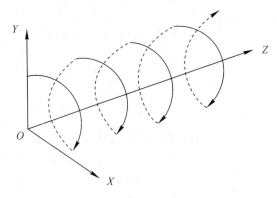

图 10.2　螺旋光线轨迹

一般介质中的螺旋光线的周期（螺距）与初始光线的入射高度有关，介质中螺旋光线具有不同的周期，并且存在着一种螺旋光线具有相同周期的介质，这就是径向介质

$$n^2 = n^2(0)[1+(ar)^2]^{-1} \tag{10.14}$$

其级数展开式是

$$n^2 = n^2(0)[1-(ar)^2+(ar)^4-\cdots] \tag{10.15}$$

介质 $n^2 = n^2(0)[1-a^2(x^2+y^2)]$ 也是这种介质的特殊情况，因为具有良好的波导性能和成像性能。同时也说明，对子午光线和螺旋光线都同时具有相同周期的介质实际上是不存在的。

2. 轴向梯度折射率

折射率只沿轴向变化，等折射率面是垂直于光轴的平行平面系者，称轴向梯度折射率。其光学方向余弦 p 和 q 在介质中是不变量，即 $p=p_0$，$q=q_0$，光线在该介质中的轨迹公式是

$$\begin{cases} x = x_0 + p_0 \int_{z_0}^{z} \dfrac{\mathrm{d}z}{l_0} \\[2mm] y = y_0 + q_0 \int_{z_0}^{z} \dfrac{\mathrm{d}z}{l_0} \\[2mm] l = \left[n^2(z \cdot) - p_0^2 - q_0^2 \right]^{\frac{1}{2}} \end{cases} \tag{10.16}$$

当两个等折射率面 $n(0)$ 和 $n(d)$ 所夹的轴向梯度介质平板置于均匀介质（如空气）时，一束平行光入射到这块介质板后，虽在介质内的光线是弯曲的，但出射光线仍是平行光束，

且平行于原入射光束，不会产生径向介质那种会聚或发散现象。也就是说，轴向梯度板是无光焦度的。欲产生光焦度，必使一面或两面成为曲面。

1）轴向梯度 $n(z) = n(0) + az$

这种线性分布介质的光线轨迹公式是

$$\begin{cases} x = x_0 + p_0 \left\{ \dfrac{1}{a} \ln\left(2a^2 z + b + 2a \times \sqrt{A + bz + (az)^2} \right) \right\} \Big|_{z_0}^{z} \\ y = y_0 + q_0 \left\{ \dfrac{1}{a} \ln\left(2a^2 z + b + 2a \times \sqrt{A + bz + (az)^2} \right) \right\} \Big|_{z_0}^{z} \\ l = \left[A + bz + a^2 z^2 \right]^{\frac{1}{2}} \\ A = n^2(0) - p_0^2 - q_0^2 \\ b = 2an(0) \end{cases} \tag{10.17}$$

式中，$n(0)$ 为平面 z_0 的折射率。

近轴光线公式为

$$\begin{cases} x = x_0 + \dfrac{p_0}{a} \ln\left[\dfrac{n(0) + az}{n(0) + az_0} \right] \\ y = y_0 + \dfrac{q_0}{a} \ln\left[\dfrac{n(0) + az}{n(0) + az_0} \right] \end{cases} \tag{10.18}$$

2）轴向梯度 $n^2(z) = n^2(0) + az$

这种梯度介质的实际光线轨迹公式为

$$\begin{cases} x = x_0 + \dfrac{2p_0}{a} \left[(A + az)^{\frac{1}{2}} - (A + az_0)^{\frac{1}{2}} \right] \\ y = y_0 + \dfrac{2q_0}{a} \left[(A + az)^{\frac{1}{2}} - (A + az_0)^{\frac{1}{2}} \right] \\ l = (A + az_0)^{\frac{1}{2}} \\ A = n^2(0) - p_0^2 - q_0^2 \end{cases} \tag{10.19}$$

近轴光线仅将式中 A 换成 $n^2(0)$ 即可。

3）轴向梯度 $n^2(z) = n^2(0)[1 - a^2 z^2]$

这种近轴梯度介质中的光线轨迹公式是

$$\begin{cases} x = x_0 + \dfrac{p_0}{n(0)a} \left[\arcsin\left(\dfrac{z}{A} \right) - \arcsin\left(\dfrac{z_0}{A} \right) \right] \\ y = y_0 + \dfrac{q_0}{n(0)a} \left[\arcsin\left(\dfrac{z}{A} \right) - \arcsin\left(\dfrac{z_0}{A} \right) \right] \\ l = \left[l_0^2 - n^2(0) a^2 z^2 \right]^{\frac{1}{2}} \\ A = \dfrac{l_0}{n(0)a} \end{cases} \tag{10.20}$$

一般情况下，$z_0 = 0$，$\arcsin\left(\dfrac{z_0}{A} \right) = 0$、$\pi$、$2\pi$、$\cdots$ 在近轴条件下，$A = \dfrac{1}{a}$。

4）轴向梯度 $n^2(z) = n^2(0)[1 + a^2 z^2]$

这种梯度介质中的光线轨迹是

$$
\begin{cases}
x = x_0 + \dfrac{p_0}{n(0)a} \ln \dfrac{z + (A^2 + z^2)^{1/2}}{z_0 + (A^2 + z_0^2)^{1/2}} \\[3mm]
y = y_0 + \dfrac{q_0}{n(0)a} \ln \dfrac{z + (A^2 + z^2)^{1/2}}{z_0 + (A^2 + z_0^2)^{1/2}} \\[3mm]
l = n(0)a \left[A^2 + z^2 \right]^{1/2} \\[3mm]
A = \dfrac{l_0}{n(0)a}
\end{cases}
\tag{10.21}
$$

在近轴条件下，式中 $A = \dfrac{1}{a}$。

3. 层状梯度折射率

等折射率面平行于光轴的平行平面系者，称层状梯度折射率。这类介质的折射率只在一个垂轴方向上（如 x 方向）变化，光学方向余弦 $q = q_0$，$l = l_0$ 为沿光线不变量。光线轨迹在梯度方向上与径向折射率介质相同，在无梯度的方向上光线轨迹的投影为直线。

1）层状梯度 $n^2(x) = n^2(0)[1 - a^2 x^2]$

这种层状梯度介质的光线轨迹公式为

$$
\begin{cases}
x = x_0 \cos\left[\dfrac{n(0)a}{l_0} z\right] + \dfrac{p_0}{n(0)a} \times \sin\left[\dfrac{n(0)a}{l_0} z\right] \\[3mm]
y = y_0 + \dfrac{q_0}{l_0} z \\[3mm]
p = p_0 \cos\left[\dfrac{n(0)a}{l_0} z\right] - x_0 n(0)a \times \sin\left[\dfrac{n(0)a}{l_0} z\right]
\end{cases}
\tag{10.22}
$$

径向介质 $n^2 = n^2(0)[1 - a^2(x^2 + y^2)]$ 两端面为平面的伍德（Wood）透镜，具有会聚或发散作用，而相应的这种层状梯度介质 $n^2(x) = n^2(0)[1 - a^2 x^2]$ 具有柱面镜作用，可以作为一维放大率器件。

同理其他层状梯度介质的光线轨迹可由相应的径向梯度介质写出。

2）层状梯度 $n^2(x) = n^2(0) - a^2 x$

这种介质中的光线轨迹公式为

$$
\begin{cases}
x = x_0 + \dfrac{p_0}{l_0} z - \left(\dfrac{a^2}{2l_0}\right)^2 z^2 \\[3mm]
y = y_0 + \dfrac{q_0}{l_0} z \\[3mm]
p = p_0 - \dfrac{a^2}{2l_0} z
\end{cases}
\tag{10.23}
$$

这种介质中的光线轨迹在梯度方向上与物点在均场中的运动轨迹相类似。当 $z = \dfrac{2 p_0 l_0}{a^2}$ 时，光线轨迹曲线有极值，即

$$
x_{\max} = x_0 + \left(\dfrac{p_0}{a}\right)^2
\tag{10.24}
$$

当一束平行光以 i_1 入射到轴向厚度为 z_d 的此种介质平板后，出射光线仍为平行光，其出射角按下式计算

$$
\sin i_2' = \sin i_1 - \dfrac{a^2}{2l_0} z_d
\tag{10.25}
$$

式中，i_2'为经介质板第二面折射后的角度，脚标 1、2 表示折射面顺序，撇为该面折射介质中的量。

其偏折光线的作用如同棱镜一样，如图 10.3 所示。

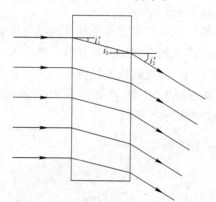

图 10.3 层状梯度光线偏折"棱镜"板

4. 球面梯度折射率

折射率随离某一定点的距离而变化，等折射率面为中心点对称的球面系者，称球面梯度折射率。球面梯度折射率介质中的光线都是平面曲线。任何光线入射到这种介质后，其光线在该光线与球心构成的平面内传播，且下式成立：

$$e = n_0 r_0 \sin\phi_0 = nr\sin\phi \tag{10.26}$$

式中，e 为球面梯度介质中的沿光线不变量；ϕ 为光线轨迹切线矢量与位置矢量间的夹角（见图 10.4），在平面曲线极坐标 $(r\theta)$ 下

$$\phi = \arcsin \frac{r(\theta)}{\left[r^2(\theta) + \left(\frac{\mathrm{d}r}{\mathrm{d}\theta} \right)^2 \right]^{1/2}} \tag{10.27}$$

球面梯度折射率介质中的光线轨迹公式是

$$\theta = \theta_0 + e \int_{r_0}^{r} \frac{\mathrm{d}r}{r \left[n^2 r^2 - e^2 \right]^{1/2}} \tag{10.28}$$

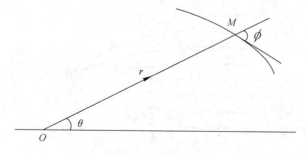

图 10.4 球面梯度折射率介质中的光线轨迹的参数

1）麦克斯韦"鱼眼"

麦克斯韦"鱼眼"为球面梯度折射率介质的一种，其折射率分布为

$$n(r) = \frac{n(0)}{1 + (r/a)} \tag{10.29}$$

这种介质中光线轨迹的极坐标方程是

$$\sin(\theta-c)=\frac{e}{[a^2n^2(0)-4e^2]^{1/2}}\times\frac{r^2-a^2}{ar}$$ (10.30)

式中，a 为介质分布常数；$n(0)$ 为球心（$r=0$）处的折射率。

这种介质使球表面或内部任意一点发出的所有光线都会聚于该点所在直径的另一边上之一点。这两点到球心 O 的距离之积为介质分布常数 a 的平方，如图 10.5 所示。

图 10.5 麦克斯韦"鱼眼"中 p_0 的光线轨迹均会聚于 p_1，且使得 $op_0 \cdot op_1=a^2$。这一对点是完善的无像差成像点。麦克斯韦"鱼眼"半球可视为一个聚焦透镜，它使平行光束聚于表面上一点，也可使同心光束变成平行光线。

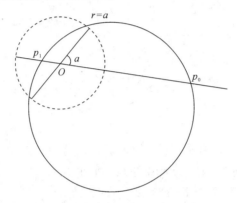

图 10.5 麦克斯韦"鱼眼"光线轨迹

2）卢内堡透镜

卢内堡（Luneburg）透镜为球面梯度折射率介质的另一种，其折射率分布为

$$n=\left[2-\left(\frac{r}{r_0}\right)^2\right]^{1/2}$$ (10.31)

r_0 是使 $n(r_0)=1$ 时的球半径 r。这种介质球中心处的折射率为 $\sqrt{2}$，折射率随 r 的增大而减小（$\sqrt{2}>n>1$）。它能使每束平行光都锐聚焦，也就是说能使无穷远物点锐成像，如图 10.6 所示。

卢内堡透镜因其可宽角度扫描，故目前只应用于微波天线方面。

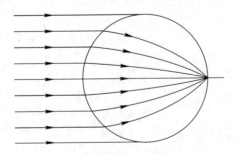

图 10.6 焦点位于表面的卢内堡透镜

10.3 梯度折射率光学系统像差

利用哈密顿理论或 Buchdahl 的准不变理论可以导出梯度折射率光学系统的像差系数。

通过追迹两条近轴光线，其一为物平面轴上点的近轴光线，其二为轴外近轴主光线，像均匀介质透镜一样，可以求出梯度折射率透镜的三级像差系数。三级像差系数基本上由三部分组成：一部分为均匀介质折射率 $n(0)$ 系统的各表面产生的三级像差系数——A_1、B_1、C_1、D_1、E_1；另一部分为由于折射率沿介质界面（球面或非球面）变化而产生的像差系数——A_2、B_2、C_2、$(D_2=0)$、E_2；第三部分为光线在介质内传播时，因折射率的变化而产生的传输像差系数——A_3、B_3、C_3、D_3、E_3，即

$$\begin{cases} A = \sum (A_1 + A_2 + A_3) \\ B = \sum (B_1 + B_2 + B_3) \\ C = \sum (C_1 + C_2 + C_3) \\ D = \sum (D_1 + D_2) \\ E = \sum (E_1 + E_2 + E_3) \end{cases} \tag{10.32}$$

A、B、C、D、E 分别对应于球差、彗差、象散、场曲、畸变五种像差系数。
其中

$$\begin{cases} A_1 = \dfrac{1}{2} n(0) \left[\dfrac{n(0)}{n'(0)} - 1 \right] i^2 y \times (i + u') \\[2mm] A_2 = -c \left[2n_1 + \dfrac{1}{2} c \dot{n}(0) \right] y^4 \\[2mm] A_3 = \dfrac{1}{2} \nabla [n(0) y u^3] + \int \left[4n_2 y^4 + 2n_1 y^2 u^2 - \dfrac{1}{2} n(0) 2u^4 \right] \mathrm{d}z \\[2mm] B_1 = A_1 \dfrac{i_p}{i} \\[2mm] B_2 = A_2 \dfrac{y_p}{y} \\[2mm] B_3 = \dfrac{1}{2} \nabla [n(0) y u_p u^2] + \int \left[4n_2 y_p y^3 + n_1 y u (y u_p + y_p u) - \dfrac{1}{2} n(0) u_p u^3 \right] \mathrm{d}z \\[2mm] C_1 = A_1 \left(\dfrac{i_p}{i} \right)^2 = B_1 \dfrac{i_p}{i} \\[2mm] C_2 = A_2 \left(\dfrac{y_p}{y} \right)^2 = B_2 \dfrac{y_p}{y} \\[2mm] C_3 = \dfrac{1}{2} \nabla [n(0) y u u_p^2] + \int \left[4n_2 y^2 y_p^2 + 2n_1 u u_p y y_p - \dfrac{1}{2} n(0) u^2 u_p^2 \right] \mathrm{d}z \\[2mm] D_1 = \dfrac{1}{2} J^2 c \Delta \left(\dfrac{1}{n(0)} \right) \\[2mm] D_3 = J^2 \int \dfrac{n_1}{n^2(0)} \mathrm{d}z \\[2mm] E_1 = A_1 \left(\dfrac{i_p}{i} \right)^3 + D_1 \dfrac{i_p}{i} = (C_1 + D_1) \dfrac{i_p}{i} \\[2mm] E_2 = A_2 \left(\dfrac{y_p}{y} \right)^3 = B_2 \left(\dfrac{y_p}{y} \right)^2 = C_2 \dfrac{y_p}{y} \\[2mm] E_3 = \dfrac{1}{2} \nabla [n(0) y u_p^3] + \int \left[4n_2 y y_p^3 + n_1 y_p u_p (y u_p + u y_p) - \dfrac{1}{2} n(0) u u_p^3 \right] \mathrm{d}z \end{cases} \tag{10.33}$$

式中，$J = n(0)(yn_p - y_p u)$；c 为界面曲率；$n'(0)$ 为 $n(0)$ 对 z 的微分，在径向梯度中 $n(0) = 0$；$n(0)$、$n'(0)$ 分别为界面前后轴上折射率；$\int$ 积分域由前一界面与光线交点处到后界面与光线交点处；$\sum (\ )$ 表面各界面或各介质内所产生量之综合。$\Delta(\ )$ 表示界面前后括号内量的差值；$\nabla(\ )$ 表示从一界面转到下一界面的差值；u、u' 符号正负与康拉第相反，无撇为物方，带撇为像方，脚标带"p"的为主光线量值。

梯度折射率透镜的像差由三部分构成，这就有了使三者正负配合，从而抵消一部分的可能；而传播像差部分则表明一个重要的结果，即可利用厚度作为校正像差的有效自由度。

梯度折射率透镜的三级像差与实际像差出入很大，必须考虑高级像差，但公式又很复杂，因此一般计算中多采用光线追迹来计算实际像差。实际像差的定义同均匀介质，透镜设计多用计算实际像差来进行。

第11章 红外光学系统设计

11.1 红外波段的分类

掌握红外辐射的产生、传播等规律是其应用的技术基础。任何物体的红外辐射都包括介于可见光与微波之间的电磁波段。通常人们又把红外辐射称为红外光、红外线。实际上是指其波长约在 $0.76 \sim 1000 \ \mu m$ 的电磁波。通常人们将其划分为近红外、中红外、远红外三部分。近红外波长为 $0.76 \sim 3 \ \mu m$；中红外波长为 $3 \sim 20 \ \mu m$；远红外波长为 $20 \sim 1000 \ \mu m$。在光谱学中，波段的划分方法尚不统一，也有人将 $0.76 \sim 3 \ \mu m$、$3 \sim 40 \ \mu m$ 和 $40 \sim 1000 \ \mu m$ 作为近红外、中红外和远红外波段。另外，由于大气对红外辐射的吸收，只留下三个重要的"窗口"区，即 $1 \sim 3 \ \mu m$、$3 \sim 5 \ \mu m$ 和 $8 \sim 13 \ \mu m$ 可让红外辐射通过，因而在军事应用上，又分别将这三个波段称为近红外、中红外和远红外，$8 \sim 13 \ \mu m$ 还称为热波段。

红外线的另一特点是频谱范围宽。可见光最长波长是最短波长的 n 倍，叫做 n 倍频程，而红外线最长波长是最短波长的 10 倍，即具有 10 倍频程。理论上讲，红外波段隐含的信息量应更大，色彩更丰富。

11.2 红外光学系统的特点

红外光学系统是指对红外波段进行处理的系统，即接受或者发射红外光波的光学系统。一般来说，红外光学系统作为光学系统的一个类别，它和其他光学系统相比，在光能接收、传递、成像等光学概念上没有原则上的区别。但是，由于红外光学系统工作波长在红外区域，红外辐射又多数以光电探测器作为接收元件，因此红外系统有其本身的特点，有别于一般光学系统。

红外光学系统具有以下的特点：

（1）普通光学玻璃只能透过 $3 \ \mu m$ 以下的辐射，对于使用在中远红外区域的物镜及光学元件，若要采用折射式系统，必须使用特殊的光学材料制造，这往往受到材料本身特性的影响。红外系统为了收集更多的辐射能量，物镜的口径必须很大，但是所用材料的性能和成型尺寸不能完全满足使用要求，且透射式系统消除色差也比较困难，所以，大多数红外系统都是采用反射式结构。

（2）几乎所有红外系统的接收元件不是人眼或者照相底片，而是各种光电器件。因此，相应光学系统的性能、质量，应以它和探测器匹配的灵敏度、信噪比等作为主要评定依据，而不是以光学系统的分辨率为主。这是因为分辨率往往要受到光电器件本身尺寸的限制，因而相应地对光学系统的要求有所降低。

（3）视场小、孔径大。由于红外探测器的接收面积比较小，所以一般红外光学系统的视场不太大，轴外像差通常可以少考虑。同时这类系统对像质要求不太高，而要求有较高的灵敏度，以获得所需要的信噪比，因此，大多数采用大相对孔径，即小 F 数的光学系统。在一般情况下，由于加工等方面的限制，F 数取 2.3 为宜。同时为提高光电转换效率，以达到足够高的探测灵敏度，很多场合下采用制冷型探测器，这就要求光学系统具有尽可能高的冷光阑效率。

（4）常用红外波段的波长比可见光波长长得多。这样在系统光孔尺寸比较小时，由于衍射极限，使红外光学系统的分辨率较低，也就是说要得到高分辨率的红外光学系统必须有大的孔径。这使得红外系统的重量大、成本高。

11.3　红外光学系统的温度特性

对于红外光学系统，温度的变化将导致光学系统内部结构参数的变化，使光学系统出现离焦现象和其他像差引入。由于红外光学材料的折射率温度系数 dn/dT 较大，比如常用的红外材料单晶锗的折射率温度系数 $dn/dT=3.96\times10^{-4}/℃$，而常用的可见光玻璃 K9 的折射率温度系数 $dn/dT=2\times10^{-6}/℃$，前者约为后者的 200 倍，因此在环境温度变化时，红外光学系统的性能急剧下降，另外目前可用的红外光学材料与可见光比起来非常少，所以在设计红外系统时，必须要考虑如何使光学系统在要求的温度范围内具有稳定的性能。

光学系统在一定温度范围内正常工作的技术被称为消热差技术，根据系统的特点和使用场合的不同，消热差技术一般可分三类：机械主动式、机械被动式、光学被动式。

1. 机械主动式消热差

由组合光学系统的理论可知，通过改变光学系统中某一组元的轴向位置，可以改变系统的像面位置，主动式消热差技术即通过这一原理补偿像面离焦。其基本方式是利用传感器探测系统温度，传感器将温度信息传给处理器，处理器利用存储在存储器里的温度和位移对照表查出对应的位移，或者利用关于温度的位移多项式计算出对应的位移，而后驱动电机带动系统移动组元产生轴向位移，这种消热差方式原理简单，易于实现。

2. 机械被动式消热差

机械被动式消热差原理是利用结构材料的热膨胀，改变光学系统中组元的轴向位置，来补偿像面的离焦。相关文献证明，通过使用简单机械结构进行的消热差设计，可以在较大视场和较宽的工作温度范围内得到接近衍射极限的成像质量，而且系统结构简单，工作可靠。

3. 光学被动式消热差

光学被动式消热差是利用光学材料特性之间的差异，通过合理的组合和分配透镜光焦度，在满足像质的条件下，消除温度的影响，补偿系统的离焦。光学被动式消热差技术的优点是设计完成后没有移动系统内部组元，因而仪器的可靠性和稳定性得到了很大程度的提高。但是，光学被动式消热差设计由于需要增加一些特殊或比较昂贵的红外材料，其加工成本和费用必然增加，同时系统的透过率降低，因此该方法可用于低寒或高温地区的军用红外光学仪器。

11.4 红外光学系统的设计原则

（1）光学系统应对所工作的波段有良好的光学性能，即具有高的光学透过率或反射率。

（2）光学系统在尺寸、像质和加工工艺许可的范围内，应使接收口径尽可能大，F 数尽可能小，以保证系统有高的灵敏度。

（3）光学系统应对噪声有较强的抑制能力，以提高信噪比。

（4）光学系统的形式和组成应有利于充分发挥探测器的效能，如合理利用光敏面面积，保证高的光斑均匀性等。

（5）光学系统和组成元件力求简单，以减少能量的损失，降低制造成本。

11.5 红外光学系统的主要参数

11.5.1 F 数

我们用光学系统的 F 数或数值孔径来表述光学系统对辐射光的会聚能力。F 数的定义为系统的有效焦距与入瞳直径之比，记作 F，表达式为

$$F = \frac{f'}{D} \tag{11.1}$$

其中：f' 为系统有效焦距，D 为入瞳直径。F 数的倒数也称作相对孔径。

由于红外系统的目标一般较远，作用距离大，能量微弱，因此要求光学系统的接收孔径要大，以收集尽量多的辐射能量。另外，光学系统要将所收集到的红外辐射能量会聚到探测器上，为了在探测器的光敏面上获得更大的照度，希望光学系统的焦距 f' 小些，这样光学系统的 F 就要小些。为了提高系统的探测能力，应使系统的 F 尽可能小，但 F 的减小会增大加工工艺的难度和像差校正的难度。

11.5.2 视场

设光学系统的探测器为视场光阑。如果系统焦距为 f'，有效孔径为 D，探测器尺寸为 l，则物方半视场角 ω 的正切为

$$\tan\omega = \frac{l}{2f'} \tag{11.2}$$

上式是一个简化的表达式，任何光学系统的视场都是两维的。如果探测器尺寸为 $l \times d$（垂直×水平），则垂直和水平视场角可分别表达为

$$\omega_{V} = \arctan \frac{l}{2f'} \tag{11.3}$$

$$\omega_{H} = \arctan \frac{d}{2f'} \tag{11.4}$$

对于由多个探测元组成的线阵或面阵探测器，我们将单个探测元所对应的视场称为瞬时视场，而将线阵或面阵探测器所对应的视场称为光学视场。

由于瞬时视场很小，正切值可用弧度值代替，如果光敏元件尺寸为 $a \times b$（垂直×水平），

则垂直和水平方向的瞬时视场分别为

$$\alpha_V = \frac{a}{f'} \tag{11.5}$$

$$\beta_H = \frac{b}{f'} \tag{11.6}$$

使用单元探测器的系统光学视场和它的瞬时视场是一致的。由于空间分辨率的需要和探测器像元数的限制，系统光学视场一般都比较小。为获得较大的成像范围，可用光学机械方法对物方空间进行扫描，如此形成的视场称为扫描视场。扫描视场主要取决于光机扫描的方式，与光学系统本身无直接关系。单元扫描系统尽管可有很大的扫描视场，它的光学视场仍等于瞬时视场。

在红外系统中视场角一般取决于探测器的大小。因为通常总是把探测器放在光学系统的焦平面上，以保证尺寸最小。

当 ω 很小时，则有：

$$\omega = \frac{l}{2f'} \tag{11.7}$$

同时有：

$$\omega = \frac{l}{2f'} = \frac{l/D}{2f'/D} = \frac{l}{2FD} \tag{11.8}$$

如果考虑到 F 数的实际极限，$F \geqslant 1$，则有：

$$\frac{l}{2\omega D} \geqslant 1, \; l \geqslant 2\omega D \tag{11.9}$$

以上的限制适用于探测器处于空气中的任何光学系统，在设计红外光学系统中要考虑这一限制。

11.5.3 焦深和景深

红外光学系统需要对不同距离上的目标进行工作，无论移动探测器或移动光学系统进行调焦，都是不容易实现的。因此，对红外光学系统的焦深和景深应作出估计。实际的红外光学系统在校正像差后，除在理想像面上可获得清晰的像外，当成像面的理想像面左右移动某一小距离 $\Delta l_0'$ 时，也能得到比较清晰的像，这段距离称焦深。其中

$$2\Delta l_0' = \frac{4\lambda}{n'}F^2 \tag{11.10}$$

式(11.10)中，n' 为像方折射率；F 为光学系统的 F 数；λ 为波长。

对应于焦深范围内的目标，在物空间移动某一距离 x 时，只要像面的移动距离不超过 $\Delta l_0'$，仍可以得到清晰的像，这一物空间深度称为景深。假定光学系统对无限目标聚焦，像在焦深的 $2\Delta l_0'$ 中心，并且物像在同一媒介中，利用牛顿物像关系式 $xx' = ff' = f'^2$，令 $x' = \Delta l_0'$，代入式(11.10)，可得景深的表示式：

$$x = \frac{n'f'^2}{2\lambda F^2} = \frac{n'D^2}{2\lambda} \tag{11.11}$$

11.5.4 最小弥散斑及其角直径

影响成像质量的因素除像差外，还有衍射问题，衍射问题产生的像差不属于几何像差。

对于红外光学系统，常采用最小弥散斑角直径来估计各种像差的大小，即所有几何追迹光线在最佳像面上聚焦时的最小弥散斑角直径，不包括衍射效应。这种方法只适用于大像差系统，即像差超过瑞利判据好几倍的光学系统。

对于红外波段，衍射往往起着显著的作用，有时甚至十分重要，因而应该综合衍射和像差两种因素来评价红外光学系统的成像质量。

由光的衍射理论可知，无穷远的点光源经过具有圆形孔径光阑的光学系统成像，其像成为明暗交替的圆形衍射花样，其中心圆斑最亮，这个中心圆斑称为艾里斑。对于入射光瞳直径为 D 的光学系统，艾里斑的角直径如下式所示：

$$\Delta\theta = 2.44\frac{\lambda}{D} \tag{11.12}$$

艾里斑的线直径 δl 可用其角直径 $\Delta\theta$ 与光学系统的焦距 f' 相乘求得：

$$\delta l = f' \cdot \Delta\theta = 2.44\frac{\lambda f'}{D} = 2.44\lambda F \tag{11.13}$$

由此可见，λ 愈大，F 愈大，衍射愈厉害。因此对于探测器尺寸和系统 F 数的选择，要同时考虑到能量、像差、衍射等因素。

11.6　红外光学系统的材料选择

红外光学系统材料是指在红外成像与制导技术中用于制造透镜、棱镜、窗口、滤光片、整流罩等的一类材料。这些材料具备满足需要的物理及化学性质，即主要指标为：良好的红外透明性与较宽的透射波段。一般来说，红外光学材料的透射波段和透过率与材料内部结构，特别是能级结构及化学键有密切关系。了解红外光学材料的性质，对设计和制造红外光学元件以至红外系统本身都是十分重要的。例如，经常用来制造红外透镜的锗却不适宜用来制造导弹的整流罩，因为它的硬度小，软化点低，透过率随温度上升而急剧下降，不符合整流罩的要求。

11.6.1　红外光学材料的主要性能

对红外光学材料应当考虑其一系列的光学性能和理化性能，光学性能有：① 光谱透过率和它随温度的变化；② 折射率和色散以及它们随温度的变化；③ 自辐射特性。其理化性能有：① 机械强度和硬度；② 密度；③ 热导率和热膨胀系数；④ 比热；⑤ 弹性模量；⑥ 软化温度和熔点；⑦ 抗腐蚀、防潮解能力。

红外光学材料最重要的性质之一就是它的光谱透过率。任何光学材料都只有在某一个或几个波段内有较高的透过性能。所选择的光学材料首先要在所使用的光谱区域内具有良好的透过性，同时折射率和色散是红外光学材料的另一重要特性。不同的用途，对折射率有不同的要求。例如，用于制造窗口和整流罩的红外光学材料，为了减少反射损失，要求折射率尽可能低一些；用于制造高放大率、大视场角光学系统中的棱镜、透镜及其他光学部件的材料则要求折射率高一些，例如浸液透镜的光学增益与折射率成正比。有时为了消色差或其他像差，需要使用不同折射率和色散的材料做成复合透镜，尽可能校正光学系统中的像差。同时光学材料的机械强度和硬度、抗腐蚀、防潮解能力等化学稳定性对其实际使用也有重要的意义，在光学系统的实际设计中必须同时兼顾。

11.6.2　红外光学材料的特点

在实际设计的过程中，往往需要考虑环境、温度、像差对系统的影响，以及材料本身的稳定性。因为某些材料虽然在红外波段透明，但由于结构不稳定、不能够进行加工、材料内部杂质较多等多方面因素的影响，所以很多红外材料无法真正运用到红外系统中，现有的红外材料有如下几个特点：

（1）种类有限。

通常的红外光学材料具有光学均匀性差、机械性能不好、易碎、易潮解等缺陷，能够满足使用条件且能够加工的常用材料仅有十几种，所以可使用的红外光学材料种类非常有限。半导体族红外光学材料、某些氧化物晶体、碱卤化合物以及一些人工合成的新型材料包括了红外光学材料的基本种类。

（2）温度稳定性低。

由于红外光学系统的被动性及全天候性，使其在军事领域中的应用较为广泛。军用装备多使用在恶劣的环境条件下，如可能处于爆炸产生的热气流中或在极寒气候条件下进行探测，环境温度时刻发生变化，并且变化范围很大。因此，还需要考虑系统的温度稳定性，必要时还需要对系统进行无热化设计。一些温度稳定性低的材料，在选择时应尽量避免。红外光学材料的温度系数是可见光的 10 倍甚至 100 倍，其折射率随波段的变化也很大。

（3）价格昂贵。

对于红外光学材料而言，由于材料稀少，人工合成困难，其均匀性以及折射率的一致性都难以保证，所以红外光学系统的加工成本都非常高。在设计中，应尽量合理利用材料，合理设计透镜的厚度，以降低系统成本。另外，系统的横向尺寸等因素也都需要考虑。

（4）材料本身不利于加工。

大多数在红外波段应用的材料均不透过可见光，颜色发黄或发灰，这是红外光学材料的一个典型特点。

蓝宝石和石英晶体是天然的红外光学材料，红外波段透过率很好，因此许多光学系统都会使用这些材料。但是，天然材料硬且脆，在受到较强的外力时就会导致材料的破损，加工困难。又如，硒化锌材料本身材质较软，在加工的过程中很难一次成型，因此想要得到高加工精度的成品是很困难的。

11.6.3　红外光学材料的种类

随着红外技术的迅速发展，目前已能制造出上百种红外光学材料。但常用的只有十余种，可分为玻璃、晶体、热压多晶、透明陶瓷、塑料五类。

1. 红外光学玻璃

玻璃是由熔体经过冷却而获得的一种无定形物质。它是一种非晶体，称为固熔体或玻璃体。和其他红外光学材料相比，玻璃的优点是：光学均匀性好，易于熔铸成各种尺寸和形状的光学元件。玻璃的表面硬度大，易于加工、研磨和抛光。此外它对大气作用有较好的化学稳定性，其价格亦较低廉。玻璃的缺点是：在红外波段中的透射范围较窄，软化点较低，抗热冲击和机械冲击性能差，因而不能在长波和高温下使用。

目前，用于 $1 \sim 3 \ \mu m$ 波段的红外玻璃有二氧化硅、三氧化二硼、五氧化二磷、氧化铅等各种氧化物玻璃。用于 $1 \sim 5 \ \mu m$ 波段的有铝酸盐玻璃、锗酸盐玻璃、锑酸盐玻璃、碲酸盐玻璃、亚碲酸盐玻璃和稼酸盐玻璃等。例如，牌号为 F998 的锗酸盐玻璃，组分为 $BaO - Ti_2O - GeO_2 - ZrO - La_2O_3$，在 $1 \sim 5 \ \mu m$ 波段，平均透过率可达 80% 以上，熔点为 $1345℃$，软化点高于 $700℃$，具有良好的化学稳定性和热稳定性，可在红外火炮控制系统和红外航空摄影系统中使用。

用于 $1 \sim 14 \ \mu m$ 波段的有硫化物、硒化物、碲化物等硫族化合物玻璃。其中，最使人感兴趣的是锗砷硒玻璃，透过波段为 $1 \sim 16 \ \mu m$，是硫族化合物玻璃中软化点（$474℃$）和使用温度（$400℃$）最高的一种透红外玻璃。

2. 晶体

晶体是目前使用最多的红外光学材料。晶体的优点是：透射长波限较长（有的可达 $70 \ \mu m$），折射率和色散的变化范围大，物理化学性能多样化，因而能满足各种使用要求。不少晶体的熔点高、热稳定性好、硬度大，能满足特殊要求。晶体的缺点是不容易生产大尺寸的晶体，价格昂贵。晶体是制造窗口、透镜、棱镜的合适红外材料。但只有蓝宝石、融熔石英、硅等少数几种晶体能用来作整流罩。

3. 热压等方法制备的多晶红外光学材料

与单晶材料相比、多晶材料具有价格低，制备材料尺寸几乎不受限制，可制备成大尺寸及多种复杂形状的光学材料。而且由于制备技术的完善，其性能与单晶相差无几。热压法（HP）、物理及化学气相沉积法（PVD、CVD）是目前制备多晶材料常用的技术。

通常的多晶体，决定其透射特性的是吸收和散射。吸收可能起因于多晶体元素本身，包括电子吸收和声子吸收，也可能起因于杂质吸收。散射可以是由与多晶体本身折射率不同的杂质引起的，也可以是由微气孔引起的。微气孔可以存在于晶粒交界处，也可以存在于晶粒内部。热压或烧结制备多晶材料的关键就在于用高温高压消除杂质和微气孔的吸收及散射，这使多晶材料的光学特性主要取决于多晶体元素本身。

4. 红外透明陶瓷

通常的陶瓷，由于结构松散，体内存在大量的微气孔，散射十分严重，因此都是不适合可见光和红外辐射的。但是，如果在真空条件氢气氛、氧气氛下进行热压或烧结，并在烧结过程中控制晶粒的生长，那么就有可能排除所有微气孔，获得高密度的红外透明陶瓷。和热压技术相比，在烧结工艺消除微气孔的机理中，除范性形变效应外，更主要的还有固相扩散效应，从而最大限度地降低自由能，形成一个稳定的透明陶瓷体。

5. 塑料

塑料是一种无定形态的高分子聚合物。它在近红外和远红外有良好的透过率，可作在较低温度下使用的窗口和保护膜，少数塑料可作透镜，但不能作整流罩。塑料是高分子聚合物，分子的振动和转动吸收带以及晶格振动吸收带正好在中红外波段。因此，在中红外波段，塑料的透过率很低。有机玻璃能透过可见光和近红外光，可作保护膜和窗口用。聚乙烯不透可见光，但对远红外的透过率很高，是一种常温下使用的远红外光学材料。

6. 常用的红外光学材料

常用的红外光学材料有：Ge、Si、ZnSe、ZnS、AMTIR.1、AMTIR.3、KRS5、GaAs

等，部分红外材料的主要性能如表 11-1 所示(注意：由于工艺过程不同，各厂家或同一厂家不同红外材料的特性参数也不完全相同)。

表 11-1 部分红外材料的主要性能

特性参数 \ 材料	Ge	Si	ZnSe	ZnS(BROAD)	GaAs	AMTIR.1
透射范围/μm	2.12	1.36.11	0.55.18	0.42.18.2	2.5.14	1.14
折射率(4 μm)	4.0250	3.4253	2.4332	2.2525	3.3070	2.5144
折射率(10 μm)	4.0043	3.4178	2.4064	2.1999	3.2781	2.4975
阿贝数(3~5 μm)	107.27	237.8	176.9	109.87	146	199.3
阿贝数(8~12 μm)	770.4	—	57.4	22.8	106	113.4
热膨胀系数/(10^{-6}/℃)	6.1	4.2	7.7	7.0	5.74	12
dn/dT(1/℃)	0.000396	0.000150	0.000060	0.0000433	0.000149	0.000072
吸收系数/cm^{-1}	<0.03	<0.01	<0.001	0.2	—	0.01
特点和用途	较昂贵，软，可用于窗口和输出耦合镜	性能好，可用于红外窗口和光学滤光片的基片	昂贵，低色散，透过波段短，用于红外窗口和光学元件	性能好，尺寸大，可用于整流罩、窗口	可用于 CO_2 激光器窗口	光学均匀性好，热膨胀率低，用于夜视系统窗口材料

通过分析表 11-1 可知，每种红外光学材料只可在某一个大气窗口应用，只有极少数的材料能透过两个波段。

近红外波段材料有：氟化钙、氟化钡、二氧化硅和硒化锌等。

中波红外常用的材料有：锗、硅和硫化锌。氟化钙和氟化钡虽然也可以使用，但应用极少。

长波红外常用的材料有：锗、硫化锌、硒化锌和锗砷硒混合新型材料。

最为常用的红外光学材料是锗晶体(Ge)，分为单晶锗和多晶锗。多晶锗的制造比单晶锗要容易一些，价格也较低，但多晶锗由于颗粒边界处的杂质造成了其折射率的不均匀性，从而影响系统的成像性能。因为红外系统对像质和透过率的要求都很高，所以在设计的过程中首选单晶锗。由于其性质稳定，在红外中波段及红外长波段都有较好的透过率，所以应用较为广泛。考虑到像差的校正，锗用于这两个波段校正像差时的方法是不同的。对于红外长波，锗材料常常用于正光焦度的光学元件；对于红外中波，锗材料常常用于负光焦度的光学元件。这是因为锗这种材料的色散系数随波长变化很大，中波时阿贝数(色散系数的倒数)为 107.27，长波时阿贝数为 770.4，相差很大。在系统设计及像差校正时，也要考虑锗这种材料的光学特性。首先，锗在中波波长为 4 μm 时的折射率是 4.0250，在长波波长为 10 μm 时的折射率为 4.0043。这种高折射率的材料对像差的校正是有利的，所以红外系统中锗的应用非常广泛。其次，锗的折射率随温度的变化系数 dn/dT 是普通玻璃的 100 倍左右，且对温度的变化十分敏感，所以设计时要考虑红外系统工作条件，必要时对系统进行无热化设计才能保证系统的良好像质。由于锗在高温下具有吸收性，因此不便在高温环境下使用。此外，锗材料质地坚硬易碎，要特别注意锗材料透镜的加工和装配。轻微外力、受热不均匀或者受力不均匀都有可能导致加工好的透镜崩边或者碎裂，以致不能使用，使得光学系统成本急剧上升。为了保护锗透镜，可在其周围涂上软质黏性物质起到缓冲、保护的作用。

锗(Ge)透镜的折射率很高，为了与锗透镜匹配消除光学系统中的热差和色差，AMTIR族材料应运而生。它们是以近似 33∶12∶55 的比例由三种红外光学材料锗、砷和硒配合生产出来的玻璃质材料，共有 AMTIR.1～AMTIR.6 等六种材料，比例各不相同。常用的 AMTIR 族材料有 AMTIR.1 和 AMTIR.3 两种。AMTIR 族材料对于整个红外波段都有良好的透过率，其折射率和阿贝数较小，与锗材料配合使用可以消除色差。

硅(Si)是一种化学惰性材料，其硬度高、不溶于水、导热性好、密度低，在 $1～7~\mu m$ 波段有很好的透光性能。硅常用于 $3～5~\mu m$ 的中红外波段，在 $8～12~\mu m$ 的长红外波段存在吸收，其价格比 Ge 便宜很多。硅折射率也很大，略比锗的折射率低，有利于像差的控制。

硫化锌(ZnS)是一种无色透明的晶体，含有杂质时才会变色，根据杂质含量大小呈现深浅不一的黄色。目前硫化锌的制备工艺采用化学气相沉积(CVD)方法。若再经过一次热等静压处理后，就可得到多光谱硫化锌，这种方法制备出的材料透过率更好。虽然硫化锌的短波截止波长为 $0.35~\mu m$，但 CVD 硫化锌在可见光波段是不透明的。由于其材料夹杂氢，使得透过率下降，中等厚度($6~mm$)的硫化锌在 $3～5~\mu m$ 波段的透过率小于 70%，在 $8～12~\mu m$ 波段的透过率可达到 72%，故其通常不用于中波红外波段。

硒化锌(ZnSe)是一种淡黄色的透明晶体，在部分可见光波段和整个红外波段的透过率可达 71% 以上，因此可用于红外双波段光学系统。它的制备方法与硫化锌材料相同，但硒化锌质地较软，加工时要特别注意。硒化锌杂质较少，吸收系数较小，常用于制作需要尽量降低能量损失的大能量激光器。

11.7　红外探测器

红外探测器的种类很多，分类方法也很多。例如：根据波长，可分为近红外(短波 $0.76～3~\mu m$)、中红外(中波 $3～5~\mu m$)和远红外(长波 $8～13~\mu m$)探测器；根据工作温度，又可分为低温、中温和室温探测器；根据用途和结构，还可分为单元、多元和凝视型阵列探测器等。在光电成像系统中，红外探测器主要用来完成红外入射辐射到电信号的转换，所以它可以是成像型的，也可以是非成像型的。因此，按工作转换机理，可分为制冷型(基于光子探测)和非制冷型(基于热探测)。红外焦平面器件(IRFPA)就是将 CCD、CMOS 技术引入红外波段所形成的新一代红外探测器，是现代红外成像系统的关键器件。

11.7.1　热探测器

热探测器吸收红外辐射后，使敏感元件温度上升，引起与温度有关的物理参数的变化，如温差电动势、电阻率、自发极化强度、气体体积和压强等。测量这些变化，就可以测量出它们吸收的红外辐射的能量和功率。这类探测器有热敏电阻、热偶、热释电探测器等。

11.7.2 光子探测器

某些固体受到红外辐射照射后，其中的电子直接吸收辐射而产生运动状态的改变，从而导致该固体的某种电学参量的改变，这种电学性质的改变统称为固体的光电效应（内光电效应）。根据光电效应的大小，可以测量被吸收的光子数。利用光电效应制成的红外探测器，称为光子探测器。目前，热成像系统主要利用光子探测器，因为无论在响应的灵敏度方面或是响应速度方面，光子探测器都优于热探测器。光子探测器又分为光电子发射探测器、光电导探测器、光伏探测器、光磁探测器和量子阱器件等。

11.7.3 红外焦平面器件

红外焦平面器件（IRFPA）建立在材料、探测器阵列、微电子、互连、封装等多项技术基础之上，通常工作于 $1 \sim 3~\mu m$、$3 \sim 5~\mu m$、$8 \sim 12~\mu m$ 的红外波段，并可探测 300K 背景中的目标。红外焦平面器件的分类方法很多，按照结构，可分为单片式和混合式；按照读出电路，可分为 CCD、MOSFET 和 CID 等类型；按照制冷方式，可分为制冷型和非制冷型。

1. 制冷型红外焦平面阵列探测器

制冷型红外焦平面成像阵列探测器采用窄禁带半导体材料，如 HgCdTe、InSb 等，利用光电效应即可实现红外光信号向电信号的转换。为了提高红外系统的探测灵敏度，通常使探测器在较低的温度下工作，一般不高于 77K。

InSb 是一种比较成熟的中波红外探测器材料。InSb 型红外焦平面器件是在 InSb 光伏型探测器基础上，采用多元器件工艺制成焦平面阵列，然后与信号处理电路进行混合集成。

HgCdTe 是目前最重要的红外探测器材料，研制与发展 HgCdTe 型红外焦平面器件是目前的主要研究方向。通常 HgCdTe 型红外焦平面器件是由 HgCdTe 光伏探测器阵列和 CCD 或 MOSFET 读出电路通过铟柱互连而组成混合式结构。

硅肖特基势垒红外焦平面器件的像素目前可达 $17\mu m \times 17\mu m$，已广泛应用于近红外与中红外波段的热成像。它是目前唯一利用已成熟的硅超大规模集成电路技术制造的红外传感器，代表了当今应用于中红外波段的大面阵、高密度红外焦平面器件的最成熟工艺。

2. 非制冷型红外焦平面阵列探测器

制冷型红外焦平面阵列探测器由于其制冷器/机的存在，限制了热像仪的价格、体积、重量和可靠性。因此，研制不需要制冷的红外焦平面探测器就成为人们关注的一个焦点。从 20 世纪 70 年代末，美国等国家秘密开展了非制冷型红外焦平面探测器的研制，到 90 年代初公开，美、英等国的非制冷型红外焦平面探测器已经进入生产。与制冷型红外探测器相比，非制冷型红外探测器不需要在系统中安装制冷装置，体积较小、重量较轻，且功耗较低。此外，与制冷型光子探测器相比，它可提供更宽的频谱响应和更长的工作时间。因此，非制冷技术能为军事用户提供成本低、可靠性更高的高灵敏传感器。

目前，美国、法国、英国和日本的非制冷型红外探测器研制生产水平居世界领先地位。英国 BAE 公司正在研制生产 PST 锆钛酸铅 BST 钛酸锶钡混合结构的热释电型陶瓷探测器，单元式结构探测器正在研制中。

非制冷型红外成像系统在价格、可靠性、体积、功耗等方面的优势大大扩展了其使用范围。在军事上，非制冷型红外成像系统适合陆军的轻武器使用，如单兵侦察、夜间驾驶、轻武器瞄具等，在微小型手持式热像仪和制导方面也有很好的应用。但是，非制冷型红外探测器在灵敏度方面至今无法满足所有军事应用的要求，因此其应用仍然存在一定的限制，这时更多采用的是制冷型探测器。表 11 - 2 给出了国外典型非制冷型红外探测器的性能参数。

表 11 - 2　国外典型非制冷型红外探测器的性能参数

混合结构型 BST 铁电型探测器	美国雷声公司 W1000 系列	用于轻型武器热瞄具（LTWS）、驾驶员视力增强器（DVE）、手持式热像仪和车载式驾驶仪，质量为 1.7 kg，探测距离为 550 m
薄膜铁电型探测器（TFFE）		分辨率为 320 像素×240 像素，像素尺寸为 48.5 μm×48.5 μm，NETD 为 90.170 mK，填充因子为 55%
VOx（氧化钒）电阻型探测器	美国 DRS 公司 U3000/U4000 型	这种非制冷型微辐射热计红外探测器用于武器观瞄，已装备美陆军。分辨率为 320 像素×240 像素，FPA 像素尺寸为 51 μm×51 μm，工作波段为 8.12 μm，NETD（U3000）为 64.75 mk，质量为 1.36 kg
	美国 DRS 公司 LTC650™	分辨率为 640 像素×480 像素 FPA，像素尺寸为 28 μm×28 μm，NETD<0.1，质量为 2.4 kg
	美国 DRS 公司 U6000 型	分辨率为 640 像素×480 像素 FPA，像素尺寸为 25.4 μm×25.4 μm
	美国雷声公司	分辨率为 640 像素×480 像素 FPA，像素尺寸为 25 μm×25 μm，热响应时间为 10 ms，NETD 为 35 mK（平均）
α - Si（非晶硅）电阻型探测器	美国雷声公司	分辨率为 160 像素×120 像素 FPA，像素尺寸为 46.8 μm×46.8 μm，NETD<100 mK
	法国 Sofradir UL01011 型和 UL01021E 型	内装恒温装置，分辨率为 320 像素×240 像素 FPA，像素尺寸为 45 μm×45 μm，填充因子>80%，NETD 分别为 90 mK 和 100 mK

非制冷型红外成像系统在商业和民用方面的需求量也在逐年增加，广泛用于电力、消防、工业、医学、交通、公安和海关等很多领域。由于价格因素，制冷型红外成像系统在这些领域的竞争力明显不如非制冷型红外成像系统。尤其在 2003 年春季的预防"非典"过程中，用于红外测温仪的非制冷型红外成像系统发挥了巨大作用。

3. 多量子阱（MQW）IRFPA

多量子阱（MQW）IRFPA 是一种正在研究的新型红外焦平面器件，很多相同量子阱叠加就组成了多量子阱（MQW）材料。由量子阱构成的探测器，其探测机理不同于通常的半导体，它是依靠发生在子带间的电子跃迁在外场作用下运动形成光电流的。由于子带间的能隙较窄，适宜于制作长波红外探测器。多量子阱红外焦平面阵列探测器具有材料稳定性好、抗辐射能力强、均匀性好的优点。

第12章 激光扫描光学系统设计

激光扫描系统可以使某种信息通过光调制器对激光束调制后，经光束扫描器 $f\theta$ 透镜把激光聚焦在接收器上，形成一维、二维或三维扫描图像。目前已广泛用于激光条码扫描、标刻机、印刷机、激光传真机、导弹跟踪瞄准、三维尺寸测量、激光光盘刻录、集成电路激光图形发生器及激光扫描精密计量等激光扫描精密设备。

激光扫描系统由光调制器、光束扫描器、$f\theta$ 透镜构成。激光首先通过光调制器进行调制，然后通过光束扫描器在空间改变方向，再经 $f\theta$ 透镜在接收屏上成一维或二维图像，来实现扫描作用。光束扫描器是激光扫描系统中实现空间扫描的重要组成部分，扫描器的种类较多，目前普遍使用旋转多面体作为光束扫描器，图 12.1 所示的就是一种典型的旋转多面体扫描器。多面体一般为正六面体，在电机带动下匀速旋转，激光束被多面体反射后，经 $f\theta$ 透镜聚焦为一个微小的光斑投射到接收屏上。电机工作时，多面体的每个反射表面使接收屏上产生的扫描线都是按 x 轴正方向往复移动的。如果想在 y 轴方向获得扫描效果，接收屏本身可以按途中 y 轴方向以给定的速度匀速移动。

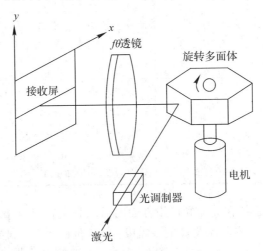

图 12.1　旋转多面体扫描器

12.1　光　束　扫　描　器

激光扫描装置中的核心器件之一是光束扫描器。它可以是旋转多面体，声光、电光或磁光偏转器，检流计，振镜和全息光盘衍射偏转器等。表 12－1 给出了各种光束扫描器的类型及特点。

表 12 - 1　扫描器类型及特点

名称	外形简图	特　点	扫描视场	扫描效率	孔径效率	图像质量	多通道操作	扫描器惯性	基准源的采用
摆动平面镜		平面镜在一定范围内周期性摆动，不能实现高速扫描。可以作平行光束与会聚光束扫描器，扫描效率高，在会聚光束中扫描会产生散焦现象	窄	高	高	不好	可以	小	中等
旋转平面镜		可以绕 3 个正交轴中的任何一个旋转，以达到不同的扫描要求。扫描器结构简单，但扫描效率低	宽	低	高	可以	不行	中等到大	良好
旋转折射棱镜		通过横向移动会聚光束进行扫描，能做串联系统设计。扫描运动连续平稳，机械结构简单，棱镜尺寸较小，利用斜的棱镜表面容易获得隔行扫描，扫描效率低，焦点有明显轴向位移，在入射角大时，反射损失大	有限	较低	低	可以	可以	中等到大	中等
旋转反射棱镜		运动连续平稳，准确度高，可以实现高速扫描，扫描效率较高（与面数有关），结构尺寸大，孔径效率低	宽	较高（与面数有关）	低	可以	可以	中等到大	中等
旋转折射光楔		这是一种灵活的扫描器，必须用于平行光束中，否则会导致严重的像差。该扫描器对帧与帧、线与线的定型，要求严格控制角速度	有限	与楔形的形状有关	高	不好	可以	中等到大	不行

　　在非接触式测量系统中，目前几乎都采用多面体旋转的扫描方式。多面转镜的加工要求非常严格，聚焦光斑直径与反射面的平面度有关，扫描线的位置正确度同样受反射镜面的位置准确度的影响。为了降低光学加工成本，多面旋转体也可采用铝、铜等材料，通过超

精密切削机械加工而成。

12.2 扫 描 方 式

按扫描器相对于透镜的位置，扫描方式可分为透镜前扫描和透镜后扫描。

1. 透镜前扫描

透镜前扫描的光束扫描器位于透镜前，激光束经光束扫描器反射后，入射到聚焦透镜的不同位置，经透镜聚焦后，在其焦面上形成扫描直线实现扫描，因此透镜前扫描具有很高的扫描质量。这种聚焦透镜应该是一个大视场、小相对孔径的物镜。这类聚焦透镜称为 $f\theta$ 透镜，其焦距 f 长，视场 θ 大，所以在像差校正时，需要重点校正视场像差。其结构形式通常有单块非球面元件和双透镜式。图 12.2 给出了透镜前扫描示意图。

2. 透镜后扫描

透镜后扫描的光束扫描器位于聚焦透镜后的会聚光路中，光束扫描器转动时，焦点在工作面附近做圆弧运动。这类透镜一般是小视场、小相对孔径的物镜，口径比透镜前扫描透镜口径小很多，因此在物镜设计时，仅需校正轴上球差与正弦差，但扫描质量不高。图 12.3 给出了透镜后扫描原理图。从该原理图可知：转镜工作时，扫描点形成的扫描轨迹并非平面，它与工作面只在中心点 C 处才是重合的，其余各位置处扫描轨迹与工作面并不重合，而且在工件边缘 A 处两者分离最远。转镜的旋转半径越小，两者分离越远，反之亦然。在弓箭边缘处，光线会聚于 A' 点后，又发散到达弓箭边缘点 A 处，形成一个较大尺寸的光斑，这样会造成能量密度降低或信息失真。

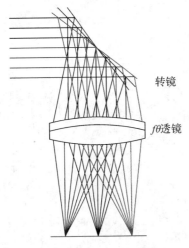

图 12.2 透镜前扫描示意图

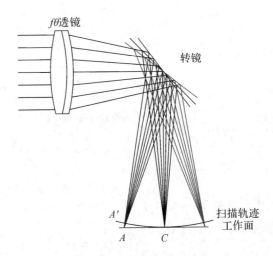

图 12.3 透镜后扫描示意图

12.3 $f\theta$ 透镜的特性

$f\theta$ 透镜必须使像高与扫描角呈线性关系，所以又称为线性成像透镜。它具有以下特性。

（1）激光束经恒定转速的光束扫描器反射后，通过 $f\theta$ 透镜在像面上会聚成相对应的像点，如图 12.2 和图 12.3 所示，理想像高与扫描角 θ 保持线性关系，即

$$y' = -f' \cdot \theta \tag{12.1}$$

但是，对于大部分光学系统，其理想像高为

$$y' = -f' \cdot \tan\theta \tag{12.2}$$

由式（12.2）可知，透镜所成理想像高与扫描角 θ 之间不是线性关系，即光束经过固定转速的扫描器反射所成的角度和在像面上像点的移动速度之比不是常数。为了保证扫描的稳定性，必须保证在像面上通过透镜聚焦的像点能匀速移动。因此，需要使 $f\theta$ 透镜产生一定的桶形畸变（负畸变），即 $f\theta$ 透镜的实际像高应小于用几何光学方法确定的理想像高。两者之间的畸变量为

$$\Delta y' = -f' \cdot \theta - (-f' \cdot \tan\theta) = f'(\tan\theta - \theta) \tag{12.3}$$

相对畸变须满足

$$q_{f\theta} = \frac{y' - f' \cdot \theta}{f' \cdot \theta} < 0.5\% \tag{12.4}$$

透镜系统具备上述性质后，激光经以固定转速的光束扫描器反射，再由透镜聚焦在像方，可以获得匀速扫描，其像高为 $y' = f \cdot \theta$，通常把这种线性成像透镜称为 $f\theta$ 透镜。

（2）由 $f\theta$ 透镜应用的工作特点可知，其波长为单色光，为保证扫描质量要求，整个像面应成平面且像质一致，满足等晕条件。这样，在像差校正时，必须使波像差小于 $\lambda/4$，并同时校正系统的场曲，只有这样才能实现等晕成像，使得轴外和轴上像质一致，并且还能提高照明均匀性。场曲校正需符合

$$\sum \frac{\phi_i}{n_i} = 0 \tag{12.5}$$

式中，n_i 为第 i 片透镜材料的折射率；ϕ_i 为第 i 片透镜的光焦度。由式（12.5）可知，场曲的校正需要正负透镜彼此分离。

由于 $f\theta$ 透镜相对孔径小，所以球差和彗差不大，对像质的影响并不严重。扫描系统应用单色波长激光作为光源，所以在 $f\theta$ 透镜设计优化时不需要校正色差。

有上面分析和像差理论可知，$f\theta$ 透镜设计优化时必须引入桶形畸变、校正场曲，还需要重点考虑的单色像差就是像散。

（3）透镜前扫描的激光扫描系统属于像方远心光路。扫描器置于 $f\theta$ 透镜的物方焦点处，从而使主光线经扫描器扫描后的光束通过 $f\theta$ 透镜后平行射出，主光线在像面上的交点高度不变，以保障扫描精度。

12.4　$f\theta$ 透镜参数确定

1. 激光扫描系统中的 F 数

激光扫描系统采用高亮度的激光作为光源，所以其 F 数确定时，不像普通摄像物镜一样由光照度确定，而是由像面所成扫描光点的尺寸来确定。当光学系统的几何像差非常小，可以忽略时，像质由衍射极限限定，即像点尺寸由衍射斑的直径所决定。衍射斑直径 d 与相对孔径 D/f' 之间的关系为

$$d = \frac{K\lambda}{D} \cdot f' = K\lambda F \qquad (12.6)$$

式中，D 为入射光瞳的直径；K 为波数，其值约为 1.3。若通光孔径为圆孔，则衍射光斑为艾里斑，其直径为 $d = 2.44\lambda F$。

2. 激光扫描系统的焦距

激光扫描系统的焦距由要求扫描的像点排列的长度 L（视场 $2y'$）和扫描角度 θ 决定，即

$$f' = \frac{L}{2\theta} = \frac{y'}{\theta} \qquad (12.7)$$

由式(12.7)可以看出，当 y' 一定的时候，f' 与 θ 成反比关系。如果 f' 太大，容易使由扫描器反射表面的不平整而引起的扫描失真非常明显，不利于高精度的扫描；如果 θ 很大，会增加系统的像差，进而增加了透镜结构的复杂性，加大了光学系统设计的难度。因此，对 f' 与 θ 合理的取值使很重要的。

大多数线性成像物镜属于小相对孔径(一般 F 数为 5.20)、中等视场的远心光路系统。线性成像透镜的设计，要求具有一定大小的负畸变，在整个视场上有均匀的光照度和分辨率，不允许轴外渐晕的存在，并达到衍射极限性能。玻璃材料的性能与透镜表面面型的精度要求比一般透镜更为严格。

第13章　变焦光学系统设计

13.1　变焦系统的原理

变焦距系统是指焦距在连续改变的过程中，而像面保持不动，成像质量保持良好的系统。系统焦距的变化有两个极限值，称为长焦距与短焦距，两者之比叫做变倍比，也叫做倍率，其表达式为

$$\Gamma = \frac{f'_{\max}}{f'_{\min}} \tag{13.1}$$

公式中：$f'_{\max}$ 为系统在长焦状态下的焦距；$f'_{\min}$ 为系统在短焦状态下的焦距。

如果整个透镜包含 k 个透镜组，由几何光学知识可以得出，系统的组合焦距为

$$f' = f'_1 \beta_2 \beta_3 \cdots \beta_k \tag{13.2}$$

公式中：f' 为整个系统的组合焦距；f'_1 为第一透镜组的焦距；β_i 为第 i 个透镜组的垂轴放大率，$i = 2, 3, \cdots, k$。

由公式(13.2)可以看出，$\beta_2 \beta_3 \cdots \beta_k$ 的改变，使得 f' 改变。

在最初状态时，各透镜组的垂轴放大率的乘积为 $\beta_2 \beta_3 \cdots \beta_k$，当各透镜组到达一个新位置，此时满足变倍比要求，各透镜组的垂轴放大率的乘积为 $\beta_2^* \beta_3^* \cdots \beta_k^*$，此时变倍比为

$$\Gamma = \frac{\beta_2 \beta_3 \cdots \beta_k}{\beta_2^* \beta_3^* \cdots \beta_k^*} \tag{13.3}$$

通常焦距变化时，系统的相对孔径保持一定。但是对于高倍率的光学系统，在某些情况下(比如规定的外形整体尺寸)，减小二级光谱等具体指标，也可以使光学系统在长焦距状态使用小相对孔径。(采取变化的 F 数，F 数为相对孔径的倒数)。改变焦距可以使系统的放大倍率也连续改变，使接收面上的图像可以连续地放大和缩小，使观察者可以看到由远到近或者相反感觉的连续图像。

理想的变焦距系统的特点应该是高倍率、小 F 数、视场角广、自动变焦。且希望其成像质量可以与定焦距镜头相媲美的同时，体积小巧，质量轻便。但是这些要求不能同时满足，有些是相反的。由于需求的不同，对变焦系统进行分类。

13.2　变焦系统的分类

要想使变焦物镜的总焦距改变，通常是通过改变一个透镜组与另一个透镜组之间的距离来实现。当透镜组位置改变时，像面的位置也随着改变。对于像面位置的改变我们要进行补偿。由于补偿组的不同，产生了光学补偿和机械补偿两种类型。光学补偿一般包括前

固定单元(调焦部分)、变焦单元、后固定单元；机械补偿也包括前固定单元、变焦单元、后固定单元。

1）光学补偿系统

光学补偿法中不同透镜组做同方向等速度的移动，这样用简单的连接机构把透镜组组合在一起做线性运动就可以了。当焦距改变时，因为运动组分是方向相同速度相同的，所以它们之间的间隔不发生变化，但是移动透镜和固定的透镜的间隔会发生变化，因此这也属于改变各个组分间的间隔来实现焦距的变化。如图 13.1 所示，就是光学补偿法变焦物镜。

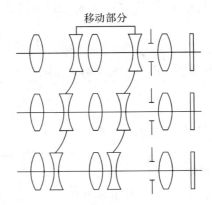

图 13.1　光学补偿方法

光学补偿法，按照第一透镜组为正透镜组或者为负透镜组来分可以分为两类。另外，在光学补偿法中，按照不包括后固定透镜组还有几个组来分可以分为三透镜变焦系统、四透镜变焦系统等。

这种补偿法的物镜，只有在各个透镜组处在某些固定的位置，才可以保证成像质量，它的焦距是离散的，不可以连续改变，因为这些特点，它的应用并不广泛。

2）机械补偿系统

机械补偿的运动组元间的移动规律不都是线性变化，而是比较复杂的移动，可以在像面位置不变的情况下，使系统的焦距连续改变，提高成像质量。为了使各个运动组元能够准确移动，需要有很精确的凸轮结构作为支持，机械工艺的不断提升，使加工高精度的凸轮成为可能，因此机械补偿的光学系统应用越来越广泛。如图 13.2 所示，即为机械补偿方法。

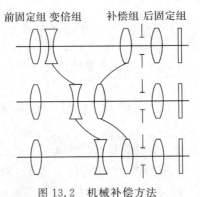

图 13.2　机械补偿方法

机械补偿法包含以下五种类型。

（1）无前固定组变焦系统：如图 13.3 所示，第一组为正透镜，第二组为负透镜，两组透镜沿光轴移动实现变焦，一般第二透镜组按线性变化，前面的组分按曲线变化，使得像面位置不变，一般在物距恒定时使用此种变焦方法。

（2）正组补偿变焦系统：如图 13.4 所示，它依次由前固定组、变倍组、补偿组和后固定组构成。变焦部分包括：前固定组、变倍组和补偿组。前固定组在系统焦距发生变化时保持不动，只有在调焦时前固定组才移动。第二组分是变倍组，它由负透镜构成，第三组分是补偿组，它由正透镜构成。补偿组为正透镜称为正组补偿。

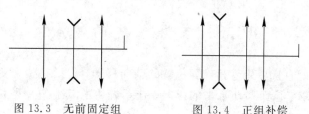

图 13.3　无前固定组　　　　　图 13.4　正组补偿

（3）负组补偿变焦系统：负组补偿是第三组分补偿组为负透镜的变焦系统，如图 13.5 所示。负组补偿的组成与变化规律与正组补偿变焦距系统类似。

（4）双组联动变焦系统：如图 13.6 所示，此类系统由可调焦的前组加变焦单元，和后固定组构成。变焦单元由 2、3、4 组成，分别为正透镜组、负透镜组、正透镜组。负透镜组作为前组，实现调焦。变焦单元中，第二组分正透镜和第四组分正透镜连接在一起，运动规律相同。既可以做线性移动，也可以做曲线移动。变焦单元中负透镜 3 做相应的移动，使焦距变化的过程中像面保持不变，且质量良好。光学和机械两种补偿方式相组合就产生了双组联动型变焦方式。

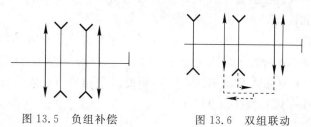

图 13.5　负组补偿　　　　　图 13.6　双组联动

（5）全动型变焦系统：如图 13.7 及图 13.8 所示，各个透镜组在焦距改变时都发生移动，这种方法可以使系统尺寸变短，倍率变大，使系统整体性能得到显著改善，有利于机械结构向小型发展。

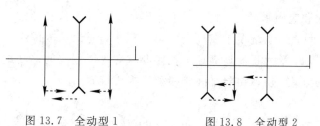

图 13.7　全动型 1　　　　　图 13.8　全动型 2

选择什么样的变焦结构要根据需要来定，选择的原则是充分发挥系统的利用效率，节约经济成本。表 13-1 为各种变焦方式的比较，对不同变焦类型在成像特点、机械结构、系统长度等方面进行了比较。使用时按照所需求系统的不同进行挑选。

表 13 - 1　各种变焦方式的比较

变焦结构	像面稳定	变倍比	机械结构	系统长度	像质
光学补偿	只能在几个位置实现变焦	小	线性运动，无需凸轮	长	一般
机械补偿	完全稳定	大	一组线性、一组非线性，凸轮	一般	好
双组联动	完全稳定	大	两组线性、一组非线性，凸轮	较短	好
全动型	完全稳定	大	线性、非线性混合，多组凸轮	短	好

13.3　变焦系统的特点

组分间隔改变的直接后果就是像面位置的轴向移动，为了在整个变焦过程中使像面清晰稳定，就要尽量减小像面移动带来的影响，让系统中的其他组分做相对运动，用以补偿像面所产生的位移。变焦距光学系统在使用中要满足以下要求：

（1）整个变焦过程必须保持像面稳定。

我们可以在两个层面考虑为什么要在变焦过程中像面保持稳定。首先要使像面的轴上绝对位置不发生改变，再次无论系统的焦距变化到什么程度，像面尺寸以及像高大小也必须保持不变。变焦距系统的像面发生偏移后，将会直接影响到系统的成像质量，出于对成像质量的考虑，必须保持像面的相对稳定。

（2）相对孔径基本保持不变。

由于系统的相对孔径在能量层面表征着像面的照度，像面照度的改变势必会影响到这个系统的成像质量和性能，所以必须保持系统相对孔径不变。一般情况下，变焦系统把孔径光阑设置在后固定组上，上述做法是保证像面照度不变化的有效手段。如果没有采纳上述分析，即孔径光阑并不设置于后固定组上，相应的处理办法是使孔径光阑能够进行位置和大小的调节，并且该调节过程能够随系统焦距的改变而进行实时调整，通过这样的方式也可以确保系统像面照度不发生改变。

（3）均匀连续地改变焦距。

系统焦距的变化范围必须在使用要求和硬件限定内、用系统的变倍比来表征，或者使用系统的最小焦距值和最大焦距值来表示。

（4）成像质量符合要求。

由于使用要求和应用领域的不同，对于变焦系统成像质量和评定的标准不同于一般成像光学系统，变焦距光学系统要求在整个变焦过程中，无论是成像质量还是像面位置都具有相当的稳定性。为了最大程度地满足于上述要求，变焦系统的移动组分的运动规律应尽量选取相对平缓的方式，使各组分之间的移动过程比较简洁。

13.4　变焦系统的几个重要规律

研究发现，要想满足变焦距光学系统的基本要求，在变焦过程当中，以下四个规律起到重要作用。

（1）通过各透镜组分之间距离的变化，来改变系统总的组合焦距。

通过高斯光学可以知道，由 φ_1 和 φ_2 两个组元构成的光学系统，如图 13.9 所示，其系统的组合光焦度为

$$\varphi = \phi_1 + \phi_2 - d \tag{13.4}$$

公式中：ϕ 为系统的组合光焦度；ϕ_1 为第一组元 φ_1 的光焦度；ϕ_2 为第二组元 φ_2 的光焦度；d 为第一组元 φ_1 和第二组元 φ_2 之间的距离。

因为第一组元和第二组元的光焦度是固定的，即 φ_1 和 φ_2 是固定的，所以想改变光学系统组合焦距，也就是组合光焦度 φ，只能通过两个组元间的距离变化来实现。因此，光学系统组合焦距变化主要是通过改变各个运动组元间的距离。

所以总结出：考虑变焦距光学系统的变倍单元 φ_2 和补偿单元 φ_3 的移动轨迹，可以补偿像面移动的几条曲线中相互间距离变化最快的曲线，就是使光学系统组合焦距变化最快的补偿路径。

如图 13.10 所示，补偿单元 φ_3 的移动轨迹可以是 2，也可以是 3。从图中看出，补偿单元沿 3 轨迹变化时，它与变倍单元之间的距离改变迅速，所以组合焦距改变迅速。但是，当补偿单元沿 2 轨迹变化时，它与变倍单元之间的距离改变缓慢。所以一般选取 3 路径作为补偿曲线。

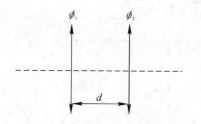

图 13.9　总焦距和距离图示

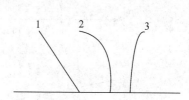

图 13.10　补偿曲线路径

（2）欲达到系统像面位置不变，要满足各个运动单元共轭距的变化量总和为零，保证像面的位置移动补偿，即

$$\sum \Delta L_i = 0 \tag{13.5}$$

公式中：ΔL_i 为第 i 个运动单元共轭距的变化量。

如图 13.11 所示，系统包括 φ_1 和 φ_2 两个运动单元。轴上点 A 经过 φ_1 和 φ_2 两个组分成像在 A'。φ_1 的共轭距为 L_1，φ_2 的共轭距为 L_2，组合共轭距是 $A\overline{A}'$，表达式为

$$A\overline{A}' = L_1 + L_2 \tag{13.6}$$

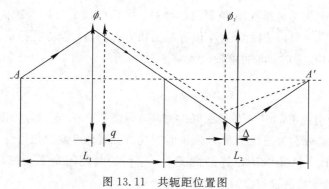

图 13.11　共轭距位置图

如果第一运动单元 φ_1 向右变化了 q，第一运动单元共轭距 L_1 变化量为 ΔL_1。要想保持像点不变，仍为 A'，此时第二运动单元 φ_2 要改变相应的距离 ΔL_2，来改变第二运动单元的共轭距 L_2，它的变化量是 $\Delta L_2 = -\Delta L_1$，这样像面位置不变。因此欲使成像位置不变，就要满足 $\sum \Delta L_i = 0$，使每个运动单元由于移动导致的共轭距的变化量可以完全相互抵消。方程式 $\sum \Delta L_i = 0$ 必须对所有运动单元求和。当运动单元的共轭距变化不满足上式时，成像位置不能保持稳定，存在剩余像面位置移动。

（3）物像交换原则。

对于任意一个组元来说，都有两个位置可以满足共轭距不变，也就是物面和像面之间的距离保持不变。

对单一组元来说，满足物像交换原则的两个位置如图 13.12 所示。

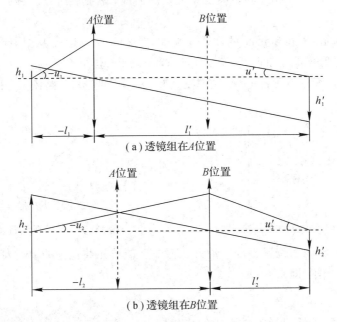

图 13.12　物像交换原则位置图

透镜组处于 A 位置时，它的垂轴放大率 β_1 表示为

$$\beta_1 = \frac{h_1'}{h_1} = \frac{l_1'}{l_1} = \frac{u_1}{u_1'} \tag{13.7}$$

公式中：h_1、h_1' 分别为透镜组在 A 位置时的物高、像高；l_1、l_1' 分别为透镜组在 A 位置时的物距、像距；u_1、u_1' 分别为透镜组在 A 位置时的物方孔径角、像方孔径角。

透镜组处于 B 位置时，它的垂轴放大率 β_2 表示为

$$\beta_2 = \frac{h_2'}{h_2} = \frac{l_2'}{l_2} = \frac{u_2}{u_2'} \tag{13.8}$$

公式中：h_2、h_2' 分别为透镜组在 B 位置时的物高、像高；l_2、l_2' 分别为透镜组在 B 位置时的物距、像距；u_2、u_2' 分别为透镜组在 B 位置时的物方孔径角、像方孔径角。

当透镜组处于 A 位置和 B 位置的情况下，它们的共轭距是不变的，满足物像交换规律。如果我们把物体的位置和像面的位置交换一下，即 $l_1' = -l_2$，$l_1 = -l_2'$，可以得到下面

的方程：

$$\beta_1 = \frac{l_1'}{l_1} = \frac{-l_2}{-l_2'} = \frac{1}{\beta_2} \tag{13.9}$$

透镜组在 A 位置时的倍率比上透镜组在 B 位置时的倍率，就是变焦比 Γ：

$$\Gamma = \frac{\beta_1}{\beta_2} = \frac{\beta_1}{1/\beta_1} = \beta_1^2 \tag{13.10}$$

这就表示：对任意透镜组，当透镜组从 A 位置变化到 B 位置时，它的共轭距不发生变化，垂轴放大率由 β_1 变为 $\beta_2 = 1/\beta_1$。所以我们发现，对任意组元都存在两个位置，在这两个位置时系统的共轭距不发生变化，也就是物体的位置和像面的位置保持不变，在这两个位置时，系统的倍率互为倒数，即物距和像距总和不变的情况下，物面与像面位置互换，这就是物像交换原则。

在变焦过程中，如图 13.13(a) 所示，在 t_1 时刻，φ_2 的物距和像距的总和为 L_2，φ_2 和 $\overline{\varphi}_2$ 是保持共轭距 L_2 恒定的两个物像交换位置。φ_3 的物距和像距的总和为 L_3，φ_3 和 $\overline{\varphi}_3$ 是保持共轭距 L_3 恒定的两个物像交换位置。如图 13.13(b) 所示，当处在 t_2 时刻，φ_2 的新物距和像距的总为 L_2'，φ_2' 和 $\overline{\varphi}_2'$ 为保持共轭距 L_2' 恒定的两个物像交换位置。φ_3' 和 $\overline{\varphi}_3'$ 是 t_2 时刻的物像交换位置。

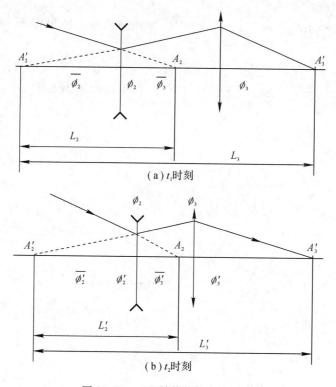

(a) t_1 时刻

(b) t_2 时刻

图 13.13　正组补偿物像交换过程

因此，在变焦光学系统中，在焦距发生变化时，任意活动单元任何时刻都存在物像交换的两个位置。如果把每一时刻的位置记录下来，做出移动曲线，则变倍组存在两条物像位置交换曲线，补偿组也存在两条这样的曲线。

物像交换原则的一些特点如下：

① 变焦距光学系统的每一运动单元每瞬间都存在两个使共轭距不变的物像交换位置，对任一运动单元都有成对的补偿曲线。

② 在这两个物像交换位置时，系统的倍率互为倒数，有：$\beta_1 = 1/\beta_2$。

③ 变倍比 $\Gamma = \beta_1^2$，即 $\beta_1 = \pm\sqrt{\Gamma}$，$\beta_2 = \pm\dfrac{1}{\sqrt{\Gamma}}$；

④ 整个系统在物像交换的两个位置上物距和像距总和保持恒定。

（4）运动组元在倍率 $\beta = -1$ 时，是讨论变焦距光学系统的关键点。

此时的共轭距最短，为 $L_{\min} = 4f'$。

由高斯公式我们知道，移动组元的共轭距与焦距、垂轴放大率的函数联系是：

$$L = l' - l = f'(1-\beta) - f'\left(\frac{1}{\beta} - 1\right) \tag{13.11}$$

得出：

$$L = f'\left(2 - \frac{1}{\beta} - \beta\right) \tag{13.12}$$

由式（13.12）可以看出，共轭距 L 与放大率 β 的关系是三条曲线综合作用的结果。第一个曲线是 $L = 2f'$，是与横坐标轴 β 轴平行的直线；第二个曲线是 $L = -\beta f'$，是过 $(0, 0)$ 点的直线；第三个曲线是 $L = -f'/\beta$，为图 13.14 中所示的双曲线。三个曲线综合作用的合曲线如图 13.14 所示，最小值取在 $\beta = -1$，这时的物距和像距的总和最短，为

$$L_{\min} = 4f' \tag{13.13}$$

可以得知，对于一个焦距是 f' 的光学系统，它的共轭距可以无限大。但是，最小的共轭距不能任意小，它是一个定值，即 $L_{\min} = 4f'$。要透镜组的共轭距小于 $4f'$ 是不符合规律的。

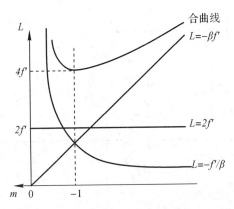

图 13.14　共轭距 L 和移动组倍率 β 曲线图

第 3 部分　Zemax 光学设计实例

第 14 章　Zemax 软件及光学设计实例

随着计算机技术的发展，光学自动设计软件的用户界面已经日趋完善，软件使用对用户的要求也越来越低。虽然像差自动校正软件可以极大地减轻设计者的劳动强度和时间，但它也仅仅是一个工具，只能完成整个设计过程中的一部分工作，而人工的智能干预判断更为重要。如果设计人员使用得当，可以加速设计进程和提高设计质量；如果使用不当，则不能发挥其效率。因此，设计者不仅需要一套强有力的光学计算机辅助设计(CAD)软件，还需要有丰富的像差理论知识和设计经验；不仅要懂得光学设计方面的基本知识，还要了解光学自动设计的原理以及光学 CAD 软件编程方面的有关知识。

1. Zemax 软件的特点

Zemax 是由美国焦点软件公司(Focus Software Inc)开发出来的一套光学设计软件。它有三个不同的版本，即 Zemax – SE(标准版)、Zemax – XE(扩展版)和 Zemax – EE(工程版)。Zemax 软件可以模拟并建立如反射、折射、衍射、分光、镀膜等光学系统模型，可以分析光学系统的成像质量，如各种几何像差、点列图、光学传递函数(MTF)、干涉和镀膜分析等。此外，Zemax 还提供优化的功能来帮助设计者改善其设计，而像差容限分析功能可帮助设计者分析其设计在装配时所造成的光学特性误差。

Zemax 的界面简单易用，只需稍加练习，就能够实现互动设计。Zemax 中的很多功能能够通过选择对话框和下拉菜单来实现，同时，Zemax 也提供快捷键以便快速使用菜单命令。

2. Zemax 的基本界面

1) 窗口类型

Zemax 软件中有许多不同类型的窗口，每种窗口完成不同的任务。Zemax 软件的窗口类型有以下种类。

(1) 主窗口：如图 14.1 所示，这个窗口有一大部分空白区域，其上方有标题框、菜单框、工具框。菜单框中的命令通常与当前的光学系统相联系，成为一个整体。

(2) 编辑窗口：其中有六个不同的编辑选项，即镜头数据编辑、评价函数编辑、多重结构编辑、公差数据编辑以及仅在 Zemax – EE 中有的附加数据编辑和非顺序组件编辑。

(3) 图形窗口：这些窗口用来显示图形数据，如系统图、光学扇形图、光学传递函数(MTF)曲线等。

(4) 文本窗口：用于显示文本数据，如指定数据、像差系数、计算数值等。

(5) 对话框：是一个弹出窗口，大小无法改变。这类窗口用于更改选项和数据，如视场角、波长、孔径光阑以及面型等。在图像和文本窗口中，对话框也被广泛地用来改变选项，例如，改变系统图中光线的数量。

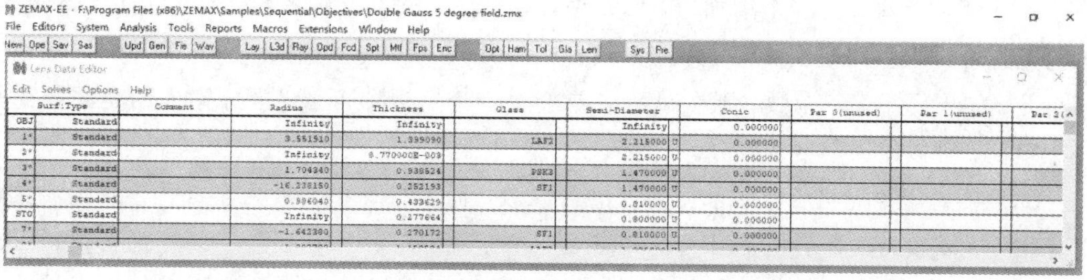

图 14.1　Zemax 软件主窗口

除了对话框，所有窗口都能通过使用鼠标或键盘按钮进行移动和改变大小。

2）主窗口的操作

主窗口中包括以下几个菜单选项。

文件（File）：用于文件的打开、关闭、保存、重命名（另存为）。

编辑（Editors）：用于调用（显示）其他的编辑窗口。

系统（System）：用于确定整个光学系统的属性。

分析（Analysis）：其中的功能不是用于改变镜头数据，而是根据这些镜头数据进行数字计算和图像显示分析。这些结果包括系统图、光学扇形图、点列图、衍射计算等。

工具（Tool）：该命令是可以改变镜头数据的，也可以从总体上对系统进行计算，包括优化、公差、样板匹配等。

报告（Reports）：用于提供镜头设计的相关文档，包括系统综合数据、面型参数以及图像报告等。

宏（Macros）：用于编辑运行 ZPL 宏。

扩展功能（Extensions）：提供 Zemax 的扩展功能，是 Zemax 的编辑特性。

窗口（Window）：从当前所有打开的窗口中选择哪一个置于显示的最前面。

帮助（Help）：提供在线帮助文档。

在主窗口的菜单框下显示了一排按钮，这一排按钮称为工具条。工具条可用来快速选择常用的操作命令。

3）编辑窗口操作

编辑窗口最基本的功能是用于输入镜头数据和评价函数数据。

镜头数据编辑器是一个主要的电子表格，将镜头的主要数据填入就形成了镜头数据。这些数据包括系统中每一个面的曲率半径、厚度、玻璃材料。单透镜由两个面组成（前面和后面），物平面和像平面各需要一个面，这些数据可以直接输入到电子表格中。当镜头数据编辑器显示在显示屏上时，可以将光标移至需要改动的地方，并将所需的数值由键盘输入到电子表格中形成数据。每一列代表具有不同性质的数据，每一行表示一个光学面。移动光标可以到需要的任意行或列，向左或向右连续移动光标会使屏幕滚动，这时屏幕显示其他列的数据，如半口径、二次曲面系数以及与所在面的面型等有关的参数。屏幕显示可以从左到右或从右到左滚动。"Page Up"和"Page Down"键可以移动光标到所在列的头部或尾部。当镜头面数足够大时，屏幕显示也可以根据需要上下滚动。

为在活动窗口加入一个增加值，可以输入一个"＋"号和增加的数，然后按下"Enter"键即可。例如，要把 12 变为 17，只需键入"＋5"并回车。同样，使用乘号"＊"和除号"/"也一样有效。如果要减去一个数，则在减数面前加上一个负号即可。要区分输入的是减数还是一个负值，可以使用空格来区分。

如果要对小单元格中的一部分内容进行修改，而不打算重复输入全部内容，则需要将单元格变为高亮度，然后按下"Backspace"键。"←"、"→"、"Home"、"End"键在编辑时用于在小单元格中移动。使用鼠标也能选择、重改部分文本。一旦小单元格中的数据被改好后，按下"Enter"键即可完成编辑，并使光标停留在该单元格中。按下"↑"、"↓"键也可表示完成编辑，光标也会跟着移动。按下"Tab"或"Shift＋Tab"键也能左右移动光标。

若要放弃编辑，可按"Esc"键。"←"、"→"、"↑"、"↓"键也可将光标作相应的移动，同时按下"Ctrl"和"←"、"→"、"↑"、"↓"键，一次可使编辑器在相应方向上每次移动一页。按下"Tab"或"Shift＋Tab"键也能左右移动光标。

按下"Page Up"和"Page Down"键，每次可移动一个屏幕，按下"Ctrl＋Page Up"或"Ctrl＋Page Down"键，可移动光标到当前列的顶部或底部。"Home"和"End"键可分别移动光标到第一列第一行或第一列最后一行，"Ctrl＋Home"和"Ctrl＋End"可分别移动光标到第一行第一列或最后一行最后一列。

单击任意单元格，光标会移动到该单元格。双击单元格时，会出现一个求解对话框（如果该对话框存在），单击鼠标右键，也会出现单元格的求解对话框。

4）图形窗口操作

在图形窗口中有以下菜单项。

更新（Update）：这一功能能根据现有设置重新计算在窗口中要显示的数据。

设置（Setting）：激活控制这一窗口的对话框。

打印（Print）：打印窗口的内容。

窗口（Windows）：在窗口菜单下有注释、剪贴板、输出图元文件、锁定窗口及长宽比等主要子菜单。

注释（Annotate）：在此菜单下有四个子菜单。

① 划线（Line）：在图形窗口中画一条直线；

② 文本（Text）：提示并在图形窗口中写入文本；

③ 框格（Box）：在图形窗口中划一个方框；

④ 编辑（Edit）：进行编辑操作。

剪贴板（Copy Clipboard）：将窗口文件的内容复制到剪贴板窗口中。

输入图元文件（ExportMetafile）：将显示的图形以 Windows Metafile、BMP 或 JPG 的形式输入。

锁定窗口（Lock Window）：如果选择此选项，则窗口将会转变为一个数据不可变动的静止窗口，被锁窗口的文件内容可以打印、复制到剪贴板中或存为一个文件。这种功能的用途是可以将不同镜头文件的数据的计算结果进行对比。一旦窗口被锁住，它就不能更新，于是随后装卸的任何新镜头文件将可同被锁定窗口的结果相比较和分析。一旦窗口被锁定，就不能开启。要重新计算窗口中的数据，此窗口必须被关闭，然后打开另一窗口。

　　长宽比(Aspect Ratio)：长宽比可以选择 3×4(高×宽)的缺省值，也可以选为 3×5、4×3、5×3(后面两组值长比宽大)。

　　5) 文本窗口操作

　　在文本窗口中有以下菜单项。

　　更新(Update)：将重新计算的数据显示在当前设置的窗口中。

　　设置(Setting)：打开一个控制窗口选项的对话框。

　　打印(Print)：打印窗口内容。

　　窗口(Window)：在此菜单下有三个子菜单选项。

　　① 剪贴板(Copy Clipboard)：将窗口文件的内容复制到剪贴板中。

　　② 保存文件(Save Text)：将显示在文本框中的文本数据保存为 ASCII 文件。

　　③ 锁定窗口(Lock Window)：如果选择此选项，则窗口将会转变为一个数据不可变的静止窗口，被锁窗口的文件内容可以打印、复制到剪贴板中或存为一个文件。这种功能的用途是可以将不同镜头文件的数据相对比。一旦窗口被锁住，它就不能修改，于是随后装载的新镜头文件就可同锁定窗口的结果相比较。一旦窗口被锁，就不能开启。为重新计算窗口中的数据，此窗口必须被关闭而打开另一窗口。文本窗口中有两种鼠标快捷键方式，即在窗口任何位置双击鼠标，便会对内容进行更新，这同"Update"选项的功能相同。在文本窗口的任何地方单击鼠标右键，将打开窗口选项对话框。

　　6) 对话框

　　大多数对话框都有自己的说明，通常包含 Windows 对话框中常用的"确定"和"取消"按钮。

　　在分析功能(如像差曲线图)中，都有一个允许选择不同选项的对话框。所有的对话框都有如下六个按钮。

　　确定(OK)：此按钮使窗口在当前选项下重新计算和重新显示数据。

　　取消(Cancel)：将所有选项恢复到对话框使用前的状态，不会重新计算数据。

　　保存(Save)：保存当前选项，并在将来作为缺省值使用。

　　装载(Load)：装载先前保存的缺省数据。

　　复位(Reset)：将选项恢复到软件出厂时的缺省状态。

　　帮助(Help)：打开 Zemax 的帮助系统，所显示的帮助文件中将包含活动对话框中选项的信息。

　　"保存"和"装载"按钮具有双重功能，当按下"保存"按钮时，当前镜头文件的设置被保存，同时该设置也将保存在所有没有自己特定设置的镜头数据中。例如，如果装入镜头 A，在轮廓图上 A 的光线条数被设置为 15，然后按下"保存"按钮，则 A 新的光线条数缺省值为15，其他新创建镜头或没有自己特定设置的老镜头的光线条数缺省值也为 15。假设后来装入镜头 B，光线的条数变为 9，再次按下"保存"按钮，则对镜头 B 和所有没有专门设置过光线条数的镜头，9 就是它们光线条数新的缺省值，而镜头 A 由于已经设置了光线条数值，故其值仍保持为 15。

"装载"按钮也有同样的功能。当按下"装载"按钮时，Zemax 会检查此镜头以前是否保存过设置，如果有，则设置被装入，否则，Zemax 将装入所有镜头中最后一次保存的设置。同前面的例子，新镜头 C 将装入 9 条光线的设置，因为这是最后一次保存的设置，而镜头 A 和 B 保持原来的数值，因为它们有自己的设置。

"保存"和"装载"中设置的信息被保存在与镜头文件同名的另一个文件中，但是扩展名是 CFG 而不是 ZMX。在 CFG 文件中没有镜头数据，只是保存了用户为每个分析功能所定义的设置。

对话框中的其他选项既可用键盘又可用鼠标来选择。在键盘控制时，用"Tab"和"Ctrl＋Tab"键可由一个选项移动到另一个选项；空格键可用来选定当前选择的设置栏；光标键可用来在下拉菜单中选择条目；按下下拉菜单中条目的第一个字母也可以选择该条目。

设计实例一　单透镜的设计

1. 设计要求

设计一个 $F/4$ 的镜片，焦距为 100 mm，在轴上可见光谱范围内，用 BK7 玻璃。

2. 参数计算

1）计算孔径

因为 F 数为 4，所以相对孔径 $\dfrac{D}{f'}=\dfrac{1}{4}$；又因为 $f'=100$，所以口径 $D=25$。

2）计算曲率半径

在这里，我们取等凸透镜，即 $r_1=-r_2$，于是

$$\varphi=(n-1)\left(\frac{1}{r_1}-\frac{1}{r_2}\right)=(n-1)\left(\frac{1}{r_1}-\frac{1}{-r_1}\right)=\frac{2}{r_1}(n-1)$$

查得 BK7 玻璃的折射率为 1.5168，我们将光焦度 ϕ 规划为 1，即

$$1=\frac{2}{r_1}(1.5168-1)$$

解得 $r_1=1.0336$，我们将其放大 100 倍，则 $r_1=103.36$，$r_2=-103.36$。

3. 设计步骤

1）输入波长

选择"系统（System）"菜单下的"波长（Wavelengths）"，或者直接在快捷菜单中选择"Wav"。屏幕中间会弹出一个"波长数据（Wavelength Data）"对话框。Zemax 中有许多这样的对话框，用来输入数据和提供选择。选择"Select"，系统默认 F、d、C 三个谱线的波长，单位为微米。此时主波长"Primary"默认为第二条谱线，如例图 1.1 所示。

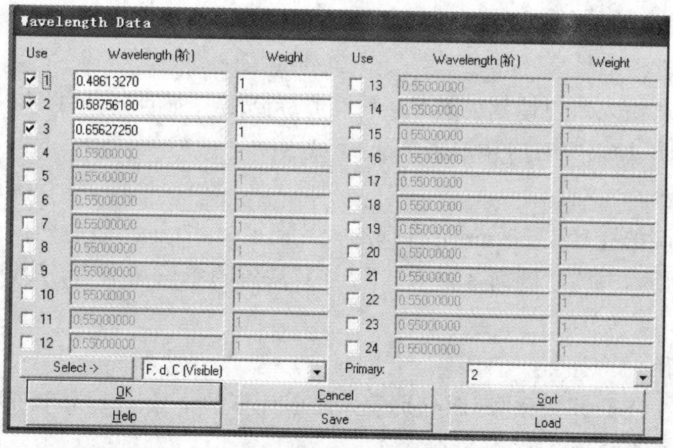

例图 1.1　波长设置

2）输入孔径

选择"系统"中的"通常（General）"菜单项，或者直接单击快捷键"Gen"，在出现的"通常数据（General Data）"对话框中，单击"孔径值（Aperture Value）"一格，输入一个值：25。注意孔径类型缺省时为"入瞳直径（Entrance Pupil Diameter）"，也可选择其他类型的孔径设置。孔径设置如例图 1.2 所示。

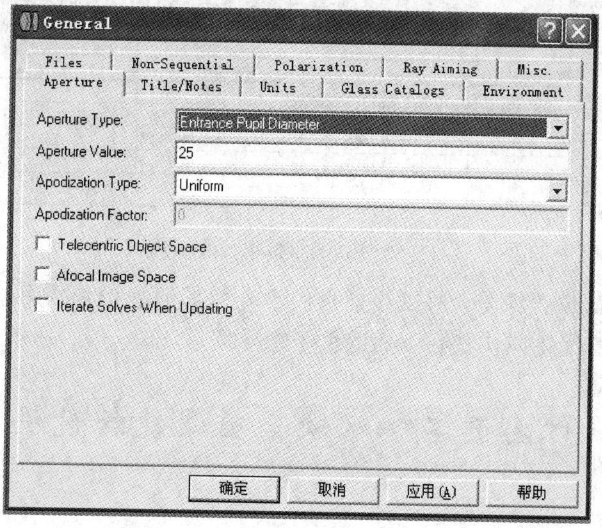

例图 1.2　孔径设置

3）输入其他参数

Zemax 模型光学系统使用一系列的表面，每一个面有一个曲率半径、厚度（到下一个面的轴上距离）和玻璃。注意在 LDE 中显示的有三个面：物平面，在左边以 OBJ 表示；光阑面，以 STO 表示；像平面，以 IMA 表示。对于单透镜来说，我们共需要四个面：物平面、前镜面（同时也是光阑面）、后镜面和像平面。要插入第四个面，只需移动光标到像平面（最后一个面）的"无穷（Infinity）"之上，按 Insert 键。这将会在那一行插入一个新的面，并将像平面往下移。新的面被标为第 2 面。注意物体所在面为第 0 面，然后才是第 1（标上 STO 是因为它是光阑面）、第 2 和第 3 面（标作 IMA）。

（1）输入玻璃。

现在我们将要输入所要使用的玻璃。移动光标到第一面的"玻璃（Glass）"列，即在左边被标作 STO 的面，输入"BK7"并敲回车键。

（2）输入厚度。

由于我们需要的孔径是 25 mm，合理的镜片厚度是 4 mm。移动光标到第 1 面（我们刚才输入了 BK7 的地方）的厚度列并输入"4"。注意缺省的单位是毫米，其他的单位（分米、英寸、米）也可以。

（3）输入半径。

现在，我们在"STO"面和"2"面分别输入之前计算的半径值 103.36 和−103.36。

（4）调整边缘光高度。

为了纠正离焦，我们用在镜片的后面的 SOLVE 来进行。为了将像平面设置在近轴焦点上，在第 2 面的厚度上双击，弹出 SOLVE 对话框，它只简单地显示"固定（Fixed）"。在下拉框上单击，将 SOLVE 类型改变为"边缘光高（Marginal Ray Height）"，然后单击 OK。用这样的求解办法将会调整厚度使像面上的边缘光线高度为 0，即是近轴焦点。注意第 2 面的厚度会自动地调整到 99.336 335 mm。

输入完毕的参数如例图 1.3 所示。

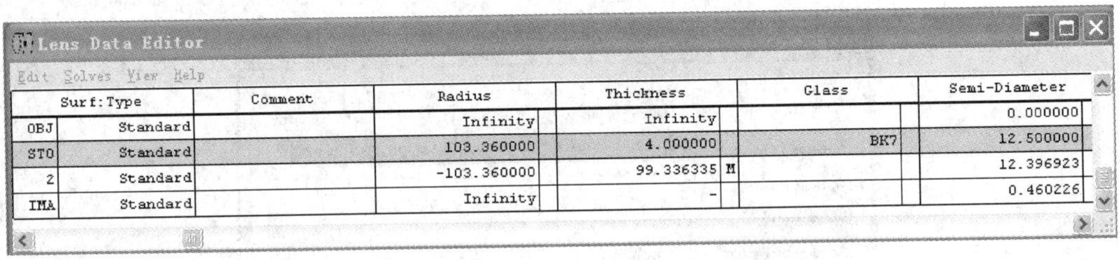

Surf:Type		Comment	Radius	Thickness		Glass	Semi-Diameter
OBJ	Standard		Infinity	Infinity			0.000000
STO	Standard		103.360000	4.000000		BK7	12.500000
2	Standard		-103.360000	99.336335	M		12.396923
IMA	Standard		Infinity	-			0.460226

例图 1.3　结构参数

由于单透镜无法校正像差，所以这里我们不介绍如何评价像质和优化，只是掌握简单的输入界面，具体的优化操作将在下面的例子中介绍。

设计实例二　双胶合望远镜物镜设计

1. 设计要求

$f' = 100$ mm，$D/f' = 1/5$，$2\omega = 3°$，光谱范围可见光（C、d、F）。

2. 初始结构参数的确定

初始结构参数的确定通常有两种方法，一种是初级像差论求解初始结构法，另一种是查找相关的初始结构，并进行修改和优化，本设计采用前一种方法。望远系统一般由物镜、目镜和棱镜式或透镜式转像系统构成。望远物镜是望远系统的一个组成部分，其光学特性的特点是：相对孔径和视场都不大。因此，望远物镜设计中校正的像差较少，一般不校正与像高的二次方以上的各种单色像差（像散、场曲、畸变）和垂轴色差，只校正球差、彗差和轴向色差。在这三种像差中通常首先校正色差，因为初级色差和透镜形状无关，校正了色差以后，保持透镜的光焦度不变，再用弯曲透镜的方法校正球差和彗差，对已校正的色差影响很小。

由初级像差理论可知，双胶合透镜成为消色差双胶合透镜的条件是，双胶合透镜的正负光焦度分配应满足下式：

$$\phi = \phi_1 + \phi_2, \quad \phi_1 = \frac{\phi \nu_1}{\nu_1 - \nu_2}, \quad \phi_2 = \frac{\phi \nu_2}{\nu_1 - \nu_2}$$

式中：ϕ、ϕ_1 和 ϕ_2 分别为双胶合物镜、正透镜和负透镜的光焦度（焦距值的倒数）；ν_1 和 ν_2 为正负透镜所选玻璃的阿贝数。

3. 设计步骤

1）透镜初始结构与光学特性参数输入

（1）输入基本初始结构。

在 Zemax 主菜单中选择"Editors"下的"Lens Data"，打开"透镜数据编辑器（Lens Data Editor，LDE）"，输入初始结构数据，如例图 2.1 所示。

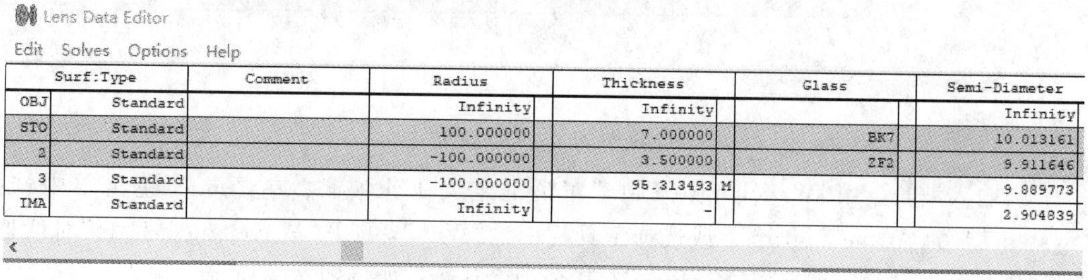

Lens Data Editor

Edit Solves Options Help

	Surf:Type	Comment	Radius	Thickness	Glass	Semi-Diameter
OBJ	Standard		Infinity	Infinity		Infinity
STO	Standard		100.000000	7.000000	BK7	10.013161
2	Standard		-100.000000	3.500000	ZF2	9.911646
3	Standard		-100.000000	95.313493 M		9.889773
IMA	Standard		Infinity	-		2.904839

例图 2.1　初始结构参数

（2）输入光学特性参数。

① 输入孔径。用"General"对话框定义孔径。在 Zemax 主菜单中选择"System"的"General"，或选工具栏中的"Gen"，打开"General"对话框，选择"Aperture Type"为"Entrance Pupil Diameter"，在"Aperture Value"中输入 20，如例图 2.2 所示。

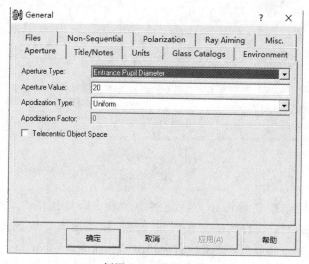

例图 2.2　孔径设置

② 输入视场。用"Field Data"对话框定义视场。在 Zemax 主菜单中选择"System"下的

"Fields",或选工具栏中"Field Data"对话框,选择"Field Typey"为"Angle(Deg)",在相应文本框 Y-Field 中输入 3 个校像差半视场角值:0、1 和 1.5,其余为默认值,如例图 2.3 所示。

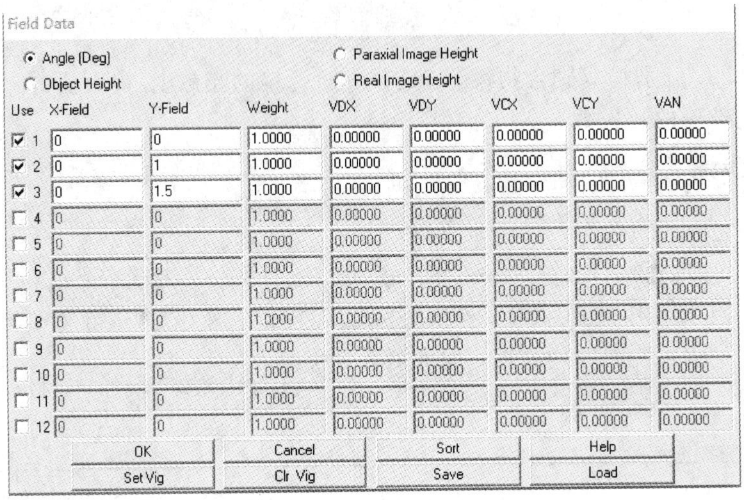

例图 2.3 视场设置

③ 输入波长。用"Wavelength Data"对话框定义工作波长。在 Zemax 主菜单中选择"System"下的"Wavelengths",或选择工具栏中的"Wav",打开"Wavelength Data"对话框,选择"Select->"中的"F,d,C(Visible)",其余为默认值,如例图 2.4 所示。

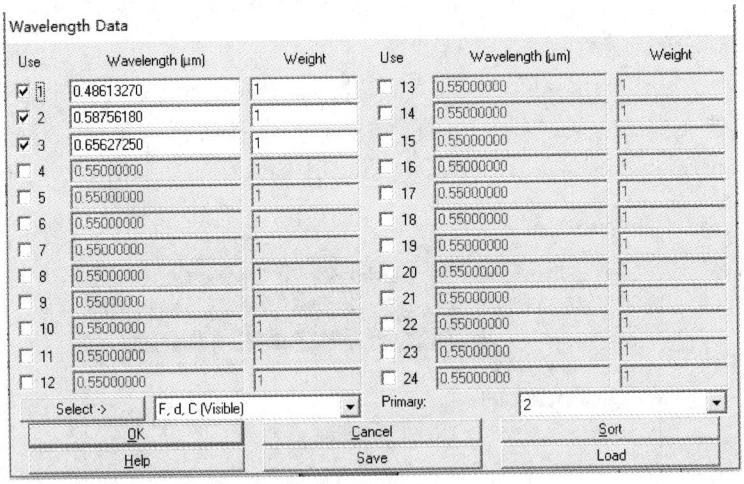

例图 2.4 波长设置

(3) 设定优化参考像面。

本设计中选用近轴理想像面作为优化参考像面。即将例图 2.5 中第 3 间隔设定为"Marginal Ray Height",其目的是为了纠正离焦,使系统自动找到焦点。具体方法是将 LDE 中高亮条移至第 3 间隔处,按鼠标右键弹出"Thickness solve on surface"对话框,如例图 2.6 所示。设定"Solve Type"为"Marginal Ray Height","Height"为 0,"Pupil Zone"为 0。也可将"Solve Type"设为"Variable",表示以移焦后最佳像面为参考像面。

Lens Data Editor

Edit　Solves　Options　Help

Surf:Type		Comment	Radius	Thickness	Glass	Semi-Diameter
OBJ	Standard		Infinity	Infinity		Infinity
STO	Standard		100.000000	7.000000	BK7	10.013161
2	Standard		-100.000000	3.500000	ZF2	9.911646
3	Standard		-100.000000	95.313493 M		9.889773
IMA	Standard		Infinity	–		2.904839

例图 2.5　结构参数

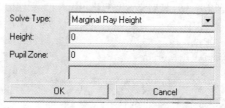

例图 2.6　边缘光高度设置

　　按以上结构参数和光学特性计算的像差结果如例图 2.7 和例图 2.8 所示，分别为纵向像差曲线和光线像差曲线。

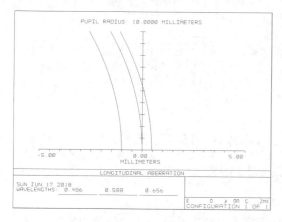

例图 2.7　纵向像差曲线　　　　　　例图 2.8　光线像差曲线

从上述各图中我们可以看到其结果不是很理想，因此需要进行优化。

2）优化

（1）变量的设定。

　　在所设计的胶合透镜中选择 r_1、r_2、r_3 三个曲率半径作为变量。具体方法是：在 LDE 中，将高亮条移动到要改变的参数上，按 Ctrl＋Z 设定变量。当该参数作为变量时，在其数据之后将出现字母"V"，如例图 2.9 所示。注意 Ctrl＋Z 是一个切换器，当高亮条在所设定的参数处时，再按 Ctrl＋Z 撤销变量设定。

　　（2）评价函数的设定。

　　① 设置默认评价函数。打开"Editors"下拉菜单中的"Merit Function"，弹出一个窗口，单击"Tool"下拉菜单中的"Default Merit Function"，创建优化函数。由于波像差相对较大，

Lens Data Editor						
Edit Solves Options Help						
Surf:Type		Comment	Radius	Thickness	Glass	Semi-Diameter
OBJ	Standard		Infinity	Infinity		Infinity
STO	Standard		63.147677 V	7.000000	BK7	10.020954
2	Standard		-42.514710 V	3.500000	ZF2	9.832930
3	Standard		-119.364082 V	95.026133 M		9.783823
IMA	Standard		Infinity	-		2.627405

例图 2.9　结构参数

已经达到 5 个波长，所以选择"RMS/Spot Radius/Centroid"为默认评价函数，具体设置如例图 2.10 所示。

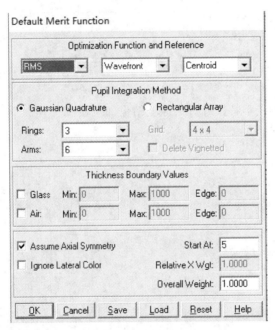

例图 2.10　点列图设置

② 光学特性参数约束输入。本设计优化过程要控制的主要光学特性参数为焦距，并优化球差和位置色差。在 MFE 中，将高亮条移至默认评价函数起始操作符 DMFS 处，按 3 次 Insert 键增加 3 行操作符数据输入行，输入相应的操作符号和数据。"Type"分别输入 EFFL、LONA、AXCL，表示对焦距、球差、位置色差进行优化，如例图 2.11 所示。

Oper #	Type	Wave		Zone				Target	Weight	Value	% Contrib
1 EFFL	EFFL		2					100.000000	1.000000	99.766039	43.644489
2 LONA	LONA	3		1.000000				0.000000	1.000000	-5.135588E-003	0.021856
3 AXCL	AXCL	1	3	0.707000				0.000000	1.000000	-0.010935	0.096347
4 DMFS	DMFS										
5 BLNK	BLNK	Default merit function: RMS wavefront centroid GQ 3 rings 6 arms									
6 BLNK	BLNK	No default air thickness boundary constraints.									
7 BLNK	BLNK	No default glass thickness boundary constraints.									
8 BLNK	BLNK	Operands for field 1.									
9 OPDX	OPDX		1	0.000000	0.000000	0.335711	0.000000	0.000000	0.096963	0.123466	1.178646
10 OPDX	OPDX		1	0.000000	0.000000	0.707107	0.000000	0.000000	0.155140	0.032750	0.132680
11 OPDX	OPDX		1	0.000000	0.000000	0.941965	0.000000	0.000000	0.096963	-0.178867	2.391213

例图 2.11　优化函数设置

③ 像差自动校正(优化)。当初始结构参数、光学特性以及评价函数都输入和设定后，打开优化(Optimization)对话框进行像差校正与优化。

在 Zemax 主菜单中选择"Tool"下的"Optimization"，或选工具栏中的"Opt"，打开"Optimization"对话框，如例图 2.12 所示。显示的信息有：带权重的目标数(Weighted Targets)，拉格朗日目标数(Lagrange Target)，初始系统评价函数值(Initial MF)，当前系统评价函数值(Current MF)，优化状态(执行次数，Status)，优化执行时间(Execution Time)。单击"Optimization"，系统将自动进行优化。

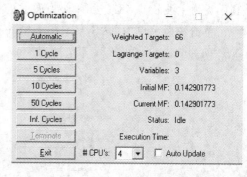

优化后的消色差双胶合望远镜物镜结构参数和像差结果如例图 2.13～例图 2.15 所示，可以看出设计结果明显优于初始结果。

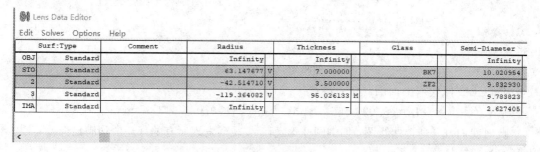

例图 2.13　结构参数

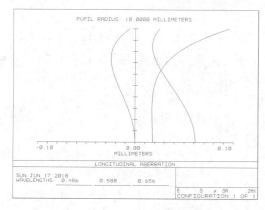

例图 2.14　纵向像差曲线

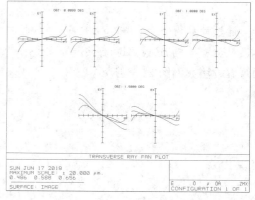

例图 2.15　光线像差曲线

3) 像差公差

在之前的理论学习中我们知道，针对每一个系统，在设计完成之后都需要计算一下像差容限，看是否满足理论要求，以判断设计是否合格。

本实验为望远物镜，需要计算球差、彗差和色差的像差容限，其计算方法如下：

(1) 计算球差。

分别计算整体球差和在 0.707 带的球差：

$$\delta L_{\mathrm{m}}' \leqslant \frac{4\lambda}{n'\sin^2 u_{\mathrm{m}}'}, \qquad \delta L_{0.707}' \leqslant \frac{6\lambda}{n'\sin^2 u_{\mathrm{m}}'},$$

其中 λ 为主波长 0.5876 μm；n' 为像方折射率，即空气折射率 1；u_{m}' 为像方最大孔径角。

单击快捷菜单中的"Sys"，找到"Image Space NA"项，显示数值为 0.099 734 75，即 $\mathrm{NA} = n'\sin u_{\mathrm{m}}' = 0.099\ 734\ 75$，所以 $\sin u_{\mathrm{m}}' = 0.099\ 734\ 75$，如例图 2.16 所示。

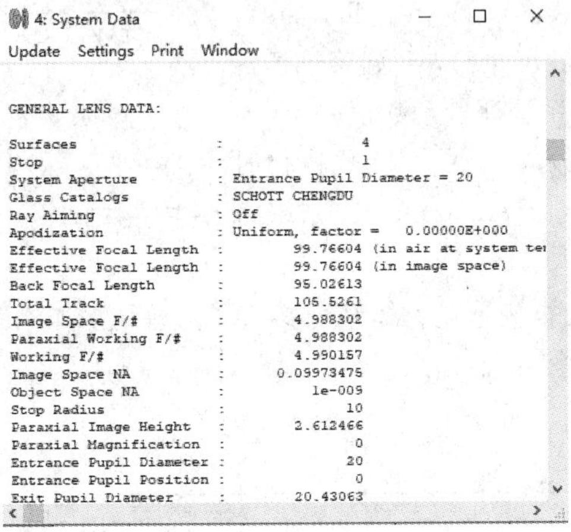

例图 2.16　系统参数

将以上数值代入上面两式中，得：

$$\delta L_{\mathrm{m}}' \leqslant 0.023\ 566\ 5\ \mathrm{mm}, \qquad \delta L_{0.707}' \leqslant 0.035\ 313\ 67\ \mathrm{mm}$$

此时我们打开球差曲线图，如例图 2.12 所示，观察发现所有的球差值均满足像差容限。

（2）计算彗差。

$$K_S' \leqslant \frac{\lambda}{n'\sin^2 u_{\mathrm{m}}'}$$

通过计算得 $K_S' \leqslant 0.005\ 891\ 6\ \mathrm{mm}$。此时单击快捷菜单"Ray"，或在"Tools"下拉菜单中单击"Fans"下的"Ray Aberration"，如例图 2.17 所示，观察彗差是否满足像差容限。具体的观察方法如例图 2.18 所示。

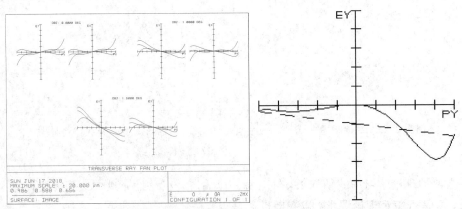

例图 2.17　光线像差曲线　　　　　例图 2.18　光线像差曲线局部图

观察发现，其最下端的"MAXIMUM SCALE"为 ± 20 μm，而我们要求 $K_S' \leqslant$ 0.005 891 6 mm即可，故完全符合要求。

（3）计算波像差。

$$W'_{FC} \leqslant \frac{\lambda}{2} \sim \frac{\lambda}{4}$$

通过计算得，$W'_{FC} \leqslant 0.1472 \sim 0.2945\ \mu m$。

有两种方法来验证波像差：一种是单击"Analysis"下拉菜单中"Wavefront"下的"Wavefront map"，如例图 2.19 所示；另一种是单击快捷菜单中的"Opd"，或者选择"Analysis"下拉菜单中"Fans"下的"Optical Path"，如例图 2.20 所示。

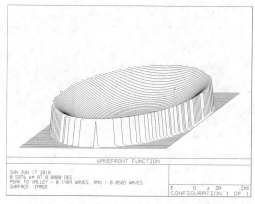

例图 2.19　波像差

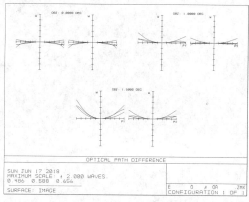

例图 2.20　光线像差曲线

最终我们确定这几种像差均在像差容限之内，可以认为该设计满足要求。

设计实例三　40 倍生物显微物镜设计

1. 设计要求

设计一 40 倍生物显微物镜，要求物镜的垂轴放大倍率 $\beta = -40^{\times}$，数值孔径 NA = 0.65，视场 $2y' = 0.3$ mm，共轭距 $L = 195$ mm。

2. 设计过程

1）输入初始结构

根据设计要求，我们在《光学设计手册》中查找出与该物镜参数比较接近的初始结构，输入 Zemax 中，如例图 3.1 所示。

Lens Data Editor

Edit　Solves　Options　Help

Surf:Type		Comment	Radius	Thickness	Glass	Semi-Diameter
OBJ	Standard		Infinity	197.800000		6.512094
1	Standard		14.087000	3.070000	QF1	4.022663
2	Standard		-6.000000	0.860000	ZF6	3.906424
3	Standard		-24.000000	8.380000		3.927182
4	Standard		4.770000	3.060000	BAK1	2.963699
5	Standard		-3.880000	0.760000	ZF6	2.478254
6	Standard		-7.530000	1.000000E-002		2.308115
STO	Standard		Infinity	0.015000		2.078945
8	Standard		1.830000	1.920000	ZK10	1.546115
9	Standard		1.340000	0.400000		0.496775
10	Standard		Infinity	0.180000	K9	0.200471
11	Standard		Infinity	-0.039750 M		0.125443
IMA	Standard		Infinity	-		0.153925

例图 3.1　初始结构参数

根据所要求的参数，分别对孔径、视场、波长进行填写。

单击任务栏上的孔径快捷键"Gen"，在第一项"Aperture Type"中选择"Object Space NA"，并在第二项"Aperture Value"中填 0.016 25，即 0.65/40＝0.016 25，如例图 3.2 所示。

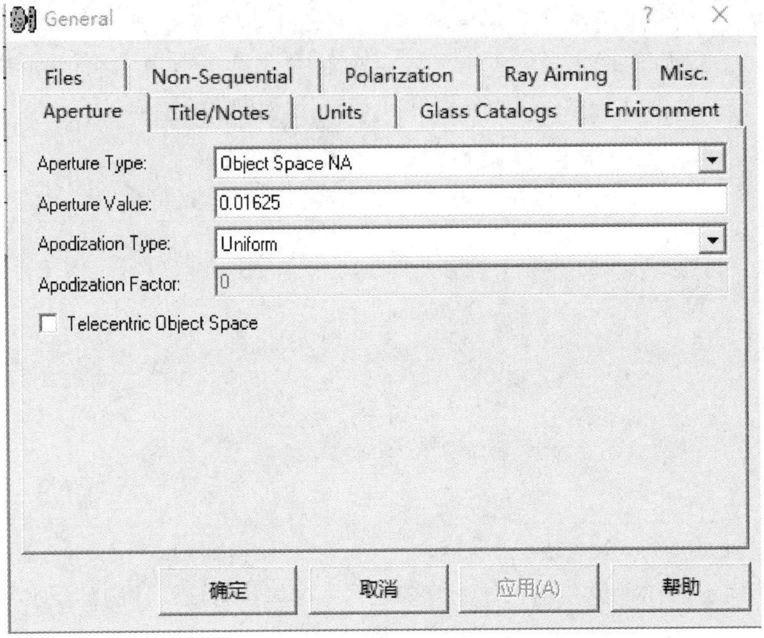

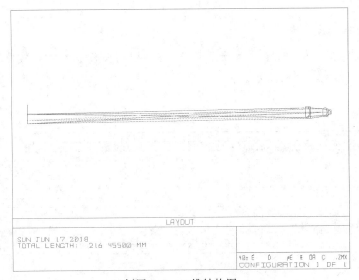

例图 3.2　孔径设置

在视场"Fie"中选择"Real Image Height"，因为 $2y'=0.3$ mm，所以在"Y-Fied"中分别输入 0、0.1、0.15 三个视场（视场的多少可以视情况而定）。

波长"Wav"依旧选择目视系统的 F、d、C 三种色光。

该物镜的结构如例图 3.3 所示，其调制传递函数曲线和点列图分别如例图 3.4 和例图 3.5 所示。

例图 3.3　二维结构图

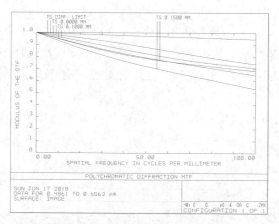

例图 3.4　调制传递函数曲线

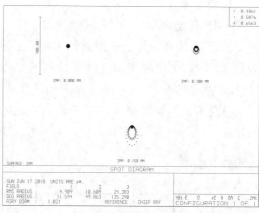

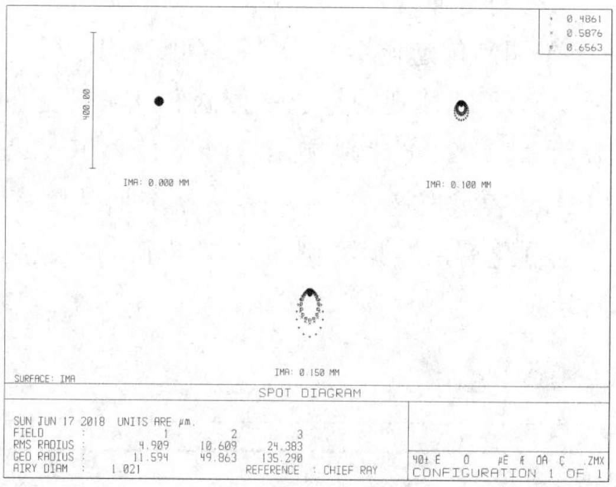

例图 3.5　点列图

2）优化

对该显微物镜分别优化放大率、共轭距、像面位置和调制传递函数曲线，如例图 3.6 所示。

Merit Function Editor: 1.152664E+000

Edit Tools Help

Oper #	Type							Target	Weight	Value	% Contrib
1 PMAG	PMAG		2					-0.025000	0.000000	-0.025010	0.000000
2 CONS	CONS							1.000000	0.000000	1.000000	0.000000
3 DIVI	DIVI	2	1					-40.000000	1.000000	-39.984617	1.940260E-003
4 TOTR	TOTR							15.200000	1.000000	18.655000	98.280753
5 CTVA	CTVA	11						0.000000	1.000000	-0.029382	7.107719E-003
6 MTFA	MTFA	1	0	1	60.000000			0.900000	1.000000	0.885408	1.783152E-003
7 MTFA	MTFA	1	0	2	60.000000			0.850000	1.000000	0.884479	9.787726E-003
8 MTFA	MTFA	1	0	3	60.000000			0.850000	1.000000	0.856505	3.869977E-004
9 BLNK	BLNK										
10 BLNK	BLNK										
11 DMFS	DMFS										
12 BLNK	BLNK	Default merit function: RMS wavefront centroid GQ 3 rings 6 arms									
13 BLNK	BLNK	No default air thickness boundary constraints.									
14 BLNK	BLNK	No default glass thickness boundary constraints.									
15 BLNK	BLNK	Operands for field 1.									
16 OPDX	OPDX		1	0.000000	0.000000	0.335711	0.000000	0.000000	0.096963	-0.165439	0.021850
17 OPDX	OPDX		1	0.000000	0.000000	0.707107	0.000000	0.000000	0.155140	0.196232	0.049186
18 OPDX	OPDX		1	0.000000	0.000000	0.941965	0.000000	0.000000	0.096963	-0.148533	0.017613
19 OPDX	OPDX		2	0.000000	0.000000	0.335711	0.000000	0.000000	0.096963	0.026653	5.628806E-004
20 OPDX	OPDX		2	0.000000	0.000000	0.707107	0.000000	0.000000	0.155140	0.085761	9.394607E-003
21 OPDX	OPDX		2	0.000000	0.000000	0.941965	0.000000	0.000000	0.096963	-0.163771	0.021412
22 OPDX	OPDX		3	0.000000	0.000000	0.335711	0.000000	0.000000	0.096963	0.261093	0.054431

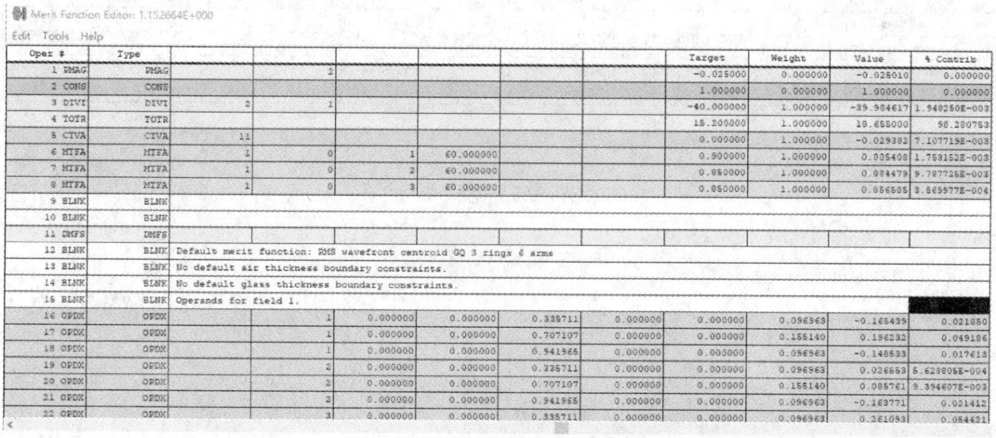

例图 3.6　优化函数编辑器

（1）放大率。

用 PMAG、CONS、DIVI 三个优化操作数共同优化垂轴放大率。PMAG 为垂轴放大率的倒数，CONS 为设置一常数，DIVI 为除法运算。PMAG 和 CONS 只是作为除数和被除数进行的设定，因此不需要给定权值，而 DIVI 是要将两者进行除法运算，保证放大率是 40 倍，需要给定权值为 1。

（2）共轭距。

共轭距表示系统物面到像面的距离，而 TOTR 表示透镜前表面到像面距离，工作距为物面到透镜前表面距离，因此操作数 TOTR 输入的值为 15.2，即 195 mm－179.8 mm＝15.2 mm。

（3）像面位置。

对于显微系统而言，要求物镜的像面应该与分划板后表面重合，在该系统中，应该使第 11 个表面的“Thickness”为 0。

（4）调制传递函数曲线。

调制传递函数曲线的优化操作数有三个，分别是 MTFA(综合调制传递函数)、MTFT(子午调制传递函数)、MTFS(弧矢调制传递函数)。本设计采用 MTFA 进行优化。

MTFA 体现的是子午传函和弧矢传函的平均值，其中"Samp"表示采样密度，默认"1"表示 32×32，"2"则表示 64×64；"Wave"表示有效波长，"0"表示针对全部波长优化；"Field"表示视场；"Freq"表示奈奎斯特频率。

优化后的数据如例图 3.7 所示，调制传递函数曲线和点列图分别如例图 3.8、例图 3.9 所示。

Lens Data Editor

Edit Solves Options Help

Surf:Type		Comment	Radius		Thickness		Glass	Semi-Diameter
OBJ	Standard		Infinity		197.800000			6.004968
1	Standard		10.300505	V	3.070000		QF1	4.144582
2	Standard		-11.006928	V	0.860000		ZF6	3.911178
3	Standard		-165.602466	V	8.380000			3.770950
4	Standard		4.384754	V	3.060000		BAK2	2.166005
5	Standard		-3.331117	V	0.760000		ZF6	1.510294
6	Standard		-82.801866	V	1.000000E-002			1.306911
STO	Standard		Infinity		0.015000			1.299761
8	Standard		1.809383	V	1.920000		ZK10	1.149448
9	Standard		31.828449	V	0.400000			0.476880
10	Standard		Infinity		0.180000		K9	0.204850
11	Standard		Infinity		-0.029382	M		0.170805
IMA	Standard		Infinity		-			0.152517

例图 3.7 结构参数

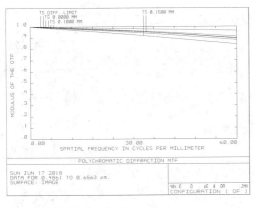

例图 3.8 调制传递函数曲线   例图 3.9 点列图

从例图 3.8 和例图 3.9 中可以看出，优化后的调制传递函数曲线十分接近衍射极限，点列图也有所减小，仅边缘带存在少许彗差。

设计实例四 双高斯照相物镜设计

1. 设计要求

设计一双高斯照相物镜，焦距 $f'=100$ mm，相对孔径 1/5，视场角 $2\omega=28°$，对可见光波段成像。

2. 设计过程

1）初始结构

由于焦距 $f'=100$ mm，相对孔径 1/5，计算可得入瞳直径 $D=20$ mm。

因为双高斯照相物镜属于对称式结构，光阑居正中，因此设置光阑位置在第 6 个表面。在第 6 个表面的表面面型处双击鼠标左键或单击鼠标右键，将"Make Surface Stop"选项勾选上，如例图 4.1 所示。

输入系统的初始结构参数，如例图 4.2 所示；初始结构如例图 4.3 所示；初始的调制传递函数曲线和点列图分别如例图 4.4 和例图 4.5 所示。从图中可以看出，调制传递函数曲线除中心视场外，其他视场均较低；点列图半径也较大，需要对其进行优化。

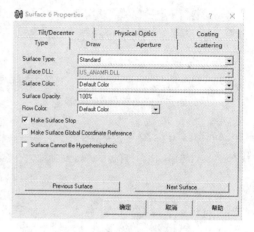

例图 4.1　光阑设置

	Surf:Type	Comment	Radius	Thickness	Glass	Semi-Diameter
OBJ	Standard		Infinity	Infinity		Infinity
1	Standard		54.640000	9.000000	SK2	23.488485
2	Standard		169.170000	0.500000		21.796114
3	Standard		36.100000	14.000000	SK16	19.530659
4	Standard		Infinity	4.000000	F5	15.129453
5	Standard		21.600000	14.000000		11.255304
STO	Standard		Infinity	12.000000		6.263884
7	Standard		-26.000000	4.000000	F5	10.120228
8	Standard		Infinity	11.000000	SK16	12.545279
9	Standard		-37.000000	0.500000		15.552462
10	Standard		196.000000	11.000000	SK16	17.225391
11	Standard		-67.000000	57.107769 M		18.546203
IMA	Standard		Infinity	-		24.815687

例图 4.2　结构参数

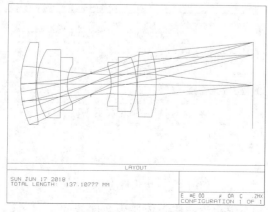

例图 4.3　二维结构图

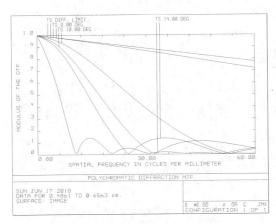

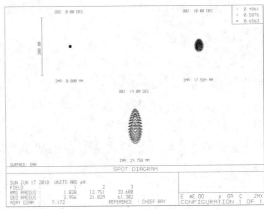

例图 4.4　调制传递函数曲线

例图 4.5　点列图

2）优化

对焦距、球差、位置色差、放大率进行优化，其优化操作数分别为 EFFL、LONA、AXCL、PMAG，如例图 4.6 所示。

Merit Function Editor: 1.800148E-001

Edit　Tools　Help

Oper #	Type		Wave					Target	Weight	Value	% Contrib
1 EFFL	EFFL		2					100.000000	1.000000	100.006102	3.610085E-003
2 LONA	LONA	2		1.000000				0.000000	1.000000	-0.037199	0.134176
3 AXCL	AXCL	1	3	0.707000				0.000000	1.000000	0.036306	0.127808
4 PMAG	PMAG		2					-1.000000	1.000000	0.000000	96.962610
5 BLNK	BLNK										
6 DMFS	DMFS										
7 BLNK	BLNK	Default merit function: RMS wavefront centroid GQ 3 rings 6 arms									
8 BLNK	BLNK	No default air thickness boundary constraints.									
9 BLNK	BLNK	No default glass thickness boundary constraints.									
10 BLNK	BLNK	Operands for field 1.									
11 OPDX	OPDX		1	0.000000	0.000000	0.335711	0.000000	0.000000	0.096963	0.021220	4.233646E-003
12 OPDX	OPDX		1	0.000000	0.000000	0.707107	0.000000	0.000000	0.155140	-0.016441	3.606736E-003
13 OPDX	OPDX		1	0.000000	0.000000	0.941965	0.000000	0.000000	0.096963	3.485901E-003	1.142389E-004
14 OPDX	OPDX		2	0.000000	0.000000	0.335711	0.000000	0.000000	0.096963	-0.063822	0.030295
15 OPDX	OPDX		2	0.000000	0.000000	0.707107	0.000000	0.000000	0.155140	-0.013302	2.661753E-003
16 OPDX	OPDX		2	0.000000	0.000000	0.941965	0.000000	0.000000	0.096963	0.085109	0.069096

例图 4.6　优化函数设置

优化时，先将各面的曲率半径设置为优化操作数，执行自动优化，发现结果不是特别理想，因此又将空气间隔设置为变量继续优化，最后将玻璃厚度设置为变量，执行若干次优化。优化后的系统数据如例图 4.7 所示。

Lens Data Editor

Edit　Solves　Options　Help

Surf:Type		Comment	Radius		Thickness		Glass	Semi-Diameter
OBJ	Standard		Infinity		Infinity			Infinity
1	Standard		57.546699	V	8.414818		SK2	22.751179
2	Standard		177.990346	V	0.081535			21.176329
3	Standard		37.390410	V	14.040110		SK16	19.301952
4	Standard		148.386221	V	4.064142		F5	14.561695
5	Standard		21.640205	V	14.313673			11.244118
STO	Standard		Infinity		12.109116			6.582746
7	Standard		-25.780309	V	4.024939		F5	10.325136
8	Standard		337.921473	V	11.024553		SK16	12.890295
9	Standard		-32.193628	V	1.000000E-003			15.562774
10	Standard		185.204672	V	9.331543		SK16	17.017853
11	Standard		-88.105605	V	64.904116	M		17.973365
IMA	Standard		Infinity		-			24.784449

例图 4.7　优化后的系统数据

例图 4.8 和例图 4.9 为优化后的调制传递函数曲线和点列图，从图中可以看出，调至函数曲线接近衍射极限，点列图也多数都在艾里斑之内。

这里要说明的是，调制传递函数曲线中，奈奎斯特频率选取 60 lp/mm，这个在实际设计中是需要结合探测器参数具体计算的，若探测器选用 CCD，而 CCD 的单个像元尺寸为 d，则奈奎斯特频率为 $1/2d$。对于普通的 CCD 而言，奈奎斯特频率的计算结果通常在 60 lp/mm～100 lp/mm 之间。

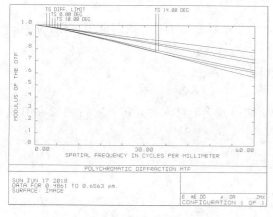

例图 4.8　调制传递函数曲线

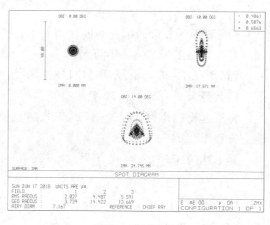

例图 4.9　点列图

设计实例五　显微−望远光学系统设计

显微望远两用镜光学系统原理结构如例图 5.1 所示。

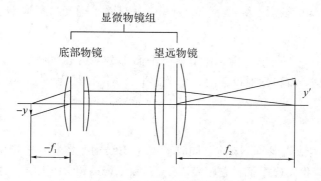

例图 5.1　系统原理结构图

在显微镜光学系统中，显微物镜组由底部物镜和望远物镜组成，其中，望远物镜又称为显微物镜的辅助物境。在显微系统中，辅助物镜与底部物镜之间的光线平行于光轴，这样，实际的显微物距即工作距离，也就是底部物镜的焦距。当移开底部物镜时，整个系统的其他部分就变成了一个开普勒望远镜。对于显微系统，视场角很小，主要考虑轴上像差，如色差和初级球差；而望远镜系统，按常规工程设计方案即可。

1. 设计要求

1）望远系统设计要求

放大率 $\Gamma_{望}=8^{\times}$；物镜口径 $D=30$ mm；视场 $2\omega=3°$；出瞳直径 $d=3.75$ mm；出瞳距

$P'=13.86$ mm；鉴别率 $\alpha=4.7°$。

2）显微系统设计指标

放大率 $\Gamma_\text{显}=25^\times$；物镜口径 $D=15$ mm；鉴别率 $\sigma \leqslant 0.003$。

2. 外形尺寸计算

1）目镜

由于望远、显微两部分共同使用一个目镜，为了使观察更舒适，我们选用对称式目镜，同时对光学加工工艺也并不苛刻。

因为 $\tan\omega'=\Gamma_\text{望}\tan\omega$，所以目镜视场 $2\omega'\approx23°$。

后截距为 $l'_f=S'_f=0.5f'_\text{目}$。

将望远物镜作为孔径光阑，入射光瞳与物镜边框重合，对入射光瞳和出射光瞳应用共轭点方程得到 $P'-S'_f=f'_\text{h}/\Gamma_\text{望}$。

将上述两式联立，解得 $f'_\text{目}=22.176$ mm。

2）望远物镜

焦距 $f'_\text{物}=f'_\text{H}\Gamma_\text{望}=177.408$ mm；视场 $2\omega=3°$；通光口径 $D=\Gamma_\text{望}\,d=30$ mm，上述要求，采用双胶合物镜即可满足。

3）底部物镜

一般地，底部物镜置于望远物镜前面，是一种筒长无限的显微物镜，被观察物体经底部物镜后成像在无限远处，再经过望远物镜即辅助物镜后成像在辅助物镜的焦平面上。实际上是焦平面和像平面重合的共轭系统，根据要求，可选择一双胶合透镜做底部物镜。由前面参数可知，底部物镜焦距为 $f'_\text{底}=79.9$ mm，底部物镜通光口径取 $D=15$ mm。

4）场镜、分划板

采用正场镜，为一平凸单透镜。利用透镜平面部分，在上面刻划线条作为分划板，这样，视场光阑、场镜平面和分划板在同一个平面上，场镜口径为

$$\varphi_\text{分}=\varphi_\text{场}=2f'_\text{望}\tan\omega\approx9.3\ \text{mm}$$

5）棱镜

为了使整个仪器成正像且不转向，同时还要考虑结构紧凑，应选择偏角为 0 的倒像棱镜系统。该设计中，我们选择了斜方棱镜 $X_\text{II}-0°$ 和复合棱镜 FP$-0°$ 组成棱镜组，取棱镜材料为 K9 玻璃，如例图 5.2 所示。

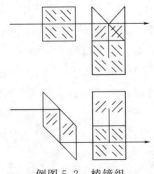

例图 5.2　棱镜组

最终的光学系统如例图 5.3 所示。

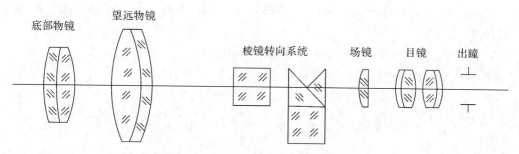

例图 5.3　光学系统结构

3. 设计步骤

1）目镜

（1）选择初始结构。

根据计算，选择如下结构参数，如例表 5－1 所示。其中出瞳距 $L_P = 13.86$，$2\omega' \approx 23°$，$f'_目 = 22.176$ mm。

例表 5－1　目镜初始结构参数

r	d	Glass
54.519	3	ZF1
15.44	9	K9
−23.23	0.2	
23.23	9	K9
−15.44	3	ZF1
−54.519		

（2）输入初始结构。

① 结构参数的输入。

输入曲率半径、厚度、玻璃、出瞳距等参数，并把最后一个面的厚度设为边缘光高度"M"，输入完毕的结构参数如例图 5.4 所示。

Surf:Type		Comment	Radius	Thickness	Glass	Semi-Diameter
OBJ	Standard		Infinity	Infinity		Infinity
STO	Standard		Infinity	13.860000		1.880000
2	Standard		54.519000	3.000000	ZF1	5.673079
3	Standard		15.440000	9.000000	K9	6.134174
4	Standard		-23.230000	0.200000		7.230169
5	Standard		23.230000	9.000000	K9	7.453387
6	Standard		-15.440000	3.000000	ZF1	7.100182
7	Standard		-54.519000	12.777211 M		7.047508
IMA	Standard		Infinity	-		5.663011

例图 5.4　结构参数

② 特性参数的输入。

在"Gen"中，设"Aperture Type"为"Entrance Pupil Diameter"，"Aperture Value"为 3.76。

在"Fie"中，打开三个 Y-Field，分别输入 0、10.5、15。

在"Wav"中，按"Select"键，系统默认为可见光 F、d、C 波长。

输入完毕后的目镜结构如例图 5.5 所示，相关特性曲线如例图 5.6 和例图 5.7 所示。

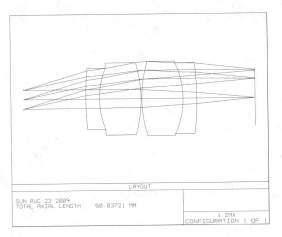

例图 5.5 二维结构图

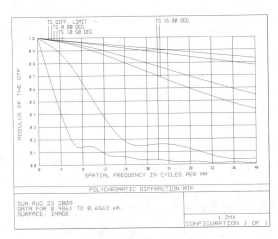

例图 5.6 调制传递函数曲线

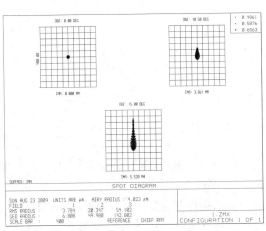

例图 5.7 点列图

通过特性曲线图我们看到边缘光线的成像质量不好，需要进行优化。由于该目镜最后要与物镜配合在一起，我们也可以组合后一起优化。这里我们暂时作初步优化。

（3）优化。

将所有的曲率半径设为变量进行优化。

选择主菜单"Editors"下的"Merit Function"，打开优化函数界面，再在该界面中的"Tools"下选择"Default Merit Function"。在最前面插入一个面，将焦距设为优化操作数，即"Type"中输入 EFFL，目标值"Target"中输入 22.176，权重"Weight"设为 1。

单击快捷按钮中的 Opt，并点击 Automatic，系统执行自动优化。优化后的结构参数如例图 5.8 所示，调制传递函数曲线和点列图分别如例图 5.9 和例图 5.10 所示。

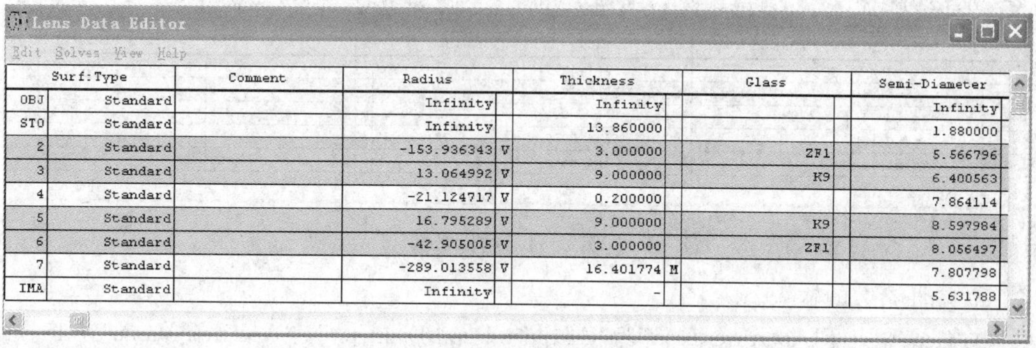

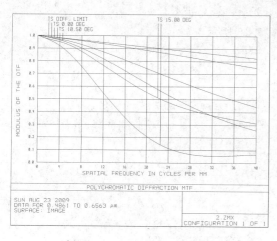

例图 5.8　结构参数

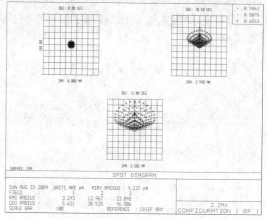

例图 5.9　调制传递函数曲线

例图 5.10　点列图

2）底部物镜

（1）选择初始结构。

根据计算，选择如下结构参数，如例表 5-2 所示。$f'_{底}=79.9$ mm，通光口径 $D=15$ mm，$2\omega=3°$。

例表 5-2　底部物镜初始结构参数

r	d	Glass
40.254	3.95	K9
−38	2.47	ZF2
−151.69		

（2）输入初始结构。

① 结构参数的输入。

按照查找的物镜初始结构以及计算的棱镜的相关参数，输入结果如例图 5.11 所示。

Surf:Type		Comment	Radius	Thickness	Glass	Semi-Diameter
OBJ	Standard		Infinity	Infinity		Infinity
STO	Standard		40.254000	3.950000	K9	7.518550
2	Standard		-38.000000	2.470000	ZF2	7.400057
3	Standard		-151.690000	72.897065 M		7.327103
IMA	Standard		Infinity	-		2.007008

例图 5.11　结构参数

② 特性参数的输入。

在"Gen"中，设"Aperture Type"为"Entrance Pupil Diameter"，"Aperture Value"为 15。

在"Fie"中，打开三个 Y-Field，分别输入 0、1、1.5。

在"Wav"中，按 Select 键，系统默认为可见光 F、d、C 波长。

其结构及相关特性曲线如例图 5.12～例图 5.15 所示。

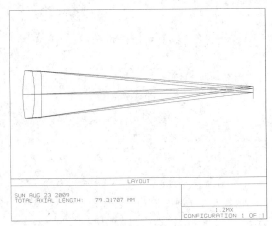

例图 5.12　二维结构图

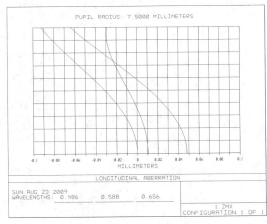

例图 5.13　纵向像差曲线

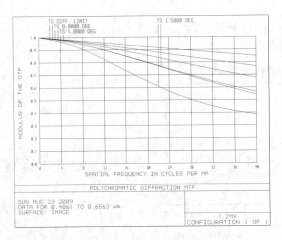

例图 5.14　调制传递函数曲线

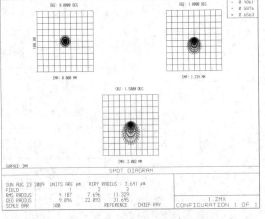

例图 5.15　点列图

通过上述曲线我们可以看出系统并没有做到消球差，因此需要优化。

（3）优化。

将所有的曲率半径设为变量进行优化。

选择主菜单"Editors"下的"Merit Function",打开优化函数界面,再在该界面中的"Tools"下选择"Default Merit Function"。在最前面插入两个面,分别将焦距和球差设为优化操作数。在第一行的"Type"中输入"EFFL",目标值"Target"中输入 79.9,权重"Weight"设为1。在第二行的"Type"中输入"SPHA",目标值"Target"中输入 0.1,权重"Weight"设为1。

单击快捷按钮中的"Opt",并点击"Automatic",系统执行自动优化。优化后的结果如例图 5.16～例图 5.19 所示。

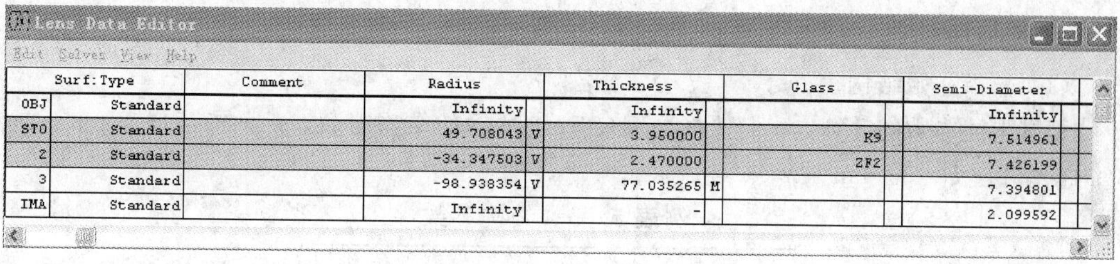

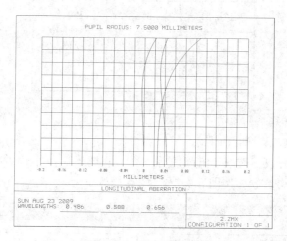

例图 5.16　结构参数

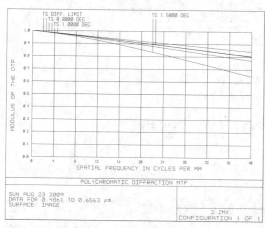

例图 5.17　纵向像差曲线

例图 5.18　调制传递函数曲线

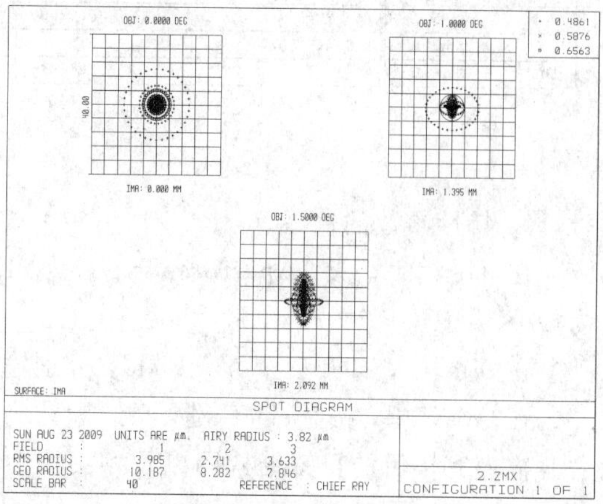

例图 5.19　点列图

（4）像差公差。

① 球差。

$$\delta L'_\mathrm{m} \leqslant 0.2691 \text{ mm}, \delta L'_{0.707} \leqslant 0.403\ 66 \text{ mm}，满足要求。$$

② 彗差。

$$K'_\mathrm{s} \leqslant 0.0336 \text{ mm}，满足要求。$$

③ 波像差。

$$W'_\mathrm{FC} \leqslant 0.1469 \sim 0.2938\ \mu\mathrm{m}，满足要求。$$

（具体详见消色差双胶合物镜设计。）

3）望远物镜

（1）选择初始结构。

根据上述参数的计算，我们选择如例表 5 - 3 所示的结构参数，$f'_{物} = 177.408$ mm；$2\omega = 3°$；通光口径 $D = 30$ mm。

例表 5 - 3 结构参数

r	d	Glass
126.51	6.5	BaK1
−57.72	3.5	ZF1
−151.69		

（2）输入初始结构。

① 结构参数的输入。

输入曲率半径、厚度、玻璃、出瞳距等参数，并把最后一个面的厚度设为边缘光高度"M"，输入完毕的结构参数如例图 5.20 所示。

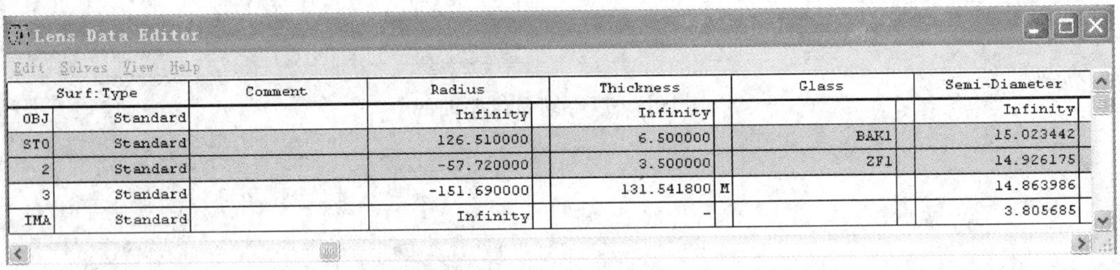

Surf:Type		Comment	Radius	Thickness	Glass	Semi-Diameter
OBJ	Standard		Infinity	Infinity		Infinity
STO	Standard		126.510000	6.500000	BAK1	15.023442
2	Standard		−57.720000	3.500000	ZF1	14.926175
3	Standard		−151.690000	131.541800 M		14.863986
IMA	Standard		Infinity	−		3.805685

例图 5.20 结构参数

② 特性参数的输入。

在"Gen"中，设"Aperture Type"为"Entrance Pupil Diameter"，"Aperture Value"为30。

在"Fie"中，打开三个 Y - Field，分别输入 0、1、1.5。

在"Wav"中，按"Select"键，系统默认为可见光 F、d、C 波长。

输入完毕后的目镜结构图以及相关特性曲线如例图 5.21～例图 5.24 所示。

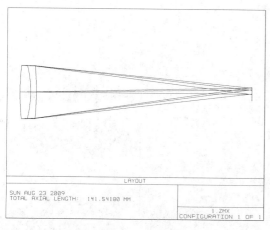

例图 5.21　二维结构图

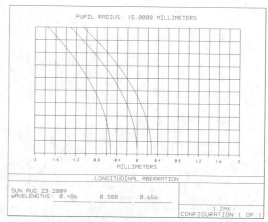

例图 5.22　纵向像差曲线

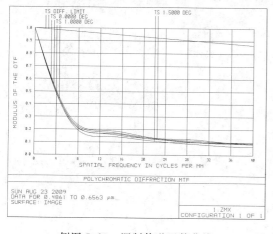

例图 5.23　调制传递函数曲线

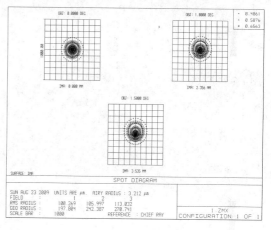

例图 5.24　点列图

（3）优化。

将所有的曲率半径设为变量进行优化。

选择主菜单"Editors"下的"Merit Function"，打开优化函数界面，再在该界面中的"Tools"下选择"Default Merit Function"。在最前面插入一个面，将焦距设为优化操作数，即"Type"中输入"EFFL"，目标值"Target"中输入 177.408，权重"Weight"设为 1。

单击快捷按钮中的"Opt"，并点击"Automatic"，系统执行自动优化。优化后的结果如例图 5.25 所示。

Surf:Type		Comment	Radius	Thickness	Glass	Semi-Diameter
OBJ	Standard		Infinity	Infinity		Infinity
STO	Standard		115.724179 V	6.500000	BAK1	15.025652
2	Standard		-66.985318 V	3.500000	ZF1	14.907298
3	Standard		-351.645705 V	172.330792 M		14.814441
IMA	Standard		Infinity	-		4.655476

例图 5.25　结构参数

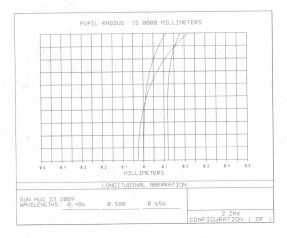

例图 5.26　纵向像差曲线

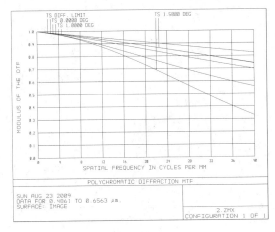

例图 5.27　调制传递函数曲线

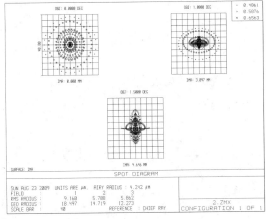

例图 5.28　点列图

4）望远物镜＋棱镜＋场镜

(1) 输入结构参数。

在上面望远物镜的基础上，将棱镜和场镜的参数输入进去，其结果如例图 5.29～例图 5.32 所示。

Lens Data Editor

Edit Solves View Help

Surf:Type		Comment	Radius	Thickness		Glass	Semi-Diameter
OBJ	Standard		Infinity	Infinity			Infinity
STO	Standard		115.724179	6.500000		BAK1	15.025652
2	Standard		-66.985318	3.500000		ZF1	14.907298
3	Standard		-351.645705	96.800000			14.814441
4	Standard		Infinity	7.800000		K9	9.094188
5	Standard		Infinity	3.600000			8.792603
6	Standard		82.000000	2.500000		BAK7	8.554197
7	Standard		Infinity	44.046363	M		8.398861
IMA	Standard		Infinity	-			3.201073

例图 5.29　结构参数

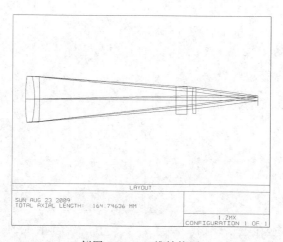

例图 5.30　二维结构图

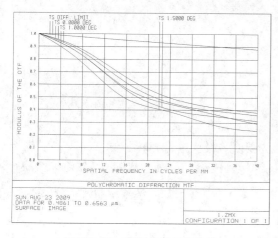

例图 5.31　调制传递函数曲线

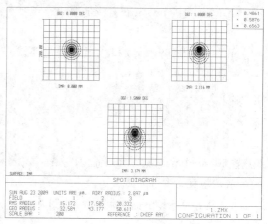

例图 5.32　点列图

（2）优化。

将 1、2、3、6 四个面的曲率半径设为变量进行优化。

选择主菜单"Editors"下的"Merit Function"，打开优化函数界面，再在该界面中的"Tools"下选择"Default Merit Function"。在最前面插入两个面，分别将焦距和球差设为优化操作数。在第一行的"Type"中输入"EFFL"，目标值"Target"中输入 177.408，权重"Weight"设为 1。在第二行的"Type"中输入"SPHA"，目标值"Target"中输入 0.1，权重"Weight"设为 1。

单击快捷按钮中的"Opt"，并点击"Automatic"，系统执行自动优化。但是在优化过程中，我们发现系统经历一个由坏变好、再变坏的过程，所以我们重新进行优化。此次执行五次优化，单击快捷按钮中的"Opt"，并点击"5 Cycles"，优化后的结果如例图 5.33 和例图 5.34 所示。

（3）像差公差。

① 球差。

$\delta L'_m \leqslant 0.332\ 67$ mm，$\delta L'_{0.707} \leqslant 0.499$ mm，满足要求。

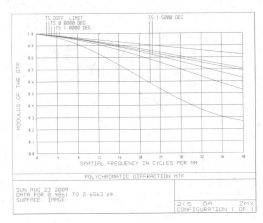

例图 5.33　调制传递函数曲线

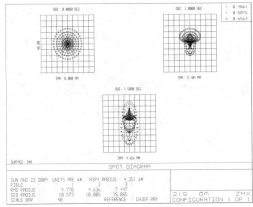

例图 5.34　点列图

② 彗差。

$K'_s \leqslant 0.041\ 584\ \text{mm}$，满足要求。

③ 波像差。

$W'_{FC} \leqslant 0.1469 \sim 0.2938\ \mu\text{m}$，满足要求。

（具体详见消色差双胶合物镜设计。）

5）组合

（1）望远系统。

由于目镜使用时是与设计相反的，所以首先要对各个面进行翻转。在"Tools"下拉菜单中选"Miscellaneous"，再选"Reverse Elements"，"First Surfac"填第 1 个面，"Last Surface"填第 8 个面。

a. 将第 1～8 个面复制并粘贴到物镜中。

b. 加理想像面：

单纯地将物镜和目镜对接后，出射光为平行光，无法被人眼接受，也无法进行优化，于是需要加一理想像面，使平行光会聚。

首先，在 IMA 前插入一个面，双击"Surf：Type"中的"standard"，将弹出的对话框中的"Surface Type"选为"Paraxial"。然后，在"Thickness"和"Focal length"两栏中填写相同的数值。可以尝试着填写，本例中使两者的数值均为 8，直至 Layout 二维结构图、MTF、Spt 效果较好时即可。结果如例图 5.35～例图 5.38 所示。

Surf:Type		Radius		Thickness		Glass	Semi-Diameter	Conic	Par 0(unused)	Par 1(unused)
OBJ	Standard	Infinity		Infinity			Infinity	0.000000		
STO	Standard	141.101542	V	6.500000		BAK1	15.020996	0.000000		
2	Standard	-75.841686	V	3.500000		ZF1	14.927684	0.000000		
3	Standard	-386.000331	V	96.800000			14.870776	0.000000		
4	Standard	Infinity		7.800000		K9	10.513722	0.000000		
5	Standard	Infinity		3.600000			10.283852	0.000000		
6	Standard	300.626520	V	2.800000		BAK7	10.114653	0.000000		
7	Standard	Infinity		83.545647	M		10.019647	0.000000		
8	Standard	Infinity		16.401774			4.671029	0.000000		
9	Standard	289.013558	V	9.000000		ZF1	6.403480	0.000000		
10	Standard	42.908005	V	9.000000		K9	6.591939	0.000000		
11	Standard	-16.795289	V	0.200000			7.098861	0.000000		
12	Standard	21.124717	V	9.000000		K9	6.716124	0.000000		
13	Standard	-13.064992	V	3.000000		ZF1	5.365309	0.000000		
14	Standard	153.936343	V	13.660000			4.759451	0.000000		
15	Paraxial			8.000000			1.943750			8.000000
IMA	Standard	Infinity					1.745507	0.000000		

例图 5.35　结构参数

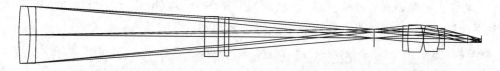

例图 5.36　二维结构图

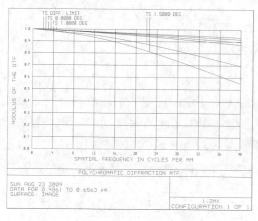

例图 5.37　调制传递函数曲线

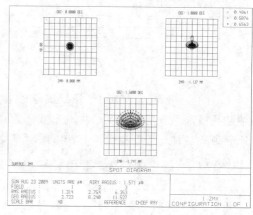

例图 5.38　点列图

c. 整体优化。

在所有工作都做完之后，我们最后进行整体优化。

将第 1～3、6 和 9～14 这十个面的曲率半径设为变量，同时取消优化函数。单击快捷按钮中的"Opt"，并将"Auto Update"项勾选上，以便实时观测系统结构及特性曲线的改变，然后点击"Automatic"，系统执行自动优化。

在自动优化的过程中，我们发现效果先是逐步变好，当达到一定的程度后，又慢慢变差。为了使优化效果停留在最佳的位置，我们退出，重新进行优化。这次我们不再选择"Automatic"自动优化，而是选择"1 Cycles"，表示执行 1 次优化，使优化的过程恰好能停留在最佳位置。最终的结果如例图 5.39 和例图 5.40 所示。

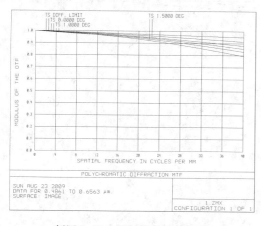

例图 5.39　调制传递函数曲线

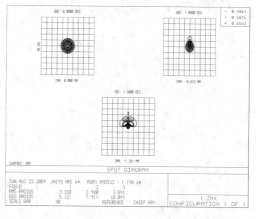

例图 5.40　点列图

（2）显微系统。

① 由于显微系统要求物在有限远，而我们所设计的底部物镜为物在无穷远，所以需要

将底部物镜的参数倒置。透镜表面、玻璃的顺序要改变,曲率半径的正负也要改变,并且把后截距改为入瞳距。改后的参数结构如例图 5.41 所示。

Surf:Type		Comment	Radius	Thickness	Glass	Semi-Diameter
OBJ	Standard		Infinity	77.035265		2.017239
STO	Standard		98.938854	2.470000	ZF2	7.535504
2	Standard		34.347503	3.950000	K9	7.665942
3	Standard		-49.708043	-2.557866E+006 M		7.839880
IMA	Standard		Infinity	-		6.476614E+004

例图 5.41 结构参数

② 由于显微系统是在望远系统的基础上加上底部物镜,于是我们将改后的底部物镜复制粘贴到望远系统的最前面。再调整底部物镜与望远物镜之间的距离,即"3"面的厚度,使之达到像质最佳,这里我们设其为 24。结果如例图 5.42~例图 5.45 所示。

Surf:Type		Radius	Thickness	Glass	Semi-Diameter	Conic	Par 0(unused)	Par 1(unused)
OBJ	Standard	Infinity	77.035265		3.060598	0.000000		
1	Standard	98.938854	2.470000	ZF2	10.992427	0.000000		
2	Standard	34.347503	3.950000	K9	11.051106	0.000000		
3	Standard	-49.708043	24.000000		11.096567	0.000000		
STO	Standard	115.381911 V	6.500000	BAK1	10.218699	0.000000		
5	Standard	-61.296721 V	3.500000	ZF1	10.176529	0.000000		
6	Standard	-273.359460	96.800000		10.176423	0.000000		
7	Standard	Infinity	7.800000	K9	7.896746	0.000000		
8	Standard	Infinity	3.600000		7.713135	0.000000		
9	Standard	159.697278 V	2.500000	BAK7	7.621875	0.000000		
10	Standard	Infinity	44.156670 M		7.545706	0.000000		
11	Standard	Infinity	16.401774		5.312594	0.000000		
12	Standard	-6045.036769 V	3.000000	ZF1	6.891777	0.000000		
13	Standard	36.758038 V	9.000000	K9	7.108952	0.000000		
14	Standard	-16.879960 V	0.200000		7.635946	0.000000		
15	Standard	21.736616 V	9.000000	K9	7.172076	0.000000		
16	Standard	-14.646635 V	3.000000	ZF1	5.780438	0.000000		
17	Standard	205.937243 V	13.860000		5.120724	0.000000		
18	Paraxial		8.000000		1.973646			8.000000
IMA	Standard	Infinity	-		1.939687	0.000000		

例图 5.42 结构参数

例图 5.43 二维结构图

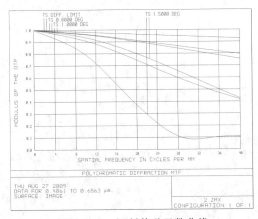

例图 5.44 调制传递函数曲线

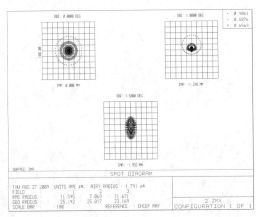

例图 5.45 点列图

设计实例六　折反射式望远物镜设计

折反射系统是一种便于校正轴外像差的系统，理想情况下多采用非球面，如双曲面、抛物面等，以便能很好地校正像差。但是因为加工困难，不能用在大量生产中，于是我们以球面镜为基础，加入适当的折射元件来校正球差。

1. 设计要求

设计一折反射式望远物镜，要求具体如下

(1) 相对孔径：$D/f' = 1/8$；

(2) 仪器视场：$2\omega' = 45°$；

(3) 入瞳直径：300 mm；

(4) 畸变：全口径全视场小于 5%；

(5) 传递函数：轴上空间频率为 40 lp/mm 时，不小于 0.4，轴外 2/3 视场不小于 0.2；

(6) 要求结构简单、体积小，光学部分的总长不大于 500 mm。

2. 初始结构选取

该系统中采用两片单独的球面镜来形成折反式望远物镜，但是它无法校正像差，于是我们分别加前校正组和后校正组来平衡像差。

根据上述技术要求和性能参数，并在查询资料的基础上，选择如例图 6.1 所示的初始结构。该结构的视场角为 5.8°，系统的总长度为 410 mm。这种结构分两部分：一部分是反射（基本）结构，即由主反射镜和次反射镜组成的基本结构，其作用是折转光路，达到减小光学系统轴向尺寸的目的；另一部分是由 5 片透镜组成的校正结构，用来校正基本结构的球差和彗差，提高系统的成像质量。

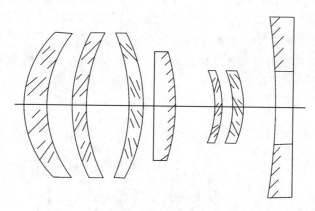

例图 6.1　系统结构

3. 参数计算

1) 焦距及分辨率计算

根据技术要求可求得：

焦距为 $f' = 8D = 8 \times 300$ mm $= 2400$ mm

分辨率为 $\sigma = 140''/D = 0.4667''$

2）主反射镜的外形尺寸计算

（1）主反射镜曲率半径的计算。

主镜的初始结构尺寸由下式确定：

$$\frac{R^3}{D} = -2.107 \left(\frac{D}{f'}\right)^{-0.983}$$

式中：D 为主反射镜的口径；R 为主反射镜反射面的曲率半径。

已知入瞳直径 $D = 300$ mm，$D/f' = 1/8$，由公式可得主反射镜的曲率半径 $R = 883.3$ mm。

（2）主反射镜厚度的计算。

由于主反射镜是一个凹面反射镜，因此只要中心厚度大于最小要求即可，故取 $d = 20$ mm。

（3）主反射镜孔径的计算。

前校正透镜的结构决定系统的相对孔径，一般在离最后像面不是很远的会聚光束中，还要加入一组后校正透镜，以校正系统的轴外像差，增大系统的视场。这类系统普遍存在的问题就是由于像面和主反射镜接近，因此主反射镜上面的开孔要略大于幅面对角线。增大系统的视场时必须扩大开孔，这样就增加了中心遮光比。所谓中心遮光比，是指中心遮光部分的直径与最大通光直径之比。所以在这类系统中，幅面一般只有主反射镜直径的 1/3 左右，中心遮光比通常大于 0.5。主反射镜的口径为 300 mm，那么，幅面的尺寸为 100 mm，初步取主反射镜上的开孔直径 $c = 120$ mm。

3）次反射镜的外形尺寸计算

（1）次反射镜口径的计算。

次反射镜的计算按照边沿光线的追迹方法来计算，即平行光照射到主反射镜上，并经过主反射镜反射而投射到次反射镜上，那么，刚好能够保证边沿光线可以被接收，然后再反射到主反射镜上，通过主反射镜通孔的次反射镜尺寸，便是次反射镜的最小尺寸。次反射镜的尺寸可以通过主反射镜和次反射镜的几何关系来确定，如例图 6.2 所示。

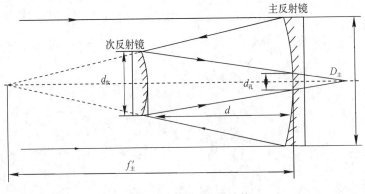

例图 6.2　主镜、次镜计算

在上图中，主反射镜的口径为 300 mm，曲率半径为 883.3 mm，对于此反射结构来说，它的物方和像方的介质都是空气，即 $n = -n' = 1$，那么反射镜的物、像之间的关系就可以写成以下的形式：$\frac{1}{L}+\frac{1}{L'}=\frac{2}{R}$。

对于望远镜的反射系统，光线是平行入射的，即上式中的 $L=\infty$，L'就是反射镜的焦距，那么该式就可以写成：$\frac{1}{f'_{主}}=\frac{2}{R}$。

主反射镜的焦距为 $f'_{主}=\frac{R}{2}$，由此可求得 $f'_{主}=441.65$ mm。

对于光学部分，设计要求总长不能大于 500 mm。初步取 D 主的值为 300 mm，并且认为反射镜的厚度可以忽略不计，那么就可得到以下的关系式：

$$\frac{d_{次}}{D_{主}}=\frac{f'_{主}-d}{f'_{主}}$$

式中：$d=300$ mm，$D_{主}=300$ mm。

由此得到 $d_{次}=96.2$ mm，也就是说，次反射镜的口径要满足大于等于 96.2 mm，才可以使从主反射镜上反射来的光线全部能够被次反射镜所接收。

(2) 次反射镜曲率半径的计算。

次反射镜的曲率半径可以根据光焦度来计算。总的系统的光焦度就是反射系统的光焦度，因为校正结构是光焦度为 0 的系统。反射系统的总光焦度为 $\phi=\phi_{主}+\phi_{次}$。其中，$\phi=\frac{1}{f'}=\frac{1}{2400}$，$\phi_{主}=\frac{1}{f'_{主}}=-\frac{1}{441.65}$，那么 $\phi_{次}=\frac{1}{373}$，而 $\phi_{次}=\frac{1}{f'_{次}}$。所以 $f'_{次}=\frac{1}{\varphi'_{次}}=-373$ mm，$R_{次}=2f'_{次}=-746$ mm。

(3) 次反射镜厚度的计算。

与主反射镜相同，次反射镜为一个凸反射镜，所以初步取 $d_{次}=10$ mm。根据光学工艺的要求，这样的反射镜是可以加工出来的，至于准确的数值，必须在校正像差之后才可以确定。

4. 设计步骤

1) 反射结构设计

按照计算的参数，输入到参数编辑器中，如例图 6.3 所示。

Lens Data Editor

Edit　Solves　View　Help

	Surf:Type	Comment	Radius	Thickness	Glass	Semi-Diameter
OBJ	Standard		Infinity	Infinity		Infinity
STO	Standard		-883.300000	-300.000000	MIRROR	150.507515
2	Standard		-746.000000	370.000000	MIRROR	59.626209
IMA	Standard		Infinity	-		74.918099

例图 6.3　结构参数

此时，我们打开 MTF 曲线图，并在其下拉菜单“Settings”中将“Max Frequency”改为 40，打开衍射极限“Show Diffraction Limit”，如例图 6.4 和例图 6.5 所示，发现曲线并未满足设计条件中所要求的“轴上空间频率为 40 lp/mm 时，不小于 0.4，轴外 2/3 视场不小于 0.2”条件。

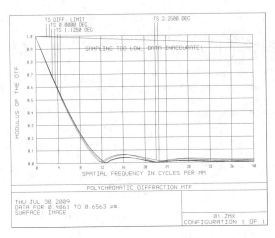

例图 6.4　调制传递函数曲线

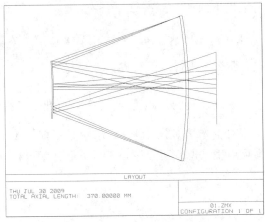

例图 6.5　二维结构图

打开塞德和数界面，观看各个面的各种像差。在"Analysis"下拉菜单中选择"Aberration Coefficients"选项，打开"Seidel Coefficients"对话框，我们从中截取一部分，如例图6.6所示。

```
Seidel Aberration Coefficients:

Surf    SPHA S1     COMA S2     ASTI S3     FCUR S4     DIST S5     CLA (CL)    CTR (CT)
STO     1.469164   -0.339915    0.078645   -0.078645    0.000000   -0.000000    0.000000
  2    -0.469760    0.094057   -0.018832    0.093119   -0.014874    0.000000   -0.000000
IMA     0.000000    0.000000    0.000000    0.000000    0.000000    0.000000    0.000000
TOT     0.999404   -0.245859    0.059813    0.014474   -0.014874    0.000000    0.000000
```

例图 6.6　塞德和数

可以看出该系统的球差相当的大，说明开始计算的结构数据不合适。对于球面反射镜来说，增大曲率半径，球差相应会减小。增大球面反射镜曲率半径和次反射镜的口径之后的结构参数如例图 6.7 所示。

Surf:Type		Comment	Radius	Thickness	Glass	Semi-Diameter	
OBJ	Standard		Infinity	Infinity		Infinity	
STO	Standard		-1402.495000	-300.000000	MIRROR	150.317412	
2	Standard		-1286.031000	700.000000	MIRROR	97.528299	
IMA	Standard		Infinity	-		81.499377	

例图 6.7　结构参数

此时再次调出塞德和数，发现该系统的成像质量有了明显改善，如例图 6.8 所示。

```
Seidel Aberration Coefficients:

Surf    SPHA S1     COMA S2     ASTI S3     FCUR S4     DIST S5     CLA (CL)    CTR (CT)
STO     0.367021   -0.134829    0.049531   -0.049531    0.000000   -0.000000    0.000000
  2    -0.248116    0.081694   -0.026899    0.054017   -0.008929    0.000000   -0.000000
IMA     0.000000    0.000000    0.000000    0.000000    0.000000    0.000000    0.000000
TOT     0.118905   -0.053135    0.022632    0.004486   -0.008929    0.000000    0.000000
```

例图 6.8　塞德和数

2）前校正透镜组结构设计

设计校正透镜组时，可以根据反射系统的像差确定对校正透镜组的像差要求，然后用初级像差公式求解透镜组的初始结构，最后计算实际像差并进行最后的校正；也可以直接给出一个结构，通过逐步的修改来校正像差。对前校正组来说，要求校正的是系统的球差和彗差，而且自行消色差。本设计选择了后一种办法，即直接给出一个结构，通过逐步的修改来校正像差，结果如例图 6.9 所示。

Surf:Type		Comment	Radius	Thickness	Glass	Semi-Diameter
OBJ	Standard		Infinity	Infinity		Infinity
1	Standard		621.051400	30.000000	ZK7	151.698495
2	Standard		604.905300	20.000000		148.173762
3	Standard		600.000000	34.000000	ZK7	147.398618
STO	Standard		640.030500	35.000000		144.800557
5	Standard		-742.575100	25.000000	ZK7	144.918989
6	Standard		-929.540400	301.000000		147.471670
7	Standard		-1402.495000	-291.000000	MIRROR	163.156250
8	Standard		-1286.031000	200.000000	MIRROR	110.641198
IMA	Standard		Infinity	-		108.778945

例图 6.9　结构参数

同样，如例图 6.10 所示，由塞德和数可以看出，系统的球差得到了有效的改善。

```
Seidel Aberration Coefficients:

Surf    SPHA S1     COMA S2     ASTI S3     FCUR S4     DIST S5     CLA (CL)    CTR (CT)
 1     0.497954    0.072912    0.010676    0.021256    0.004676   -0.226980   -0.033235
 2    -0.511487   -0.077929   -0.011873   -0.021824   -0.005134    0.225631    0.034377
 3     0.524371    0.082023    0.012830    0.022002    0.005449   -0.227539   -0.035592
STO   -0.304160   -0.058144   -0.011115   -0.020626   -0.006068    0.193153    0.036924
 5    -0.316791    0.060267   -0.011465   -0.017778    0.005563    0.184434   -0.035087
 6     0.090889   -0.024122    0.006402    0.014202   -0.005468   -0.131998    0.035032
 7     0.282960   -0.091139    0.029355   -0.049531    0.006499   -0.000000    0.000000
 8    -0.216421    0.059709   -0.016473    0.054017   -0.010358    0.000000   -0.000000
IMA    0.000000    0.000000    0.000000    0.000000    0.000000    0.000000    0.000000
TOT    0.047314    0.023577    0.008337    0.001719   -0.004842    0.016703    0.002419
```

例图 6.10　塞德和数

此时的传递函数和系统结构如例图 6.11 和例图 6.12 所示。

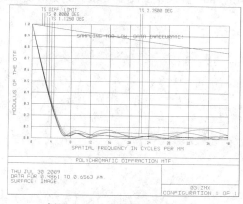

例图 6.11　光学传递函数曲线

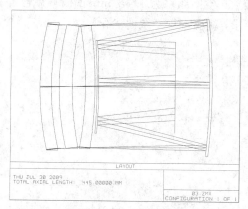

例图 6.12　二维结构图

3）后校正透镜组结构设计

该系统需用后校正透镜组来校正系统的像散，同时也要求透镜组自行校正垂轴色差，并且尽可能减少彗差。后校正透镜组的设计结果如例图 6.13 所示。

Surf: Type		Comment	Radius	Thickness	Glass	Semi-Diameter
OBJ	Standard		Infinity	Infinity		Infinity
1	Standard		621.051400	30.000000	ZK7	151.698495
2	Standard		604.905300	20.000000		148.173762
3	Standard		600.000000	34.000000	ZK7	147.398618
STO	Standard		640.030500	35.000000		144.800557
5	Standard		-742.575100	25.000000	ZK7	144.918989
6	Standard		-929.540400	301.000000		147.471670
7	Standard		-1402.495000	-291.000000	MIRROR	163.156250
8	Standard		-1286.031000	200.000000	MIRROR	110.641198
9	Standard		-700.000000	12.000000	ZF6	108.856392
10	Standard		-500.000000	20.000000		109.389259
11	Standard		-302.821700	12.000000	ZK7	108.659041
12	Standard		-329.076400	1156.107000		110.089420
IMA	Standard		Infinity	-		100.021612

例图 6.13 结构参数

再次观看塞德和数，如例图 6.14 所示，发现尽管添加了前校正透镜组和后校正透镜组，系统的像差还是相当大的。

```
Seidel Aberration Coefficients:

Surf    SPHA S1      COMA S2     ASTI S3      FCUR S4      DIST S5     CLA (CL)     CTR (CT)
  1    0.497954    0.072912    0.010676    0.021256    0.004676   -0.226980   -0.033235
  2   -0.511487   -0.077929   -0.011873   -0.021824   -0.005134    0.225631    0.034377
  3    0.524371    0.082023    0.012830    0.022002    0.005449   -0.227539   -0.035592
 STO  -0.304160   -0.058144   -0.011115   -0.020626   -0.006068    0.193153    0.036924
  5   -0.316791    0.060267   -0.011465   -0.017778    0.005563    0.184434   -0.035087
  6    0.090889   -0.024122    0.006402    0.014202   -0.005468   -0.131998    0.035032
  7    0.282960   -0.091139    0.029355   -0.049531    0.006499   -0.000000    0.000000
  8   -0.216421    0.059709   -0.016473    0.054017   -0.010358    0.000000   -0.000000
  9   -0.158147    0.007390   -0.000345   -0.021350    0.001014    0.210843   -0.009852
 10    0.507188    0.049746    0.004879    0.029890    0.003410   -0.308542   -0.030263
 11   -1.089582   -0.212325   -0.041375   -0.043594   -0.016558    0.166946    0.032533
 12    0.823308    0.150275    0.027429    0.040116    0.012329   -0.153259   -0.027974
 IMA   0.000000    0.000000    0.000000    0.000000    0.000000    0.000000    0.000000
 TOT   0.130081    0.018663   -0.001076    0.006781   -0.004647   -0.067308   -0.033137
```

例图 6.14 塞德和数

系统的光学传递函数如例图 6.15 和图例 6.16 所示。由图可以看出，该系统的光学传递函数在空间频率为 40 lp/mm 的时候就已经截止了，这不符合设计要求。要使系统满足设计要求，就要进行系统的优化。

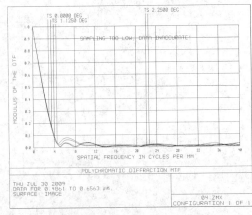

例图 6.15 调制传递函数曲线

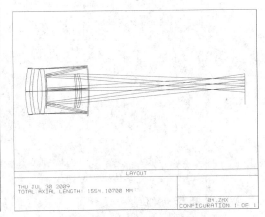

例图 6.16 二维结构图

4) 系统优化

从上面的塞德和数中可以看出，影响系统成像质量的主要原因是第 3、10、11、12 面。因此，需要对这几个面进行校正。

首先将这四个面的曲率半径设为变量"V"。然后在"Editors"下拉菜单中选择"Merit Function"，并在弹出的窗口中选择"Tools"下拉菜单中的"Default Merit Function"，调出优化界面。最后在优化界面中插入一行，把焦距 EFFL 设为优化操作数，目标值"Target"设为 2400，权重"Weight"设为 1。单击操作界面的 Opt，系统自动进行优化。优化之后的系统结构参数如例图 6.17 所示。

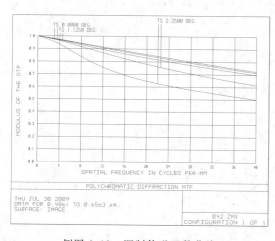

例图 6.17　结构参数

优化之后系统的光学传递函数如例图 6.18 和例图 6.19 所示。从图中可以看出，该系统的成像质量有了明显的提高。光学传递函数（MTF）在空间频率为 40 lp/mm 时，全视场的传递函数值为 0.5 左右，轴上的传递函数值为 0.7 左右，2/3 视场的传递函数值也为 0.7 左右，满足设计要求。

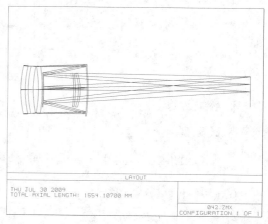

例图 6.18　调制传递函数曲线　　　　例图 6.19　二维结构图

设计实例七　照明系统设计

照明系统是指由光源、聚光镜及辅助透镜组成的一种照明装置。它是光学仪器的一个重要组成部分，不少光学仪器在工作的时候，需要用光源照明，如投影仪、放映机等。这些仪器一般都是利用光源把物体照明，再通过系统进行成像，为了提高光源的利用率和充分发挥成像光学系统的作用，需要在光源和被照明物平面之间再加入一个聚光照明系统。

对照明系统有以下具体要求：

（1）被照明面要有足够的光照度，而且要足够均匀；

（2）要保证被照明物点的数值孔径，而且照明系统的渐晕系数与成像系统的渐晕系数应一致；

（3）尽可能减少杂光，限制视场以外的光线进入，防止多次反射，以免降低像面对比和照明均匀性；

（4）对于高精度的仪器，光源和物平面以及决定精度的主要零部件不要靠得很近，以免造成温度误差。

1. 设计要求

设计一个物方孔径角 $2U = 20°$、$\beta = -1$、物距 $l_1 = -100$ mm 的照明系统。聚光镜的透镜选用 K10 玻璃（$n_0 = 1.518\,29$）。

2. 结构选取

根据偏转角，我们可以选用双透镜式的照明系统，最常用的是两个平凸透镜相对的情况。这种形式加工方便，光线在两个透镜之间接近平行，球差也接近于最小值。由像差理论我们可知，当平凸透镜的凸面朝向平行光时，具有最小球差，因此，我们可以采用两个凸面朝向中间的双平凸透镜系统，其结构如例图 7.1 所示。

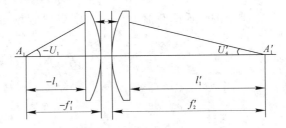

例图 7.1　双透镜式照明系统

3. 参数计算

1）最大偏转角

因为 $\beta = \dfrac{\sin U}{\sin U'}$，而 $\beta = -1$，$U = 10°$，所以 $U' = 10°$，因此系统中光束的最大偏转角为 $U' - U = 10° - (-10°) = 20°$。

2）焦距、曲率半径

因为 $\beta = \dfrac{-f_2'}{f_1'} = -1$，而物距 $l_1 = -100$ mm 近似于焦距 $-f_1'$，所以 $f_1' = f_2' = 100$ mm。

当 $r_1=\infty$ 时，$r_2=-f_1'(n-1)=-100\times 0.518\,29=-51.829$ mm。

当 $r_4=\infty$ 时，$r_3=f_2'(n-1)=100\times 0.518\,29=51.829$ mm。

3）口径

通光口径 $D=2l_1\tan(-10°)=35.3$ mm，全口径 $D_P=D+\delta=38$ mm。

4）中心厚度

通过查表可知，当透镜直径 D 介于 30～50 mm 时，正透镜边缘最小厚度 t 在 1.8～2.4 mm 之间，这里我们取 $t=2$ mm。因此公式 $d=t-x_2+x_1$ 可写为 $d=2-x_2+x_1$。

又因为第一片透镜为平凸透镜，所以矢高 $x_1=0$，$x_2=r_2+\sqrt{r_2^2-\left(\frac{D_P}{2}\right)^2}=-3.47$ mm。

所以 $d_1=2-x_2+x_1=5.47$ mm，这里取 $d_1=5.5$ mm。

同理，$d_2=5.5$ mm。

4. 设计步骤

1）结构及特性参数输入

（1）根据上述计算的参数，在 Zemax 中输入初始结构，如例图 7.2 所示。

Lens Data Editor

Edit Solves View Help

Surf:Type		Comment	Radius	Thickness		Glass	Semi-Diameter
OBJ	Standard		Infinity	100.000000			17.632698
STO	Standard		Infinity	5.500000		K10	17.650000
2	Standard		-51.880000	0.400000			18.155382
3	Standard		51.880000	5.500000		K10	19.325100
4	Standard		Infinity	99.626582	M		19.267436
IMA	Standard		Infinity	-			21.684663

例图 7.2　结构参数

（2）将“4”面的“Thickness”设为边缘光高度“M”。

（3）孔径“Gen”中的“Aperture Type”选为“Entrance Pupil Diameter”，“Aperture Value”输入 35.3。

（4）视场“Fie”中的“Type”选为“Angle”，并在 Y-Field 中分别输入 0、7、10。

（5）波长“Wav”依旧选择 F、d、C 三种色光。

（6）待全部参数都输入完成之后，我们观看二维结构图，发现系统存在离焦（未在像平面处汇聚），如例图 7.3 所示。于是我们可以取消“4”面边缘光高度的设定，进行手动调焦。经过反复修改发现，当该值为 90 时，系统的效果较好。

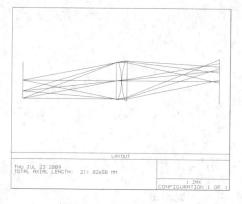

例图 7.3　二维结构图

2）优化

一般的照明系统只要求物面和光瞳的照明均匀，因此对像差要求并不严格，因为它并不影响投影物平面的成像质量，而只影响像面的照度。这时，只需要校正球差和色差，使两个光阑能成清晰的光孔边界像即可。并且，由于发光体的尺寸一般不大，而照明的孔径角 U、U' 又比较大，因此主要的像差是球差。但是，对于球差的要求也并不严格，并不需要完全校正，而只要控制到适当范围就可以。具体优化步骤如下：

（1）为了保证该系统为两片平凸透镜，我们把第 2、3 两面的曲率半径设为变量。

（2）选择"Editors"下拉菜单中的"Merit Function"，然后在"Tools"中选择"Default Merit Function"，调出优化函数界面。在前面插入一个面，把球差 SPHA 设为优化操作数，给定"Wave"为 2，目标值"Target"为 0.1，权重"Weight"设为 1。单击快捷菜单中的"Opt"进行优化。

（3）优化结果分析。

优化后的基本结构参数如例图 7.4 所示。

Surf:Type		Comment	Radius	Thickness	Glass	Semi-Diameter
OBJ	Standard		Infinity	100.000000		17.632698
STO	Standard		Infinity	5.500000	K10	17.650000
2	Standard		-51.153537 V	0.400000		18.144943
3	Standard		51.900558 V	5.500000	K10	19.299984
4	Standard		Infinity	90.000000		19.239555
IMA	Standard		Infinity	-		18.420553

例图 7.4　结构参数

在"Analysis"下拉菜单中选择"Miscellaneous"下的"Relative Illumination"，如例图 7.5 所示，观察曲线几乎为一条平直的直线，说明照明的能量分布的比较均匀，设计结果比较理想。

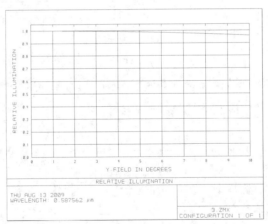

例图 7.5　相对照度曲线

一般的照明系统只要求物面和光瞳获得均匀照明，因此对像差要求并不严格，因为它并不影响投影物平面的成像质量，而只影响像面的照度。这时，只需校正球差和色差，使两个光阑能成清晰的光孔边界像即可。由于发光体的尺寸一般不大，而照明的孔径角 U 和 U' 比较大，因此对照明系统来说，主要的像差是球差。但是，系统对于球差的要求也并不严格，并不需要完全校正，而只要控制到适当范围就可以了。

设计实例八　变焦物镜设计

1. 设计要求

设计一显微镜视频图像显示转换 CCD 变焦物镜，要求焦距 $f'=60\sim120$ mm，$l'_f \geqslant$ 80 mm，接收器 $1/3''$CCD$(3.6\times1.8$ mm$^2)$，入瞳为显微镜转接口处的出瞳，直径 $D=6$ mm。

2. 初始结构选取

根据相对孔径和视场都比较小、而后截距大的光学特性，CCD 变焦物镜的形式选为负双胶合透镜和正胶合透镜组合，变焦光学系统如例图 8.1 所示。利用组合透镜光焦度公式 $(\phi=\phi_1+\phi_2-d\phi_1\phi_2)$ 改变透镜组之间的间隔来改变整个物镜的焦距。由于 $f'=60\sim120$ mm，我们假定系统总焦距为其间某值，由公式计算出负双胶合透镜和正胶合透镜的焦距分配为 $f'_1=-105$ mm 和 $f'_2=60$ mm，透镜组之间的间隔变化范围为 $3\sim57$ mm。由于变焦过程中透镜的通光口径和视场均不大，初始结构参数经计算列于例表 $8-1$ 中。

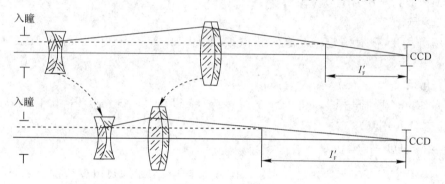

例图 8.1　变焦原理

例表 8-1　负双胶合透镜和正双胶合透镜初始结构参数

序号	R	D	玻璃	焦　　距
1	-100	2	ZF2	
2	-45	2	K9	-102.47
3	80	3~57		
4	70	5	K9	
5	-20	2	ZF2	61.87
6	-40			

3. 设计步骤

1) 输入初始结构参数

初始结构确定后，按照通常的方法，打开 LDE 首先输入一组透镜初始结构参数作为基本结构，如例图 8.2 所示。

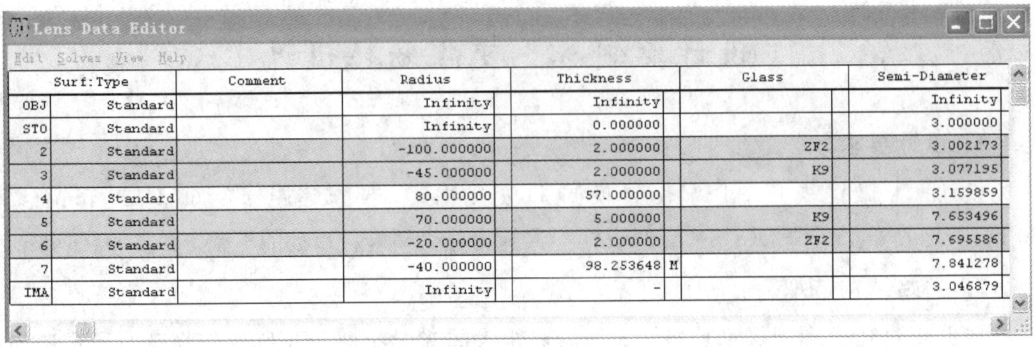

例图 8.2　结构参数

2）输入特性参数

（1）波长。

工作波长及权重大小选择应根据 CCD 器件光谱响应特性而确定，示例中选择 F、d、C 谱线为工作波长仅作为参考。

（2）视场。

视场由 CCD 靶面确定，设定实际像高（Real Image Height）分别为 0、2.1 mm 和 3.0 mm。

（3）孔径。

打开"Gen"快捷方式，将"Aperture Type"设为"Entrance Pupil Diameter"，将"Aperture Value"填为 6。

3）多重结构的设置

变焦物镜实现变焦与变焦过程中像面位置基本不变，是通过改变透镜组之间的间隔实现的。要实现焦距 60 mm～120 mm 之间变化，透镜组之间的间隔（间隔序号 4）变化约为 3 mm～57 mm。为保证变焦过程中成像质量基本一致，该间隔先选择 5 个位置值 3 mm、17.5 mm、30 mm、42.5 mm 和 57 mm，来同时校正像差。与此同时要保证像面位置不变，相应的入瞳距（间隔序号 1）和后截距（间隔序号 7）也应调整。这样序号为 1、4、7 的一组间隔取值的不同，构成了不同结构形式。多重结构的参数可用多重结构编辑器（MCE）输入。具体操作如下。

（1）调出多重结构编辑器。

从 Zemax 主菜单条中选择"Editors"下的"Multi-Configuration"，打开如例图 8.3 所示的 MCE 界面。使用 MCE 菜单条中"Edit"下命令"Insert Config"（插入结构一列）和"Insert Operand"（插入操作数一行）建立多重结构编辑电子表格。

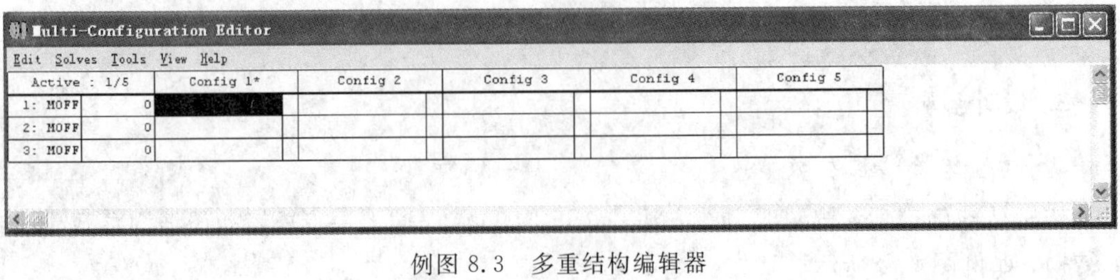

例图 8.3　多重结构编辑器

（2）输入相应的控制操作符，定义多重结构。

如例图 8.4 所示，其中每列表示一个结构，每一行表示不同结构中同一操作符的不同取值。列标题 Config♯ 表示第♯结构，数字后有 ＊ 号的结构为当前结构。在"MOFF"处双击，改变操作符的类型。将"Operand"改为 THIC，将"Surface"分别改为 1、4、7，如例图 8.5 所示。

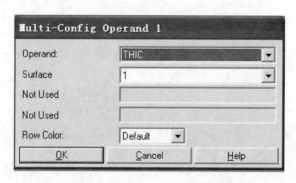

例图 8.4　多重结构操作数设置

Active : 1/5	Config 1*	Config 2	Config 3	Config 4	Config 5
1: THIC	1	0.000000	7.500000	12.430000	14.670000	10.600000
2: THIC	4	57.000000	42.500000	30.000000	17.500000	3.000000
3: THIC	7	97.909541	104.250628	111.572752	121.839006	140.481992

例图 8.5　多重结构编辑器

（3）对不同结构进行分析。

与之前的其他设计不同的是，此处所有的计算分析和图表显示信息，仅针对当前结构。若改变当前结构，可双击 MCE 中对应结构顶部的列标题，或按快捷键 Ctrl＋A、Shift＋Ctrl＋A 轮流改变。初始多重结构中各结构的调制传递函数和点列图分别如例图 8.6 所示。

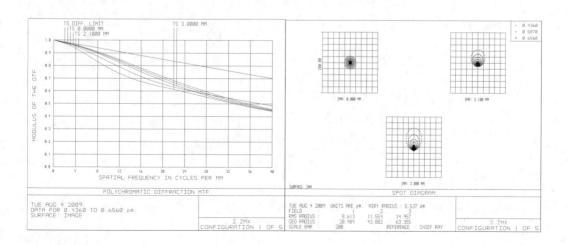

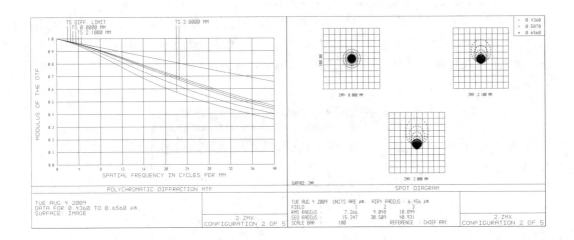

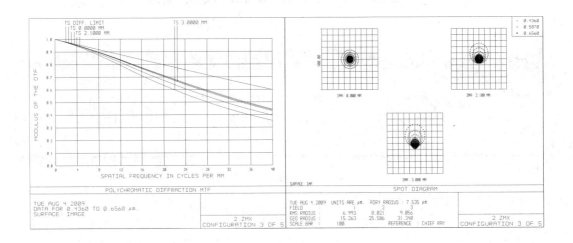

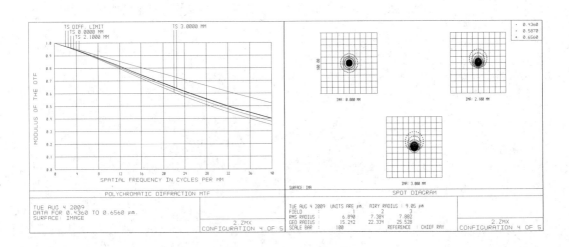

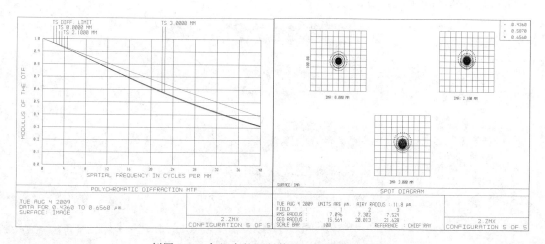

例图 8.6　各组态的调制传递函数曲线和点列图

4）优化

（1）设置变量。

Zemax 中多重结构数据的优化与单结构优化基本一样。在设计的变焦物镜中，将所有曲率半径以及间隔 1 和间隔 7 设为自变量，当调用优化程序时，优化程序将自动调用这些变量参与优化。具体设置与常规相同，在 LDE 和 MCE 中将光标放在半径和间隔参数上，然后按下 Ctrl+Z，如例图 8.7 和例图 8.8 所示。

Lens Data Editor: Config 5/5

Edit Solves View Help

Surf:Type		Comment	Radius		Thickness		Glass	Semi-Diameter	Conic
OBJ	Standard		Infinity		Infinity			Infinity	0.000000
STO	Standard		Infinity		10.600000	V		3.000000	0.000000
2	Standard		-100.000000	V	2.000000	V	ZF2	3.238885	0.000000
3	Standard		-45.000000	V	2.000000		K9	3.290402	0.000000
4	Standard		80.000000	V	3.000000			3.338012	0.000000
5	Standard		70.000000	V	5.000000		K9	3.502930	0.000000
6	Standard		-20.000000	V	2.000000		ZF2	3.590074	0.000000
7	Standard		-40.000000	V	140.481992	V		3.663248	0.000000
IMA	Standard		Infinity		-			3.021628	0.000000

例图 8.7　结构参数

Multi-Configuration Editor

Edit Solves Tools View Help

Active : 5/5		Config 1		Config 2		Config 3		Config 4		Config 5*	
1: THIC	1	0.000000	V	7.500000	V	12.430000	V	14.670000	V	10.600000	V
2: THIC	4	57.000000		42.500000		30.000000		17.500000		3.000000	
3: THIC	7	97.909541	V	104.250628	V	111.572752	V	121.839006	V	140.481992	V

例图 8.8　多重结构编辑器

（2）设置默认评价函数。

为了同时优化全部的结构，在主菜单中选择“Editors”下的“Merit Function”，并在“Merit Function Editor”的下拉菜单中选择“Tools”，系统自动弹出“Default Merit Function”对话框。本设计选用的默认评价函数为：RMS、spot radius、centroid，Gaussian Quadrature 中 Rings 设为

5、Arms 设为 6，如例图 8.9 所示。

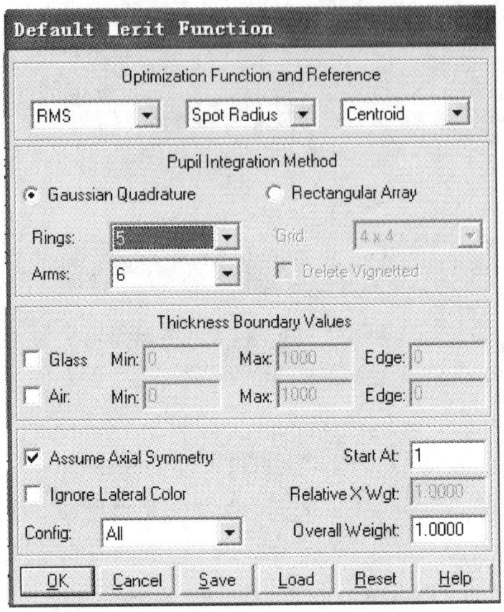

例图 8.9　默认评价函数设置

（3）设置优化操作数。

多重结构评价函数与单一结构的评价函数略有不同。多重结构评价函数中，使用操作符 CONF 与结构序号来控制对应结构的优化。在评价函数的求值过程中这个特殊的操作符 CONF 将改变对应的结构。评价函数中，在当前 CONF 后到下一个 CONF 之前所定义的所有操作符序列仅与当前结构有关。在操作数序列中输入操作符以及它们各自的目标值和权重可以不同，以实现对不同结构的不同控制。

在所有建立的默认评价函数中可根据设计要求增加相应的操作符控制，如边界条件、光学特性参数等设定，具体方法与前面介绍的相同。变焦物镜设计中，要求不同的组元在像质优化时焦距分配保持不变，如负双胶合透镜焦距要求为 -105 mm，正双胶合透镜焦距要求为 60 mm，在评价函数中通过增加 EFLY 操作符实现控制。另外，为保持像面位置不变，在评价函数中用 TOTR 操作符控制入瞳到像面的距离在不同结构中为相同值，如例图 8.10 所示。

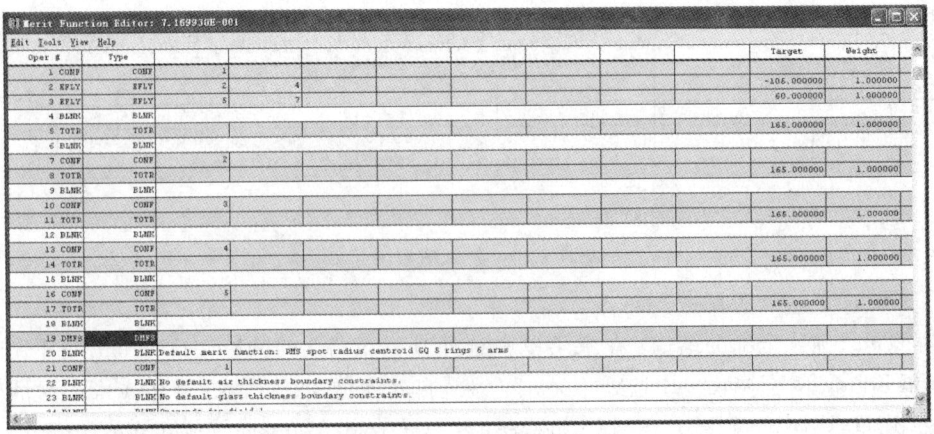

例图 8.10　优化函数编辑器

（4）执行优化。

评价函数建立后，优化执行过程，方式与通常优化相同，点击工具栏中的 Opt 工具，执行优化，优化后的变焦物镜结构参数如例图 8.11 所示，多重结构参数如例图 8.12 所示。

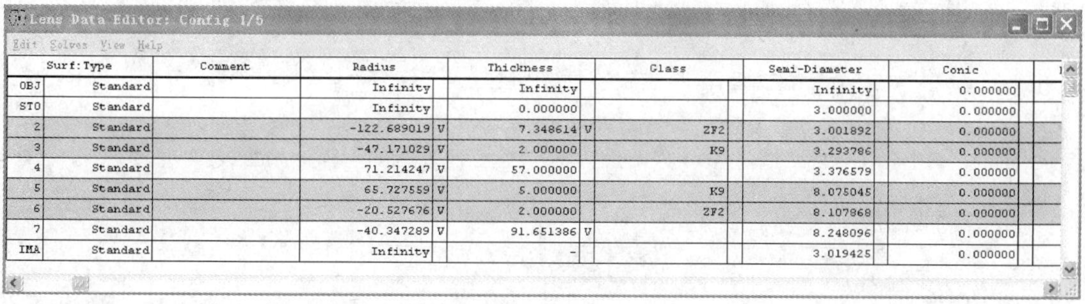

Surf:Type		Comment	Radius		Thickness		Glass	Semi-Diameter	Conic	
OBJ	Standard		Infinity		Infinity			Infinity	0.000000	
STO	Standard		Infinity		0.000000			3.000000	0.000000	
2	Standard		-122.689019	V	7.348614	V	ZF2	3.001892	0.000000	
3	Standard		-47.171029	V	2.000000		K9	3.293786	0.000000	
4	Standard		71.214247		57.000000			3.376579	0.000000	
5	Standard		65.727559	V	5.000000		K9	8.075045	0.000000	
6	Standard		-20.527676	V	2.000000		ZF2	8.107869	0.000000	
7	Standard		-40.347289	V	91.651386	V		8.248096	0.000000	
IMA	Standard		Infinity		-			3.019425	0.000000	

例图 8.11　结构参数

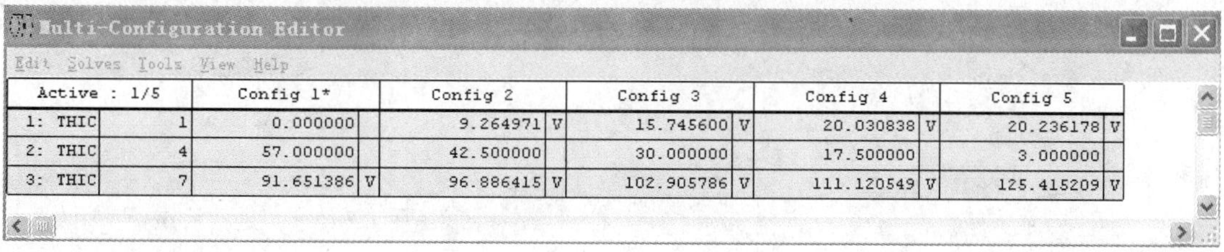

Active : 1/5		Config 1*	Config 2		Config 3		Config 4		Config 5	
1: THIC	1	0.000000	9.264971	V	15.745600	V	20.030838	V	20.236178	V
2: THIC	4	57.000000	42.500000		30.000000		17.500000		3.000000	
3: THIC	7	91.651386	V	96.886415	V	102.905786	V	111.120549	V	125.415209	V

例图 8.12　多重结构编辑器

此时的 2D Layout 已经无法打开，我们只能观察 3D Layout，并单击其中的"Settings"，弹出如例图 8.13 所示的对话框。将"Configuration"设为 All，"Offset Y"设为 20，为了观察舒适，也可以隐藏透镜边缘，将"Hide Lens Edges"勾选上。光学系统结构图、传递函数曲线和点列图如例图 8.14 所示。

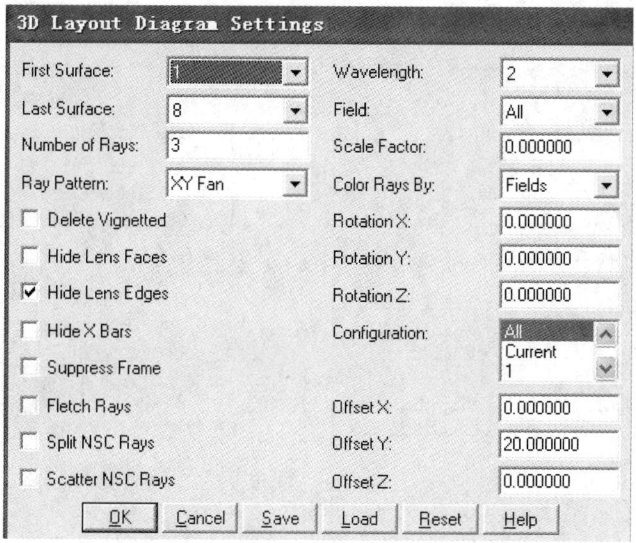

3D Layout Diagram Settings

First Surface:	1	Wavelength:	2
Last Surface:	8	Field:	All
Number of Rays:	3	Scale Factor:	0.000000
Ray Pattern:	XY Fan	Color Rays By:	Fields
☐ Delete Vignetted		Rotation X:	0.000000
☐ Hide Lens Faces		Rotation Y:	0.000000
☑ Hide Lens Edges		Rotation Z:	0.000000
☐ Hide X Bars		Configuration:	All / Current / 1
☐ Suppress Frame			
☐ Fletch Rays		Offset X:	0.000000
☐ Split NSC Rays		Offset Y:	20.000000
☐ Scatter NSC Rays		Offset Z:	0.000000

OK　Cancel　Save　Load　Reset　Help

例图 8.13　三维结构图设置

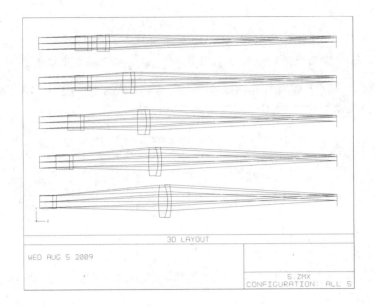

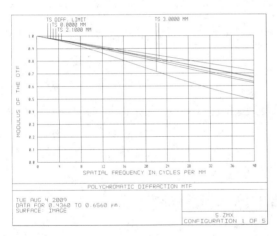

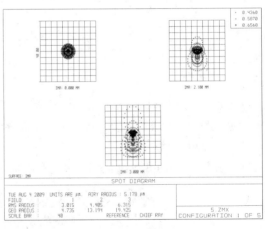

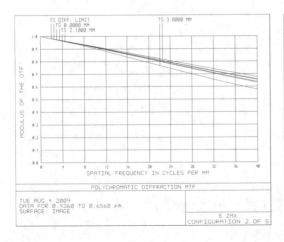

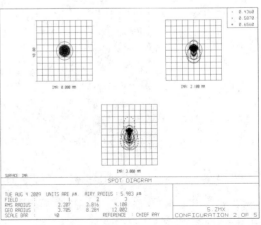

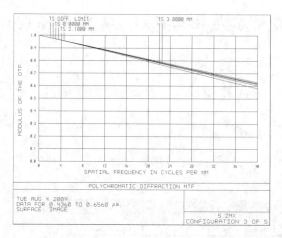

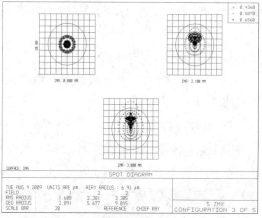

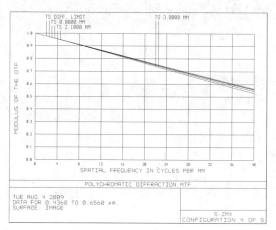

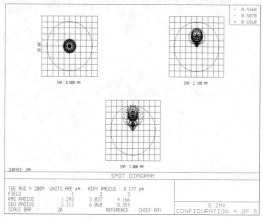

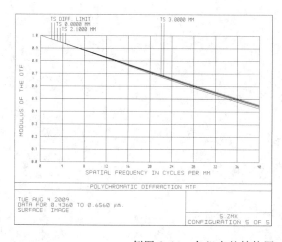

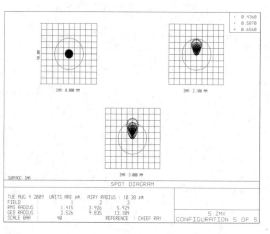

例图 8.14　各组态的结构图、调制传递函数曲线和点列图

　　比较例图 8.7 和例图 8.14，可以看出优化后像质得到明显改善。不同结构的点列图弥散斑大小均与艾里斑大小接近，有的甚至小于艾里斑。几何传递函数分布也与衍射极限基本一致。说明变焦物镜像差校正已达到比较理想的状态。

设计实例九 非球面系统设计（带施密特校正板的卡塞格林系统）

1. 设计要求

设计一带有施密特校正板的卡赛格林系统，在可见光波段内，要求 $f'=200$ mm，入瞳直径为 50 mm，视场角 $2\omega=2°$。

2. 设计步骤

首先选择一个初始系统，其结构参数如例图 9.1 所示，光学结构如例图 9.2 所示，特性曲线和点列图如例图 9.3 和例图 9.4 所示。

	Surf:Type	Comment	Radius	Thickness	Glass	Semi-Diameter	
OBJ	Standard		Infinity	Infinity		Infinity	
STO	Standard		3.448379E+004	4.000000	BK7	25.000158	
2	Standard		Infinity	198.000000		25.045167	
3*	Standard		Infinity	80.000000		14.000000	U
4*	Standard		-260.559011	-76.723850	MIRROR	29.764782	
5	Standard		-307.116404	81.633681	MIRROR	13.562617	
IMA	Standard		Infinity	-		3.602800	

例图 9.1 结构参数

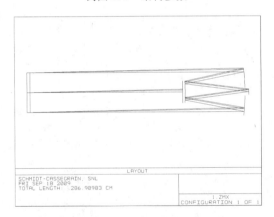

例图 9.2 二维结构图

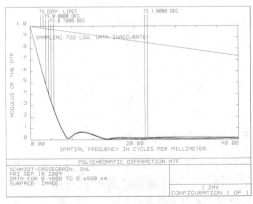

例图 9.3 调制传递函数曲线

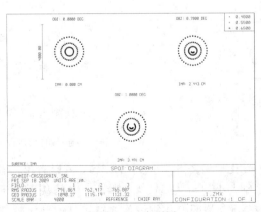

例图 9.4 点列图

在"Analysis"下拉菜单中选择"Aberration Coefficients"中的"Seidel Coefficients"，调出塞德和数，如例图 9.5 所示。

```
Seidel Aberration Coefficients:

Surf    SPHA  S1    COMA  S2    ASTI  S3    FCUR  S4    DIST  S5    CLA (CL)    CTR (CT)
STO    0.000000    0.000000    0.000001    0.000002    0.000075   -0.000099   -0.002388
  2    0.000000   -0.000000    0.000002   -0.000000   -0.000075   -0.000051    0.002387
  3   -0.000000    0.000000   -0.000000   -0.000000   -0.000000    0.000000   -0.000000
  4    0.043766    0.000614    0.000009   -0.001462   -0.000020    0.000000   -0.000000
  5   -0.016980   -0.000990   -0.000058    0.001240    0.000069    0.000000    0.000000
IMA    0.000000    0.000000    0.000000    0.000000    0.000000    0.000000    0.000000
TOT    0.026786   -0.000377   -0.000046   -0.000220    0.000049   -0.000151   -0.000000
```

例图 9.5　塞德和数

通过观察发现，第 4 面和第 5 面的球差较大，此时我们需要引入非球面来校正像差。下面介绍两种添加非球面的方法。

方法一：圆锥曲率

典型的卡塞格林系统主镜为抛物面，次镜为双曲面，这样只能校正球差，如果将主镜也改成双曲面则可以校正两种像差，如球差和彗差。

（1）将第 4 面和第 5 面的 Conic 设为变量"V"。

（2）选择"Editors"下拉菜单中的"Merit Functions"，调出优化操作界面，并在"Tools"下拉菜单中选择"Default Merit Functions"，单击"OK"。

（3）按"Insert"键，在最前面插入两行，都输入操作数 COLT，"Surf"分别填 4 和 5，表示第 4 面和第 5 面，"Target"均为 −1，"Weight"均为 1。操作数 COLT 为边界操作数，它强制使制定编号的表面的圆锥系数小于指定的目标值。这里我们的目标值是小于 −1，即将这两个面优化为双曲面。优化界面如例图 9.6 所示。

例图 9.6　优化函数编辑器

另外，优化操作数也可以设为 OPLT，表示小于目标值。其优化结果与 COLT 相同。

（4）单击"Opt"，执行优化。优化后的结构参数如例图 9.7 所示，相关曲线及点列图如例图 9.8 和例图 9.9 所示。

例图 9.7　结构参数

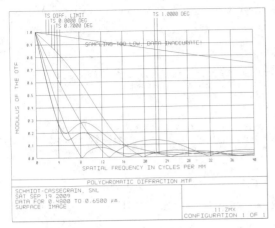

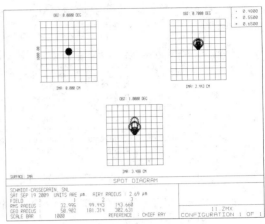

例图 9.8　调制传递函数曲线　　　　　　　例图 9.9　点列图

此时的系统效果仍然不好，我们按照上述方法，将第 1 面的圆锥系数也设为变量，然后优化，发现效果依旧不好，于是我们改用第二种方法添加非球面。

方法二：偶次非球面

根据方法一的经验，这一次将第 1、4、5 三个面同时设为偶次非球面。

（1）分别单击第 1、4、5 面的"Standard"表面类型，从所显示的对话框选择"Even Asphere"。这种面型允许为非球面校正器指定多项式非球面系数，单击"确定"。如例图 9.10 所示。

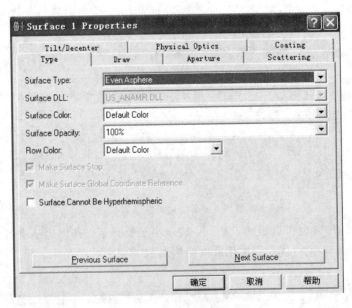

例图 9.10　表面类型设置

（2）分别在第 1、4、5 面向右移动光标直到"4th Order Term"列，键入 Ctrl＋Z。这样就给这个参数设置了一个变量标记，当前为 0。也在"6th Order Term"和"8th Order Term"上设置变量标记，如例图 9.11 所示。

Lens Data Editor

Surf:Type		Par 0(unused)	2nd Order Term	4th Order Term	6th Order Term	8th Order Term
OBJ	Standard					
STO	Even Asphere		0.000000	0.000000 V	0.000000 V	0.000000 V
2	Standard					
3*	Standard					
4*	Even Asphere		0.000000	0.000000 V	0.000000 V	0.000000 V
5	Even Asphere		0.000000	0.000000 V	0.000000 V	0.000000 V
IMA	Standard					

例图 9.11　非球面系数设置

（3）单击"Opt"，执行优化。几秒钟后，评价函数将会下降，这是由于 Zemax 平衡了高阶球差。单击"Exit"。优化后的结构参数如例图 9.12 所示，相关曲线如例图 9.13 和例图 9.14 所示。

Lens Data Editor

Surf:Type		Par 0(unused)	Par 1(unused)	Par 2(unused)	Par 3(unused)	Par 4(unused)	Par 5(un
OBJ	Standard						
STO	Even Asphere		0.000000	-1.690753E-008 V	-1.038155E-012 V	5.229286E-016 V	0.
2	Standard						
3*	Standard						
4*	Even Asphere		0.000000	-3.355572E-011 V	2.584977E-014 V	-3.717823E-017 V	0.
5	Even Asphere		0.000000	6.250394E-009 V	-5.976066E-014 V	-1.290128E-014 V	0.
IMA	Standard						

例图 9.12　非球面系数优化

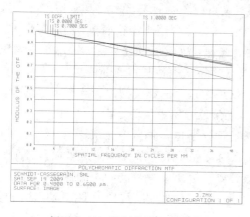

例图 9.13　调制传递函数曲线

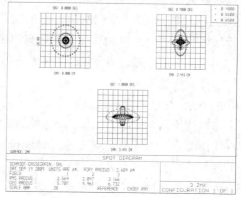

例图 9.14　点列图

此时的传递函数和点列图都有了明显的改善，但是在主反射镜与次反射镜之间，有一部分光线被拦截掉了。于是我们将第 4 面的曲率半径设为变量，再次进行优化，通过改变曲率来使光线全部进入次反射镜。优化后的结果如例图 9.15～例图 9.17 所示。

Lens Data Editor

Surf:Type		Par 0(unused)	Par 1(unused)	Par 2(unused)	Par 3(unused)	Par 4(unused)	Par 5(un
OBJ	Standard						
STO	Even Asphere		0.000000	-1.690753E-008 V	-1.038155E-012 V	5.229296E-016 V	0.
2	Standard						
3*	Standard						
4*	Even Asphere		0.000000	-3.355572E-011 V	2.584977E-014 V	-3.717823E-017 V	0.
5	Even Asphere		0.000000	6.250394E-009 V	-5.976066E-014 V	-1.290128E-014 V	0.
IMA	Standard						

例图 9.15　结构参数

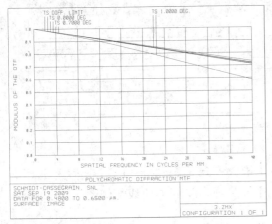

例图 9.16　调制传递函数曲线

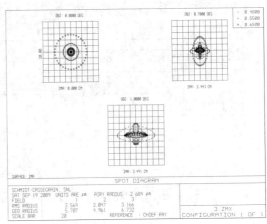

例图 9.17　点列图

以上的两种方法就是最常见的添加非球面的方法。除此之外，非球面还包括奇次非球面、柱面、超环面、复合曲面、离轴曲面等，其曲面方程各不相同。我们可以根据不同的系统进行选择，以得到最佳的优化结果。

设计实例十　傅里叶变换透镜设计

光学镜头既可以作为成像传递信息的工具，又可以作为计算元件。具有傅里叶变换的能力、为这个目的而设计的镜头称为傅里叶变换镜头。这种镜头结构简单，信息容量大，具有进行预算和处理信息的能力，而且运算速度为光速，故应用日趋广泛，常用于图像频谱分析、空间滤波和相关处理等工作，是光学信息处理系统中最基本的部件。

傅里叶变换透镜要求对两对物像共轭位置校正像差，一般对物面校正球差、彗差、像散、场曲，整个视场内像质达到衍射极限，且对光阑位置校正球差、彗差。

由像差理论知，平行于光轴出射的光线满足正弦条件，而当主光线满足正弦条件时，必存在物面畸变。当满足无畸变的共线成像关系时，常规光学系统主面是平面，谱面上无畸变的理想像高 $y'=f'\tan U$，而傅里叶变换透镜要求像高 $y'=f'\sin U$，相当于主面是一个以交点为中心的球面。其畸变为 $\delta y'=f'(\sin U-\tan U)$，因此，以常规光学系统作为傅里叶变换透镜时，最大谱面范围由谱点位置的非线性误差所限制。

1. 设计要求

设计一个傅里叶变换透镜，要求 $D/f'=1/12.54$，最大处理面直径 $\phi=30$ mm，最大频谱面直径 $\phi=30$ mm，最高空间频率 $N_{max}=73$ lp/mm，适用波段 $0.4861\sim0.6563$ μm。

2. 参数计算

因为最大处理面直径 $\phi=30$ mm，即 $D=30$ mm，而 $D/f'=1/12.54$，所以 $f'=376.3$ mm。于是 $\tan U=\dfrac{D}{2}/f'=\dfrac{15}{376.3}=0.039\,862$，$U=2.2827°$，相对畸变值为 $q=\dfrac{f'(\tan U-\sin U)}{f'\tan U}\times100\%=\dfrac{0.039\,862-0.039\,83}{0.039\,862}=0.000\,802\,8=0.08\%$。

3. 设计步骤

1）选择相应的初始结构

初始结构参数如例表 10－1 所示。

例表 10－1　初始结构参数

r	d	n_D	n_F	n_c	D_{01}
∞(被处理面)	369.2				30
400.9	11	1.6920	1.700 96	1.688 27	59.62
−103.51	0.3				59.55
−100	5	1.6725	1.687 47	1.6666	59.48
−691.8					59.37

2）初始结构输入

(1) 输入半径、厚度和玻璃。

由于这里的玻璃未明确给定玻璃牌号，我们需要利用折射率来计算出阿贝数。

根据公式 $\nu=\dfrac{n_D-1}{n_F-n_c}$，得 $\nu_1=\dfrac{1.692-1}{1.700\,96-1.688\,27}=54.53$，$\nu_2=\dfrac{1.6725-1}{1.687\,47-1.6666}=32.2$。

在 STO 面的“Glass”栏中双击，将弹出的对话框中的“Slove Type”项改为“Model”。在“Index Nd”中填入 D 光折射率值 1.6920，在“Abbe Vd”中填入阿贝数 54.53，系统将自动添加玻璃，如例图 10.1 所示，第二块玻璃同理。

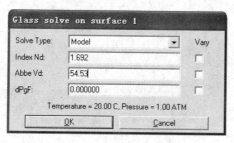

例图 10.1　玻璃添加

(2) 因为傅里叶透镜是 4f 系统，所以我们将“4”面的“Thickness”值填成与 OBJ 面相同的 369.2。此时的参数结构如例图 10.2 所示。

	Surf:Type	Comment	Radius	Thickness	Glass	Semi-Diameter
OBJ	Standard		Infinity	Infinity		Infinity
STO	Standard		Infinity	369.200000		15.000000
2	Standard		400.900000	11.000000	LAK9	29.675346
3	Standard		-103.510000	0.300000		29.637535
4	Standard		-100.000000	5.000000	SF5	29.602600
5	Standard		-691.800000	369.200000		29.556120
IMA	Standard		Infinity	-		15.645316

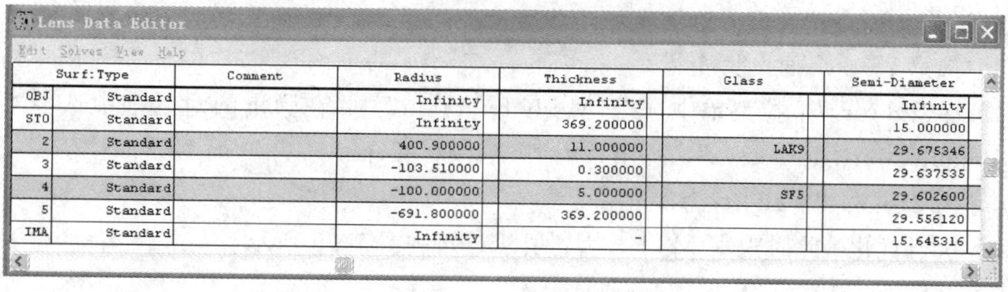

例图 10.2　结构参数

（3）输入波长。

因为设计要求的适用波段为 $0.4861\sim0.6563$ μm，所以依旧选择常用的 F、c、D 三种色光。

（4）输入视场。

由于最大频谱面直径为 30，所以在"Fie"中选择实际像高"Real Image Height"，并在 Y-Field 中分别输入 0、10、15。

（5）输入孔径。

由于最大处理面直径为 30，所以在"Gen"中的"Aperture Type"项选择"Entrance Pupil Diameter"，将"Aperture Value"填成 30，其光学结构如例图 10.3 所示。

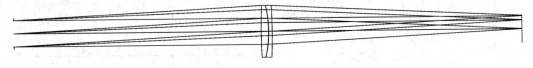

例图 10.3　二维结构图

（6）因为设计要求最高空间频率 $N_{max}=73$ lp/mm，即要保证空间频率是 73 lp 时，所有的 MTF 曲线都应在零以上。我们打开 MTF，在"settings"中将"Max Frequency"改为 73，此时观察 MTF 的效果并不好，如例图 10.4，因此我们需要进行优化。

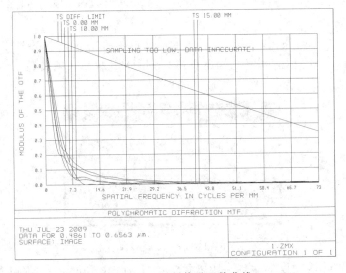

例图 10.4　调制传递函数曲线

3）优化

（1）将第 $2\sim5$ 个面设为变量。

（2）在"Editors"下拉菜单中选择"Merit Function"，并在弹出的对话框中选择"Tools"下的"Default Merit Function"，调出优化函数，将"Type"设为焦距 EFFL，"Wave"为 2，"Target"为 376.3，"Weight"为 1。

（3）执行优化，此时观察 MTF，达到要求，如例图 10.5 所示。

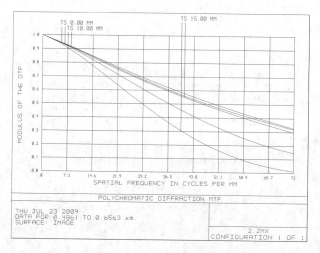

例图 10.5　调制传递函数曲线

（4）像方远心要求。

大多数傅里叶透镜为像方远心光学系统，即出射光线的主光线平行于光轴。此时我们用眼睛去观察光路图，发现主光线是平行出射，但为了避免眼睛的误差，我们需要更精确的结果，这就需要借助优化操作数来实现。

通过理论课的学习我们知道，要想出射光为平行光，则角放大倍率应为 0。在优化操作界面中再插入一行，将"Type"设为角放大倍率 AMAG，单击操作界面工具栏中的"Opt"，再点击优化界面中的任意位置，该行的"Value"栏中将显示 0.011393，如例图 10.6 所示，表示该系统的角放大倍率为 0.011 393，接近于 0，所以我们可以确定该透镜为像方远心光学系统。

Merit Function Editor: 8.670094E-002

Edit Tools View Help

Oper #					Target	Weight	Value	% Contrib
1 AMAG					0.000000	0.000000	0.011393	0.00000
2 EFFL					376.300000	1.000000	376.299384	1.217652E-00
3 DMFS								
4 BLNK	Default merit function: RMS wavefront centroid GQ 3 rings 6 arms							
5 BLNK	No default air thickness boundary constraints.							
6 BLNK	No default glass thickness boundary constraints.							
7 BLNK	Operands for field 1.							
8 OPDX	0.335711	0.000000			0.000000	0.096963	0.040455	0.50972
9 OPDX	0.707107	0.000000			0.000000	0.155140	-0.010129	0.05112
10 OPDX	0.941965	0.000000			0.000000	0.096963	-0.024248	0.18312
11 OPDX	0.335711	0.000000			0.000000	0.096963	-9.15564E-003	0.02610
12 OPDX	0.707107	0.000000			0.000000	0.155140	-0.011568	0.06668
13 OPDX	0.941965	0.000000			0.000000	0.096963	0.027664	0.23835
14 OPDX	0.335711	0.000000			0.000000	0.096963	0.114562	4.08761
15 OPDX	0.707107	0.000000			0.000000	0.155140	-0.011393	0.06468
16 OPDX	0.941965	0.000000			0.000000	0.096963	-0.096333	2.89027
17 BLNK	Operands for field 2.							

例图 10.6　优化函数编辑器

（5）畸变要求。

单击"Analysis"下拉菜单中的"Miscellaneous"，选择"Field Curv/Dist"。该特性曲线图左侧为场曲，右侧为畸变，此时的畸变曲线如例图 10.7 所示。

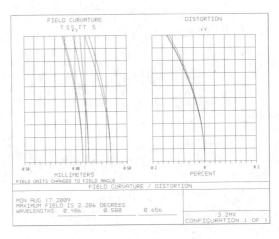

例图 10.7　场曲和畸变

根据前面的计算，该透镜应满足相对畸变 0.08％，通过例图 10.7 我们看出此时的相对畸变为 0.14％，基本满足要求，我们可以认为设计完成。

这里，我们将理论畸变与实际畸变以表格和曲线的形式进行比较，进而能更明显地观察畸变校正的结果，在 $\lambda = 0.486\ \mu m$ 的条件下，其结果如例表 10-2 及例图 10.8 所示。

例表 10-2　畸变校正结果

视场 (Real Image Height)	理论畸变值％	实际畸变值％
0(0)	0	0
0.3(4.5)	−0.007 119 53	−0.012 036 63
0.5(7.5)	−0.019 864 02	−0.033 375 27
0.85(12.75)	−0.057 417 81	−0.095 934 69
1(15)	−0.079 479 79	−0.132 349 86

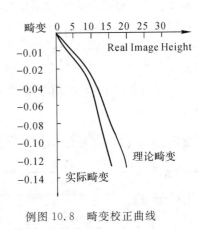

例图 10.8　畸变校正曲线

设计实例十一　F-theta 透镜设计

1. 设计要求

设计一 F-theta 透镜，要求 $f' = 25\ mm$，$D_\lambda = 1\ mm$，$2\omega = 54°$，$\lambda = 0.6328\ \mu m$。

2. F-theta 透镜结构选择

F-theta 透镜多属小孔径、大视场并具有远心光路的光学系统，该系统具有正光焦度。一般光源为单色光，光学系统不需要消色差，轴上轴外均达到或接近衍射极限的像质要求。为控制高级衍射像差，通常不使用易产生高级像差的胶合面，而由多片分离的单透镜构成。一般透镜片数越多，所能达到的精度指标也越高。本设计选用五个透镜组成的负-正型结构，如例图 11.1 所示。它可使像方工作距较长，物方工作距短，从而使结构紧凑且又易于操作。从降低高级像差考虑，正透镜宜采用高折射率低色散玻璃，负透镜应采用低折射率玻璃。光焦度分配应注意两点：首先应满足总光焦度要求；其次是平像场。

由于在 F-theta 系统中，需要满足一定的畸变量，根据公式计算出相对畸变为

$$q=\frac{f'(\tan\theta-\theta)}{f'\tan\theta}\times100\%=\frac{\tan27°-27°}{\tan27°}=\frac{0.509\ 525-0.471\ 239}{0.509\ 525}$$

$$=0.075\ 140\ 6=7.514\%$$

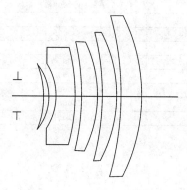

例图 11.1　F-theta 透镜结构

3. 初始结构选取

根据设计要求，选择初始结构如例表 11-1 所示。

例表 11-1　初始结构参数

	Radius	Thickness	Glass
1	∞	2.5	
2	−3.5	0.3	S-BSM18
3	−2.5	0.35	
4	−2.5	0.6	PBL26
5	−17	0.4	
6	−16	0.6	BSM22
7	−7	0.03	
8	−16	0.75	FSL3
9	−7	0.01	
10	−41	0.8	BSL3
11	−9		

4. 设计步骤

1）输入初始结构参数

输入相应的曲率半径、透镜厚度、玻璃，并将最后一面的厚度设为边缘光高度"M"，输入完毕如例图 11.2 所示。

Lens Data Editor

Edit Solves View Help

Surf:Type		Comment	Radius	Thickness	Glass
OBJ	Standard		Infinity	Infinity	
STO	Standard		Infinity	2.500000	
2*	Standard		-3.500000	0.300000	S-BSM18
3*	Standard		-2.500000	0.350000	
4*	Standard		-2.500000	0.600000	PBL26
5*	Standard		-17.000000	0.400000	
6*	Standard		-16.000000	0.600000	BSM22
7*	Standard		-7.000000	0.030000	
8*	Standard		-16.000000	0.750000	FSL3
9*	Standard		-7.000000	1.000000E-002	
10*	Standard		-41.000000	0.800000	BSL3
11*	Standard		-9.000000	25.243267 M	
IMA	Standard		Infinity	-	

例图 11.2　结构参数

2）输入特性参数

（1）孔径。

单击“Gen”按钮，“Aperture Type”设为“Entrance Pupil Diameter”，将“Aperture Value”设为 1。

（2）视场。

单击“Fie”按钮，“Type”选择“Angle”，并打开三个视场，Y-Field 分别设为 0、20、27。

（3）波长。

单击“Wav”按钮，将“Wavelength”设为 0.6328。

此时的透镜结构图、点列图、传递函数曲线如例图 11.3～例图 11.5 所示。

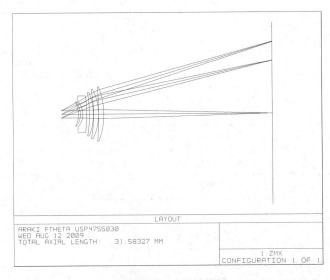

例图 11.3　二维结构图

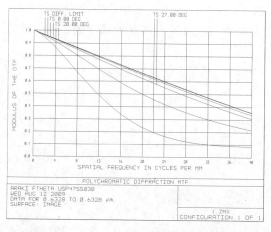

例图 11.4　调制传递函数曲线

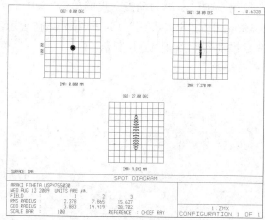

例图 11.5　点列图

从图中可以看到，边缘视场的效果不是很好，而且焦距 $f' = 20.7484$，不满足设计要求，所以需要进行优化。

3）优化

（1）将所有曲面的曲率半径设为变量"V"（Ctrl＋Z）。

（2）设置默认评价函数。

在主菜单中选择"Editors"下的"Merit Function"，并在"Merit Function Editor"的下拉菜单中选择"Tools"，系统自动弹出"Default Merit Function"对话框。在该对话框中插入一个面，将"Type"设为焦距 EFFL，目标值"Target"为 25，权重"Weight"为 1。

（3）单击"Opt"中的"Automatic"，系统自动执行优化。优化后的结果如例图 11.6 和例图 11.7 所示。

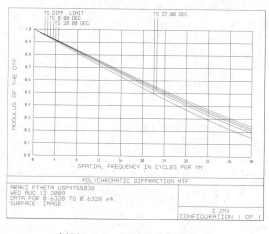

例图 11.6　调制传递函数曲线

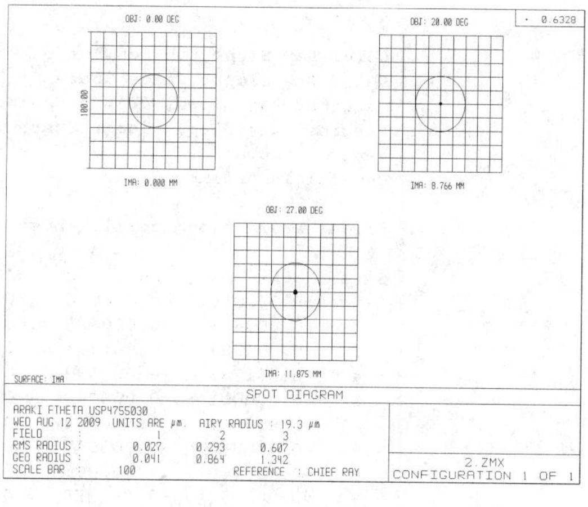

例图 11.7　点列图

（4）畸变要求。

由于 F-theta 透镜需要满足一定的畸变条件，根据设计要求，前面计算得到相对畸变应满足 7.514%。

单击"Analysis"下拉菜单中的"Miscellaneous"，选择"Field Curv/Dist"。该特性曲线图

左侧为场曲，右侧为畸变，我们单击"Settings"选项，在弹出的对话框中进行设置。将"Distortion"中的"Standard"改为 F-theta，它表示实际畸变与计算所要满足的畸变的差值。此时的畸变曲线如例图 11.8 所示。

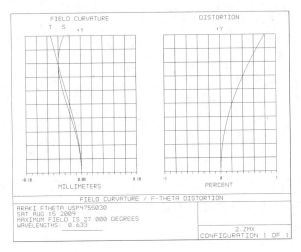

例图 11.8 场曲和畸变

通过曲线，可以观察出此时的畸变约为 0.8%，说明现在我们仿真出的畸变与我们所计算应该达到的 7.514% 畸变还相差 0.8%，也就是说该畸变曲线与 y 轴重合时效果最好。

单击"Analysis"下拉菜单中"Aberration Coefficients"下的"Seidel Coefficients"，调出塞德和数，发现第 5、6 面对像质影响较大，如例图 11.9 所示。我们将这两个面的曲率半径设为变量，让系统自动优化，但是优化效果不好，于是我们采用手动优化，更改这两个面的曲率。最终的优化结果如例图 11.10～例图 11.13 所示。

```
5: Seidel Coefficients                              _ □ ×
Update Settings Print Window
Chief Ray Slope, Object Space    :        0.5095
Chief Ray Slope, Image Space     :        0.3215
Marginal Ray Slope, Object Space:         0.0000
Marginal Ray Slope, Image Space :        -0.0200
Petzval radius                   :     -479.8439
Optical Invariant                :        0.2548

Seidel Aberration Coefficients:

Surf   SPHA  S1    COMA  S2    ASTI  S3    FCUR  S4    DIST  S5
STO  -0.000000  -0.000000  -0.000000  -0.000000  -0.000000
  2  -0.000449   0.000325  -0.000235  -0.007862   0.005857
  3   0.001984   0.001289   0.000837   0.009991   0.007034
  4  -0.001766  -0.001590  -0.001432  -0.009255  -0.009622
  5  -0.000001   0.000043  -0.001376   0.002645  -0.040379
  6   0.000000   0.000042   0.002416  -0.001904   0.052044
  7   0.000043  -0.000067   0.000105   0.003968  -0.006392
  8  -0.000000   0.000000  -0.000002  -0.001386   0.020025
  9   0.000072  -0.000055   0.000043   0.002685  -0.002093
 10  -0.000005   0.000042  -0.000371  -0.001057   0.012601
 11   0.000114  -0.000008   0.000001   0.002309  -0.000169
IMA   0.000000   0.000000   0.000000   0.000000   0.000000
TOT  -0.000008   0.000002  -0.000015   0.000135   0.038905
```

例图 11.9 塞德和数

Surf:Type		Comment	Radius		Thickness		Glass	Semi-Diameter	
OBJ	Standard		Infinity		Infinity			Infinity	
STO	Standard		Infinity		2.500000			0.550146	U
2*	Standard		-3.209800		0.300000		S-BSM18	1.700000	U
3*	Standard		-2.525781		0.350000			1.700000	U
4*	Standard		-2.530695		0.600000		PBL26	1.750000	U
5*	Standard		-8.900000	V	0.400000			2.500000	U
6*	Standard		-14.000000	V	0.600000		BSM22	3.000000	U
7*	Standard		-6.259478		0.030000			3.000000	U
8*	Standard		-14.819561	V	0.750000		FSL3	3.375000	U
9*	Standard		-7.649353		1.000000E-002			3.375000	U
10*	Standard		-20.372335	V	0.800000		BSL3	3.750000	U
11*	Standard		-9.326167		28.356344	M		3.750000	U
IMA	Standard		Infinity		-			12.500000	U

例图 11.10　结构参数

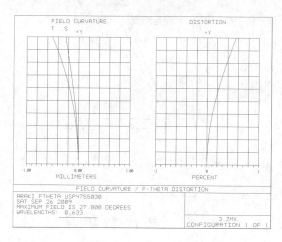

例图 11.11　场曲和畸变

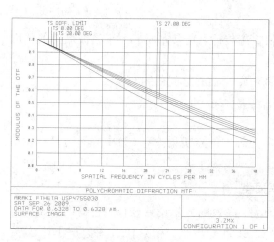

例图 11.12　调制传递函数曲线　　　　例图 11.13　点列图

这里，我们将理论畸变与实际畸变以表格和曲线的形式进行比较，进而可以更明显地观察畸变校正的结果，如例表 11-2 及例图 11.14 所示。

例表 11 - 2 畸变校正结果

视场(Angle)	理论畸变值%	差值(Text 中)	实际畸变值%
0(0)	0	0	0
0.3(8.1)	0.67152086	0.05844602	0.61307484
0.5(13.5)	1.85772183	0.15821906	1.69950277
0.85(22.95)	5.40613321	0.4227728	4.98336041
1(27)	7.51405721	0.55791861	6.9561386

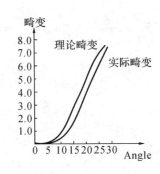

例图 11.14 畸变校正曲线

设计实例十二 梯度折射率透镜设计

1. 径向梯度折射率透镜的主要参数

(1) 截距 L：在自聚焦透镜中光束是沿正弦轨迹传播，光束完成一个正弦波周期的长度即为截距。

(2) 透镜长度 Z：自聚焦透镜的长度为透镜两端面轴心之间的距离。

(3) 自聚焦透镜的折射率分布常数 A：满足 $\sqrt{A} = \dfrac{2\pi}{L}$。

(4) 数值孔径 NA：$NA = \sqrt{2n(0)\Delta n}$，$n(0)$ 为轴上的点折射率，n 为中心和边缘折射率之差。

2. Zemax 中的特殊面型——梯度折射率面型

Zemax 是美国 Focus Software Inc. 公司通用、高效的光学设计软件，它提供了大量可供光学系统选用的内置面型。如球面、非球面、ABCD 矩阵面、衍射面、梯度折射率面等。Zemax 中有 10 种梯度折射率面型分别模拟某些折射率分布，甚至某些公司已有产品。对面型的设置可参考例图 12.1。

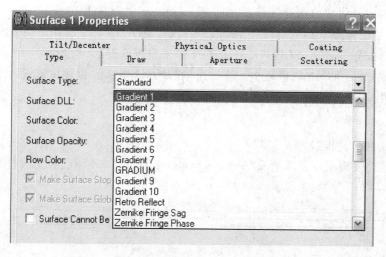

例图 12.1　梯度折射率面型设置

3. 设计实例

设计一普通型(SLS)径向梯度折射率透镜，要求 $\lambda=0.808\ \mu m$，入射光束锥角为 5°，透镜厚度为 10 mm。

4. 设计步骤

由于我们要求的折射率分布为 $n=n_0\left(1-\dfrac{A}{2}r^2\right)$。其中 $A=\left(K_0+\dfrac{K_1}{\lambda^2}+\dfrac{K_2}{\lambda^4}\right)^2$，$n_0=B+\dfrac{C}{\lambda^2}$。$n_0$ 表示自聚焦透镜的中心折射率，r 表示自聚焦透镜的半径，A 表示自聚焦透镜的折射率分布常数。面型 Graient9 符合我们的要求，所以以它为例。注意，上述公式中的 K_0、K_1、K_2、B、C 为某一型号的径向梯度折射率透镜的特性参数，每一种型号有一组特定的系数，详见 Zemax 安装程序中"Glasscat"文件夹下的"GRADIENT_9. DAT"文档，其参数的给出顺序依次为 B、C、K_0、K_1、K_2。

1) 关于外形

在 IMA 面之前插入一个面，在 OBJ 面中给出 Thickness 值为 1。波长为 0.808 μm，Gen 中的 Aperture Type 改为 Object Cone Angle，并将 Aperture Value 设为 5。

2) 关于面型与材质

在 OBJ 面的"Standard"上双击，将"Surface Type"改为"Gradient 9"，如例图 12.2 所示。

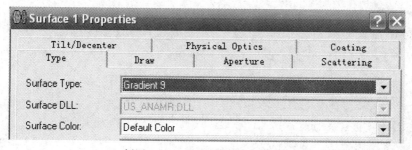

例图 12.2　梯度折射率面型设置

此时系统自动将玻璃选为 SLS-1.0，"Thickness"中设置成 10 mm。其中 SLS-1.0 是 NSG 公司提供的材质，其他材质还有 SLS-2.0、SLW-1.0、SLW-1.8、SLW-2.0、SLW-3.0、SLW-4.0 和 SLH-1.8，可根据需要自行设置。

最大步长尺寸 Delta t 取得越小计算机模拟的结果越准确，但速度越慢，所以我们取 1。其他参数为 0。

3）像距的选取

像距取边缘光高度"M"。

此时，我们发现系统自动生成"Semi-Diameter"值，而 2D 图已经无法打开，只能通过 3D 图来观察，如例图 12.3 所示。

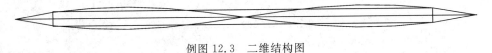

例图 12.3　二维结构图

此时的透镜上下表面紧贴光线的边缘，使得观察不是很方便，于是我们可以对"STO"面和"2"面的"Semi-Diameter"进行手动设置，改为比刚才稍微大一点的值 0.3。与此同时，数值的后面出现"U"，这两个面的序号处出现"＊"，这表示这两个面已经被设置为浮动窗口，可以手动去调整各值的大小，如例图 12.4～例图 12.7 所示。

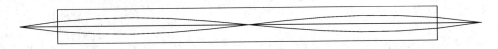

例图 12.4　二维结构图

Surf:Type		Comment	Radius	Thickness	Glass	Semi-Diameter	
OBJ	Standard		Infinity	1.000000		0.000000	
STO*	Gradient 9		Infinity	10.000000	SLS-1.0	0.300000	U
2*	Standard		Infinity	1.167380 M		0.300000	U
IMA	Standard		Infinity	-		1.933334E-003	

例图 12.5　结构参数

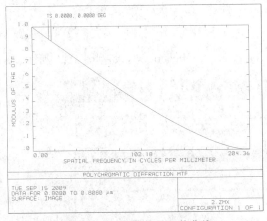

例图 12.6　调制传递函数曲线

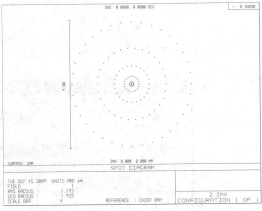

例图 12.7　点列图

4）像差公差

由于该设计为单独的梯度折射率透镜，并未与转向系统等联合使用，所以暂不需要单独校正像差。

设计实例十三　偏心、倾斜

1. 实验要求

由于系统装配时存在误差，我们通过对系统的倾斜角度和偏心值进行设定，观察成像质量是否有大的变化，进而确定装配时给定公差的范围。

2. 实验步骤

1）选择初始结构

任意挑选一镜头结构，这里我们在 Zemax 镜头库中选取一个双高斯照相物镜，路径为"Samples\Sequential\Objectives\Double Gauss 28 degree field. zmx"，其结构参数如例图13.1 所示，结构如例图 13.2 所示，特性曲线如例图 13.3 和例图 13.4 所示。

Surf:Type		Comment	Radius		Thickness		Glass	Semi-Diameter
OBJ	Standard		Infinity		Infinity			Infinity
1	Standard		54.153246	V	8.746658		SK2	29.225298
2	Standard		152.521921	V	0.500000			28.140954
3	Standard		35.950624	V	14.000000		SK16	24.295812
4	Standard		Infinity		3.776966		F5	21.297191
5	Standard		22.269925	V	14.253059			14.919353
STO	Standard		Infinity		12.428129			10.228835
7	Standard		-25.685033	V	3.776966		F5	13.187758
8	Standard		Infinity		10.833929		SK16	16.468122
9	Standard		-36.980221	V	0.500000			18.929568
10	Standard		196.417334	V	6.858175		SK16	21.310765
11	Standard		-67.147550	V	57.314538	V		21.646258
IMA	Standard		Infinity		-			24.570533

例图 13.1　结构参数

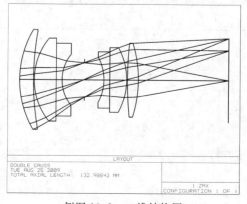

例图 13.2　二维结构图

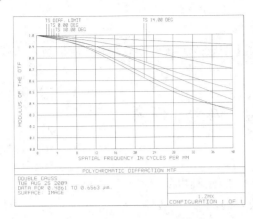

例图 13.3　调制传递函数曲线

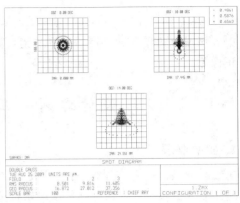

例图 13.4　点列图

2）偏心

（1）偏心值的选取。

由于该镜头为照相物镜，根据例表 13-1 查得其偏心差为 0005～0.1 c/mm，这里我们选取最大的允许值 0.1，因为如果大值满足像质要求，则小值必满足。

例表 13-1　偏心差允许值

透镜性质	偏心差 c/mm	透镜性质	偏心差 c/mm
显微镜与精密仪器	0.002～0.01	望远镜	0.01～0.1
照相投影系统	0.005～0.1	聚光镜	0.05～0.1

（2）操作步骤。

假设我们要将光阑之前的三片透镜做在一个镜筒里，则需要将这几个面作为一个整体打断，使光轴偏离，然后再同时使光轴回到起始位置。具体操作如下：

在"OBJ"面之后和"STO"面之前分别插入一个面，双击"Standard"，在弹出的对话框中将"Surface Type"改为"Coordinate Break"，第二个面同理操作。

我们将光标向后移动，在"Decenter Y"列停住，此列表示 Y 轴的偏心量。在这两行分别输入 0.1 和 −0.1，使光轴向上偏离后再回到起始位置，不影响后面光组与光轴的相对位置，参数结构如例图 13.5 所示。

Surf:Type	Glass	Semi-Diameter	Conic	Par 0(unused)	Decenter X	Decenter Y	Tilt
OBJ　Standard		Infinity	0.000000				
1　Coordin..	-	0.000000			0.000000	0.100000	0
2　Standard	SK2	29.311493	0.000000				
3　Standard		28.239046	0.000000				
4　Standard	SK16	24.363355	0.000000				
5　Standard	F5	21.396004	0.000000				
6　Standard		14.967683	0.000000				
7　Coordin..	-	0.000000			0.000000	-0.100000	0
STO　Standard		10.194083	0.000000				
9　Standard	F5	13.226784	0.000000				
10　Standard	SK16	16.525476	0.000000				
11　Standard		18.979733	0.000000				
12　Standard	SK16	21.377227	0.000000				
13　Standard		21.708434	0.000000				
IMA　Standard		24.614639	0.000000				

例图 13.5　结构参数

此时由于系统不再同轴,2D Layout 已经无法打开,必须用 3D Layout 观察系统结构。特性曲线如例图 13.6 和例图 13.7 所示。

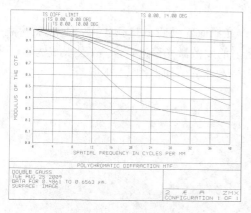

例图 13.6　调制传递函数曲线

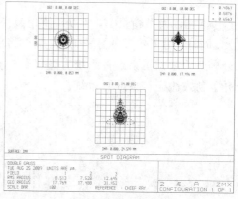

例图 13.7　点列图

3）倾斜

倾斜没有固定的标准约束,通常我们选取 30′(约等于 0.0083°)作为倾斜允许值。与偏心同理,继续将光标向后移,找到"Tilt About Y"一栏,分别输入 0.0083 和 −0.0083,如例图 13.8 所示。

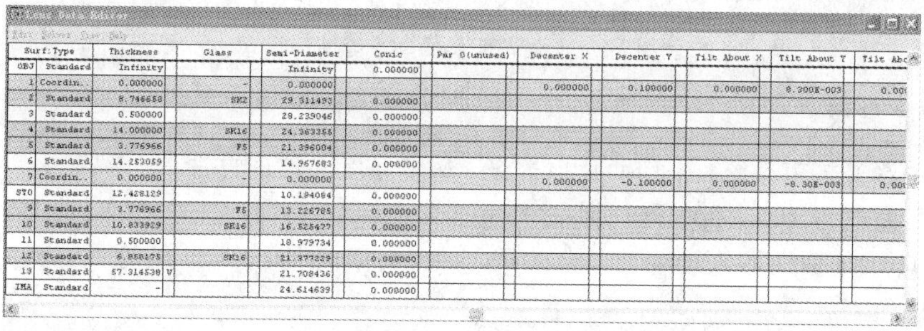

例图 13.8　结构参数

此时的系统特性曲线如例图 13.9 和例图 13.10 所示。

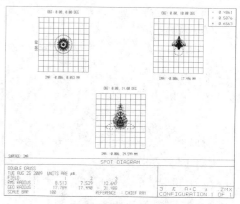

例图 13.9　调制传递函数曲线

例图 13.10　点列图

通过观察发现,成像质量没有大的变化,所以该系统可以应用。

设计实例十四　激光扩束准直系统设计

由于激光的发散角很小，所以在使用激光作光源时需要将其进行扩束，使光源照射的范围增大。同时，为了获得平行光照明，需要将出射的发散激光束进行准直，使其成为平行光。

最典型的激光扩束准直系统有开普勒式和伽利略式，如例图 14.1 所示，本实验要设计一个开普勒式激光扩束准直系统。

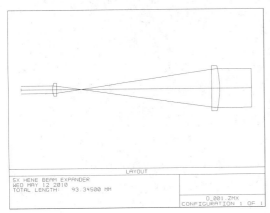
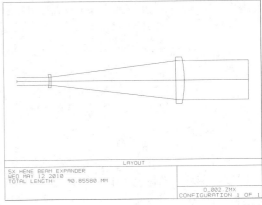

开普勒式　　　　　　　　　　　　　　伽利略式

例图 14.1　激光扩束准直系统结构形式

1. 实验要求

设计一激光扩束系统，采用两片单透镜。透镜厚度和玻璃自选。

要求扩束比为 $10^\times$，机械筒长为 220 mm，$n=1.6$，$r_2=r_3=\infty$，$-l=12$，$l'=40$。

应用 He-Ne 激光器，其波长 $\lambda=0.6328$ μm，激光的出射口径为 3 mm，发散角为 0.003 rad。

2. 实验步骤

1）初始结构计算

（1）因为 $\begin{cases} f_1'+(-f_2)=f_1'+f_2'=220 \\ \dfrac{f_2'}{f_1'}=10 \end{cases}$，解得：$\begin{cases} f_1'=20 \\ f_2'=200 \end{cases}$。

（2）又因为 $\dfrac{1}{f'}=(n-1)\left(\dfrac{1}{r_1}-\dfrac{1}{r_2}\right)$，所以 $\begin{cases} \dfrac{1}{f_1'}=(1.6-1)\cdot\dfrac{1}{r_1} \\ \dfrac{1}{f_2'}=(1.6-1)\cdot\left(-\dfrac{1}{r_4}\right) \end{cases}$，解得：$\begin{cases} r_1=12 \\ r_4=-120 \end{cases}$。

所以 $r_1=12$，$r_2=\infty$，$r_3=\infty$，$r_4=-120$。

（3）因为发散角为 0.003 rad，换算成角度为 0.17°，即视场角 $2\omega=0.17°$，$\omega=0.085°$。由于发散角非常小，可近似认为视场为 0。

2）输入第一片透镜的相关参数

$r_1=12$，$r_2=\infty$；$-l=12$；$d_1=1.5$；玻璃为 BK7；并自动获取边缘光高度，如例图 14.2

所示。

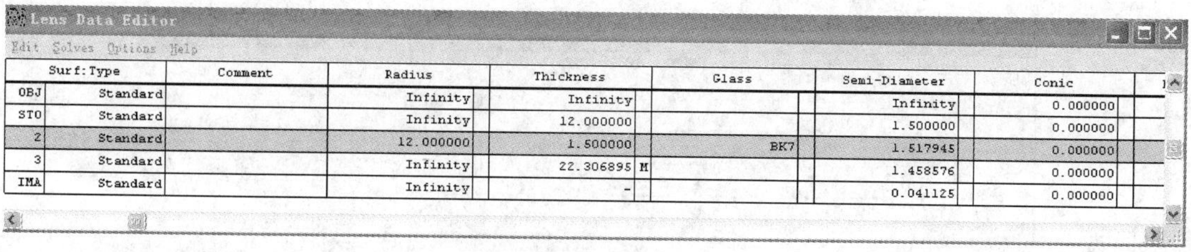
Lens Data Editor
Edit Solves Options Help
Surf:Type | Comment | Radius | Thickness | Glass | Semi-Diameter | Conic
OBJ Standard Infinity Infinity Infinity 0.000000
STO Standard Infinity 12.000000 1.500000 0.000000
2 Standard 12.000000 1.500000 BK7 1.517945 0.000000
3 Standard Infinity 22.306895 M 1.458576 0.000000
IMA Standard Infinity - 0.041125 0.000000

例图 14.2　结构参数

3）输入第一片透镜的结构参数

在“Gen”中输入入瞳直径(激光的出射口径)3 mm，如例图 14.3 所示。

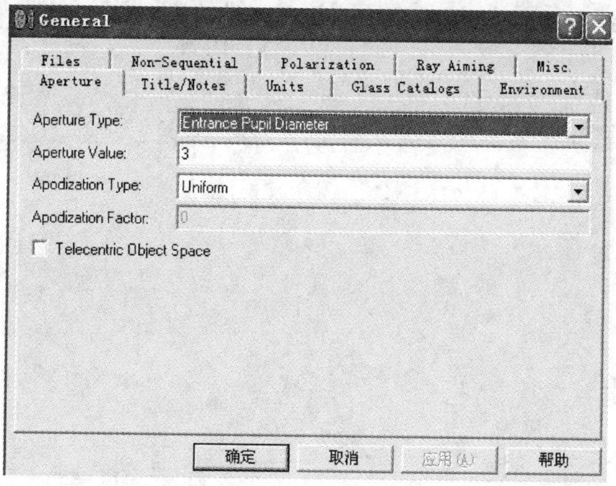
General
Files
Non-Sequential
Polarization
Ray Aiming
Misc.
Aperture
Title/Notes
Units
Glass Catalogs
Environment
Aperture Type:
Entrance Pupil Diameter
Aperture Value:
3
Apodization Type:
Uniform
Apodization Factor:
0
Telecentric Object Space
确定
取消
应用(A)
帮助

例图 14.3　孔径设置

在“Fie”中输入半视场角 $\omega=0.085°$。由于发散角非常小，也可将视场输为 0，如例图 14.4 所示。

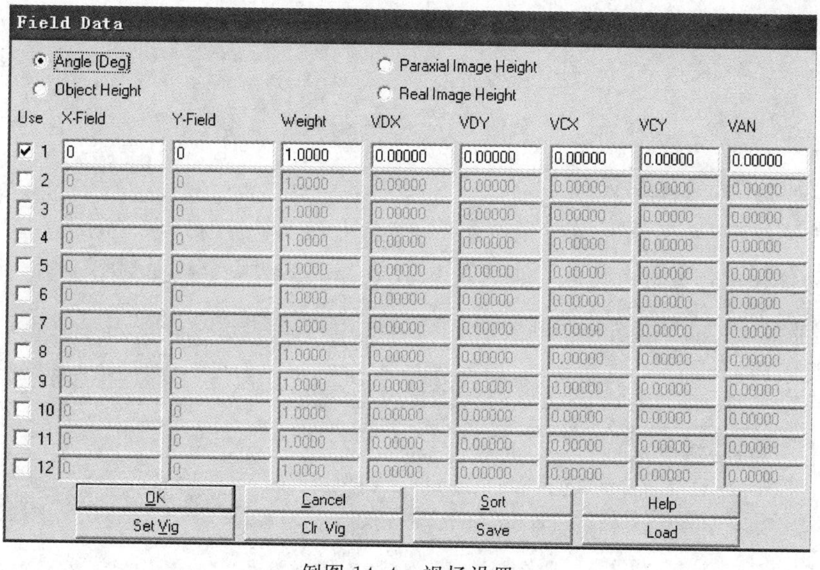
Field Data
Angle (Deg)
Object Height
Paraxial Image Height
Real Image Height
Use X-Field Y-Field Weight VDX VDY VCX VCY VAN
1 0 0 1.0000 0.00000 0.00000 0.00000 0.00000 0.00000
OK
Cancel
Sort
Help
Set Vig
Clr Vig
Save
Load

例图 14.4　视场设置

在"Wav"中输入激光波长 $\lambda = 0.6328 \ \mu m$，如例图 14.5 所示。

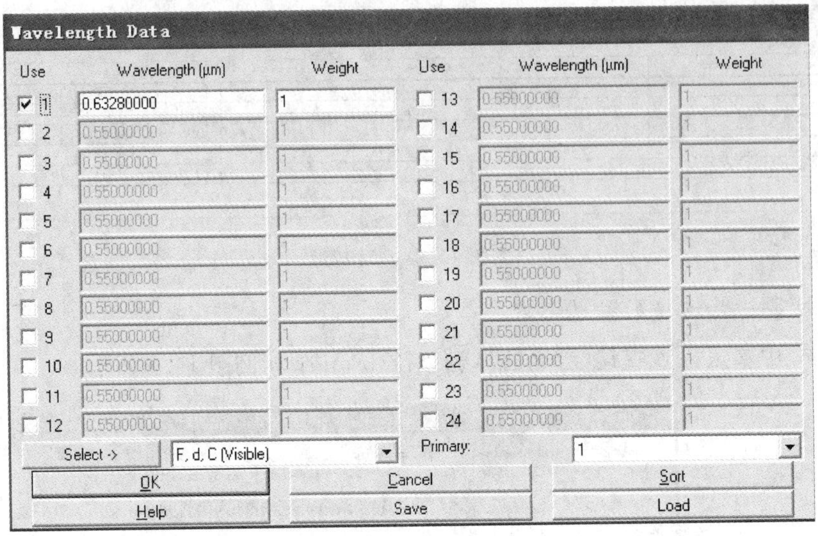

例图 14.5　波长设置

其结构如例图 14.6 所示。

例图 14.6　二维结构图

4）对第一片透镜进行优化

在优化过程中，由于激光单色无色差，且发散角很小，所以只需校正球差。将 EFFL 和 LONA 设为优化操作数进行优化，如例图 14.7 所示。其结构参数如例图 14.8 所示。

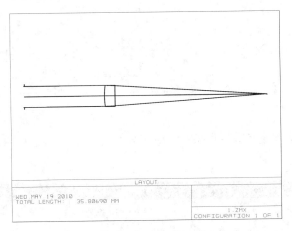

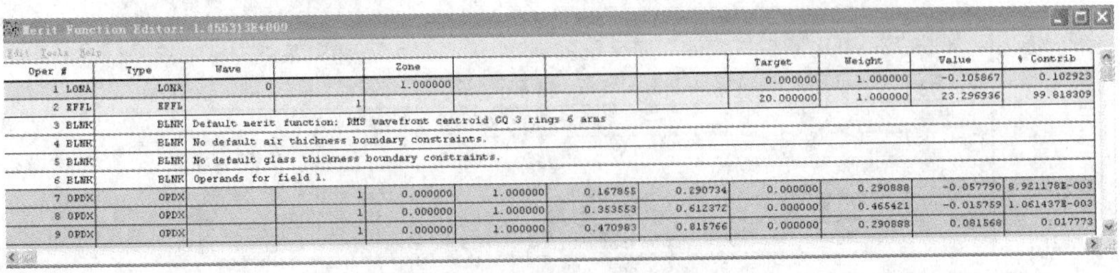

例图 14.7　优化函数编辑器

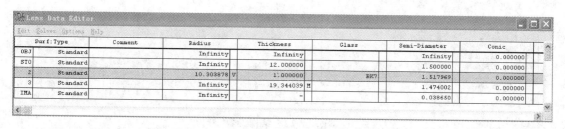

例图 14.8　结构参数

5）输入第二片透镜的相关参数（倒向输入）

$r_3=\infty$，$r_4=-120$，倒向输入后为 $r_3=120$，$r_4=\infty$；$d_2=2.5$；玻璃为 BK7，并自动获取边缘光高度，如例图 14.9 所示。

例图 14.9　结构参数

6）输入第二片透镜的结构参数

因为扩束比为 $10^{\times}$，所以在"Gen"中输入出射口径为 30（扩束 10 倍），如例图 14.10 所示。

在"Fie"中将输入视场为 0。在"Wav"中依然输入激光波长 $\lambda=0.6328\ \mu m$。其光学结构如例图 14.11 所示。

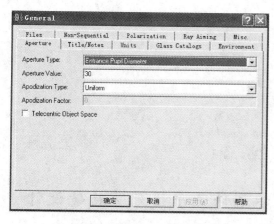

例图 14.10　孔径设置

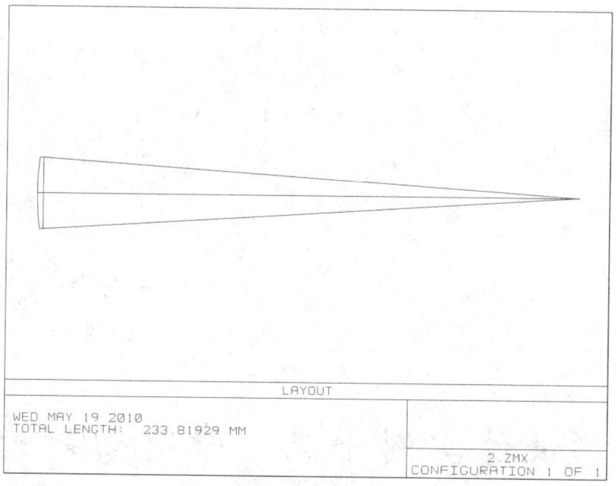

例图 14.11　二维结构图

7）对第二片透镜进行优化

同第一片透镜一样，将 EFFL 和 LONA 设为优化操作数进行优化，如例图 14.12 所示。

Lens Data Editor

Edit Solves Options Help

	Surf:Type	Comment	Radius		Thickness		Glass		Semi-Diameter	Conic
OBJ	Standard		Infinity		Infinity				Infinity	0.000000
STO	Standard		103.038705	V	2.500000		BK7		15.000163	0.000000
2	Standard		Infinity		198.390441	M			14.930318	0.000000
IMA	Standard		Infinity		-				0.123967	0.000000

例图 14.12　结构参数

8）将两片透镜进行拼接

注意把两者之间的距离改为其机械筒长为 220 mm，并使 $l'=40$。其结构参数如例图 14.13 所示，结构形式如例图 14.14 所示。

Lens Data Editor

Edit Solves Options Help

	Surf:Type	Comment	Radius		Thickness		Glass		Semi-Diameter	Conic
OBJ	Standard		Infinity		Infinity				Infinity	0.000000
STO	Standard		Infinity		12.000000				1.500000	0.000000
2	Standard		10.303878	V	1.000000		BK7		1.517969	0.000000
3	Standard		Infinity		220.000000				1.474002	0.000000
4	Standard		Infinity		2.500000		BK7		15.347161	0.000000
5	Standard		-103.038705		40.000000				15.414550	0.000000
IMA	Standard		Infinity		-				15.349767	0.000000

例图 14.13　结构参数

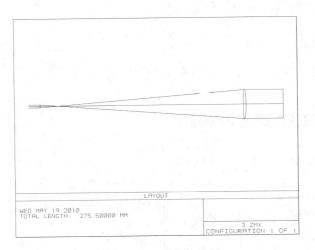

例图 14.14　二维结构图

设计实例十五　带有衍射光学元件的平行光管物镜设计

衍射光学元件是基于光波的衍射理论设计的，类似于全息图和衍射光栅，表面带有阶梯状的小沟槽或线等衍射结构的光学元件，通过整个光学表面能产生波前相位变换。

1. 设计要求

设计一平行光管物镜，焦距 $f'=550$ nm，相对孔径 1/10，视场角 $2\omega=2°$，对可见光波段成像。

2. 设计步骤

1）输入初始结构

通过《光学设计手册》找到一个满足设计要求的初始结构，其参数如例图 15.1 所示。

Lens Data Editor

Edit　Solves　Options　Help

Surf:Type		Comment	Radius		Thickness		Glass		Semi-Diameter	
OBJ	Standard		Infinity		Infinity				Infinity	
STO	Standard		202.200000		4.868000		ZF6		27.532873	
2	Standard		145.560000		2.000000				27.266241	
3	Standard		149.250000		4.000000		QK1		27.377183	
4	Standard		-4569.073000		427.300000				27.347931	
5	Standard		38.730000		8.060000		FK2		12.823646	
6	Standard		33.530000		93.729634	M			11.739834	
IMA	Standard		Infinity		-				9.637186	

例图 15.1　结构参数

其初始结构、纵向像差曲线、调制传递函数和点列图分别如例图 15.2～例图 15.5 所示。

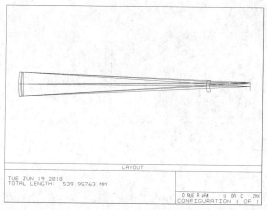

例图 15.2　二维结构图

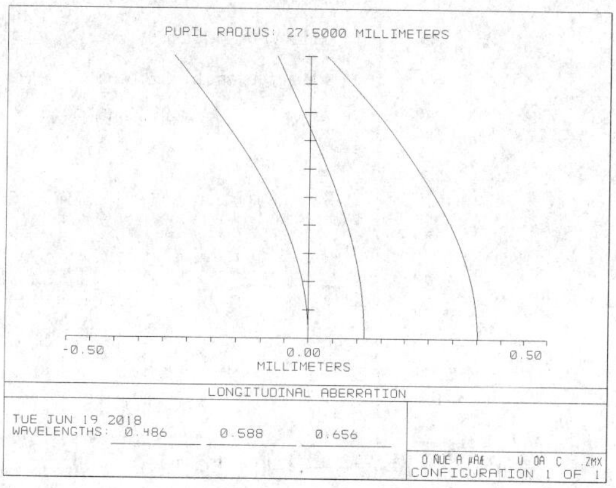

例图 15.3　纵向像差曲线

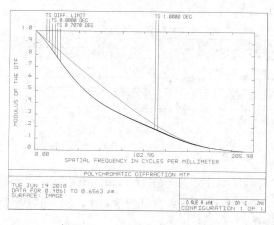

例图 15.4　调制传递函数曲线

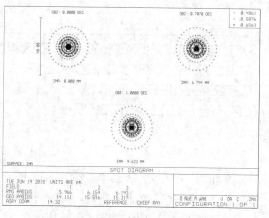

例图 15.5　点列图

从例图 15.3 中可以看出，系统的球差和位置色差较大，需要对其进行优化。考虑到系统焦距较长，因此引入一个衍射表面。

2）优化

通过经验并经过反复调试，认为将第 5 个表面作为衍射面效果较好，能够很好地校正系统像差。具体操作是在第 5 个面的表面面型处双击鼠标左键或单击鼠标右键，弹出如例图 15.6 所示的对话框，将"Surface Type"选择为"Binary 2"。这里的"Binary 1"和"Binary 2"的区别是系数不同，"Binary 1"展开多项式的系数是奇次，而"Binary 2"的系数是偶次，两者均可用于球面、平面和圆锥面。

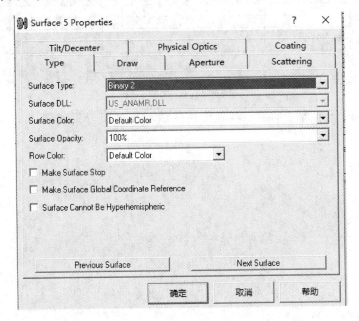

例图 15.6　表面面型设置

二元表面设置完毕如例图 15.7 所示，同时在"Diffraction Order"输入 2，将"Even Order"项设置为变量。

	Surf:Type	Semi-Diameter	Conic	Diffract Order	2nd Order Term	4th Order Term	6th Order Term
OBJ	Standard	Infinity	0.000000				
STO	Standard	27.532873	0.000000				
2	Standard	27.266241	0.000000				
3	Standard	27.377183	0.000000				
4	Standard	27.347931	0.000000				
5	Binary 2	12.823645	0.000000	2.000000	0.000000 V	0.000000 V	0.000000
6	Standard	11.739834	0.000000				
IMA	Standard	9.637186	0.000000				

例图 15.7　结构参数

单击"Editors"下拉菜单，将"Extra Data"编辑器调用出来，在"Maximum Terms"中输入二元面多项式系数项的项数，本设计输入 2，表示多项式系数只有两项，即二次项和四次项，并将这两项系数设置为变量参与优化，如例图 15.8 所示。

Extra Data Editor

Edit　Solves　Tools　Help

		Max Term #	Norm Radius	Coeff. on p^2		Coeff. on p^4		Not Used 5
STO	Standard							
2	Standard							
3	Standard							
4	Standard							
5	Binary 2	2	100.000000	0.000000	V	0.000000	V	
6	Standard							
IMA	Standard							

例图 15.8　二元多项式系数优化

首先将焦距作为优化操作数进行优化，如例图 15.9 所示。

Merit Function Editor: 4.6407365-002

Edit　Tools　Help

Oper #	Type		Wave	Hx	Hy	Px	Py	Target	Weight	Value	% Contrib
1 EFFL	EFFL		2					560.000000	1.000000	499.999821	3.611070E-004
2 BLNK	BLNK										
3 BLNK	BLNK										
4 DMFS	DMFS										
5 BLNK	BLNK	Default merit function: RMS wavefront centroid GQ 3 rings 6 arms									
6 BLNK	BLNK	No default air thickness boundary constraints.									
7 BLNK	BLNK	No default glass thickness boundary constraints.									
8 BLNK	BLNK	Operands for field 1.									
9 OPDX	OPDX		1	0.000000	0.000000	0.335711	0.000000	0.000000	0.096963	0.033478	1.218147
10 OPDX	OPDX		1	0.000000	0.000000	0.707107	0.000000	0.000000	0.155140	3.649832E-003	0.023170
11 OPDX	OPDX		1	0.000000	0.000000	0.941965	0.000000	0.000000	0.096963	-0.039916	1.680234
12 OPDX	OPDX		2	0.000000	0.000000	0.335711	0.020000	0.000000	0.096963	-0.020611	0.461818

例图 15.9　优化函数编辑器

优化后的结构参数分别如例图 15.10～例图 15.12 所示。

Lens Data Editor

Edit　Solves　Options　Help

	Surf:Type	Comment	Radius		Thickness		Glass	Semi-Diameter
OBJ	Standard		Infinity		Infinity			Infinity
STO	Standard		181.462151	V	4.868000		ZF5	27.536682
2	Standard		144.878839	V	2.000000			27.243978
3	Standard		154.856989	V	4.000000		QK1	27.327698
4	Standard		610.290013	V	427.300000			27.270185
5	Binary 2		128.679755	V	8.060000		FK2	19.643576
6	Standard		208.687816	V	211.251766	M		19.172340
IMA	Standard		Infinity		–			8.726843

例图 15.10　结构参数

Lens Data Editor

Edit　Solves　Options　Help

	Surf:Type	Par 0 (unused)	Par 1 (unused)		Par 2 (unused)		Par 3
OBJ	Standard						
STO	Standard						
2	Standard						
3	Standard						
4	Standard						
5	Binary 2	2.000000	4.532349E-005	V	-2.274197E-008	V	
6	Standard						
IMA	Standard						

例图 15.11

Extra Data Editor

Edit Solves Tools Help

		Not Used 1	Not Used 2	Not Used 3	Not Used 4	Not Used
STO	Standard					
2	Standard					
3	Standard					
4	Standard					
5	Binary 2	2	100.000000	-1735.305026 V	316.157813 V	
6	Standard					
IMA	Standard					

例图 15.12 二元多项式系数

优化后的纵向像差曲线、调制传递函数曲线和点列图分别如例图 15.13～例图 15.15 所示。例图 15.13 所示的纵向像差曲线的横坐标已经由优化前的 0.5 降低到 0.1，且三条曲线的形状与消球差曲线和消色差曲线比较接近。例图 15.14 所示的调制函数曲线比较接近衍射极限，例图 15.15 所示的三个视场的点列图也均在艾里斑之内。

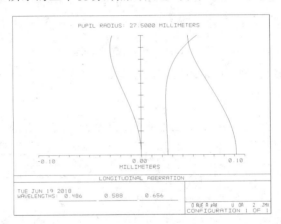

例图 15.13 纵向像差曲线

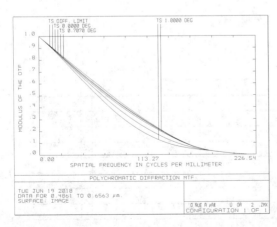

例图 15.14 调制传递函数曲线

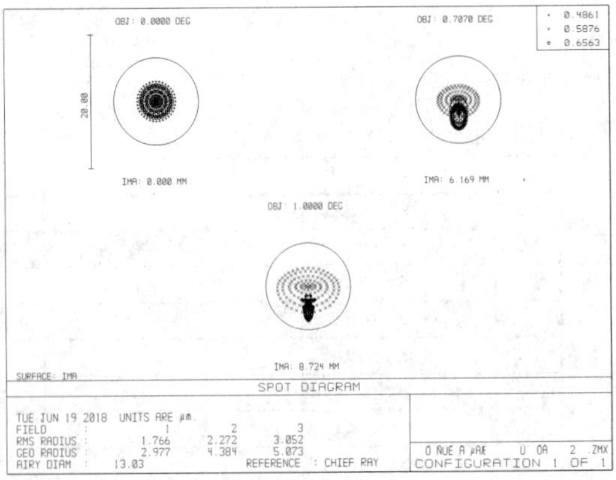

例图 15.15 点列图

以上，实现了初步优化，下一步再对球差和位置色差进行更深入的优化，设置优化操作数，如例图 15.16 所示。

Merit Function Editor: 2.855549E-002

Edit　Tools　Help

Oper #	Type	Wave		Zone				Target	Weight	Value	% Contrib
1 LONA	LONA	2		1.000000				0.000000	1.000000	-1.62819E-003	0.029037
2 AXCL	AXCL	1	3	0.707000				0.000000	1.000000	5.249800E-003	0.301878
3 EFFL	EFFL		2					500.000000	1.000000	500.000027	7.761913E-006
4 BLNK	BLNK										
5 BLNK	BLNK										
6 DMFS	DMFS										
7 BLNK	BLNK	Default merit function: RMS wavefront centroid GQ 3 rings 6 arms									
8 BLNK	BLNK	No default air thickness boundary constraints.									
9 BLNK	BLNK	No default glass thickness boundary constraints.									
10 BLNK	BLNK	Operands for field 1.									
11 OPDX	OPDX		1	0.000000	0.000000	0.335711	0.000000	0.000000	0.096963	0.040616	1.752055
12 OPDX	OPDX		1	0.000000	0.000000	0.707107	0.000000	0.000000	0.155140	8.345892E-003	0.118363
13 OPDX	OPDX		1	0.000000	0.000000	0.941965	0.000000	0.000000	0.096963	-0.053970	3.093489

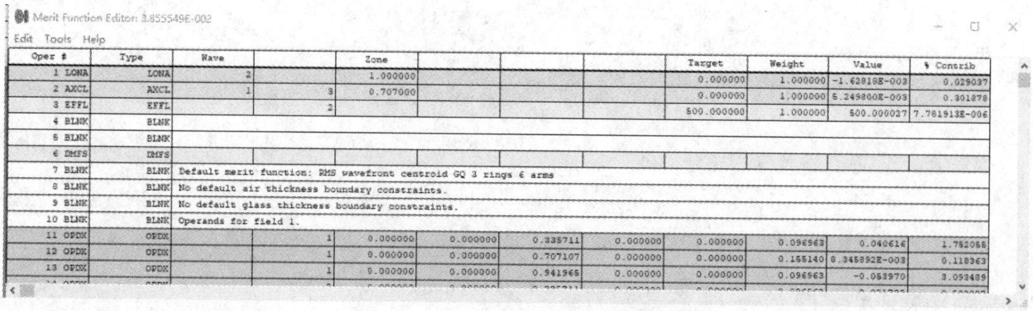

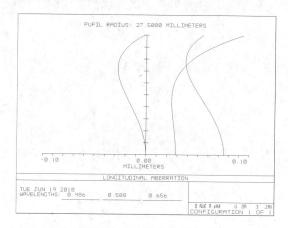

例图 15.16　优化函数编辑器

其优化结果分别如例图 15.17～例图 15.19 所示。该结果的调制传递函数曲线和点列图尽管和之前没有太大的区别，但是球差和位置色差的校正要优于之前，实现了在边缘带校正球差，在 0.707 带校正位置色差。

例图 15.17　纵向像差曲线

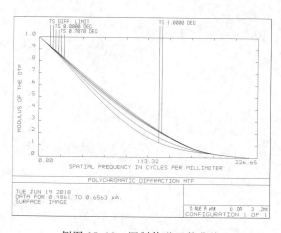

例图 15.18　调制传递函数曲线

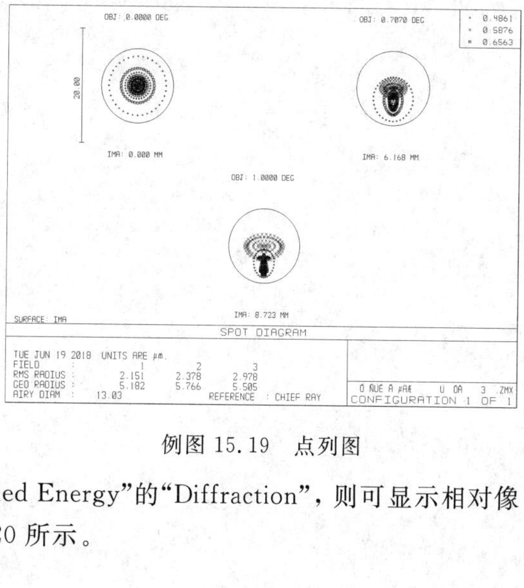

例图 15.19　点列图

此时，点开“Analysis”下拉菜单中“Encircled Energy”的“Diffraction”，则可显示相对像点中心的不同半径内的衍射效率，如例图 15.20 所示。

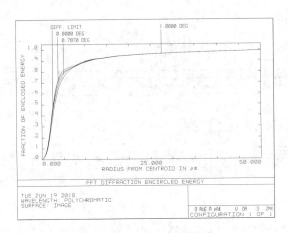

例图 15.20　衍射效率曲线

　　如例图 15.20 所示，在 10 μm 的半径范围内，衍射的光能量为入射的 90%；在 20 μm 的半径范围内，衍射的光能量为入射的 95%，满足成像要求。

参 考 文 献

[1]　袁旭沧，等. 光学设计[M]. 北京：北京理工大学出版社，1988.

[2]　张以谟. 应用光学[M]. 北京：机械工业出版社，1982.

[3]　安连生. 应用光学[M]. 北京：北京理工大学出版社，2000.

[4]　郁道银，谈恒英. 工程光学[M]. 北京：机械工业出版社，1999.

[5]　胡玉禧，安连生. 应用光学[M]. 合肥：中国科学技术大学出版社，1996.

[6]　萧泽新. 工程光学设计[M]. 北京：电子工业出版社，2008.

[7]　王之江，等. 光学技术手册[M]. 北京：机械工业出版社，1987.

[8]　《光学仪器设计手册》编辑组. 光学仪器设计手册（上册）[M]. 北京：国防工业出版社，1971.

[9]　李士贤，李林. 光学设计手册（修订版）[M]. 北京：北京理工大学出版社，1996.

[10]　林大健. 工程光学系统设计[M]. 北京：机械工业出版社. 1987.

[11]　刘钧，高明. 光学设计[M]. 西安：西安电子科技大学出版社，2006.

[12]　李晓彤，岑兆丰. 几何光学像差光学设计[M]. 杭州：浙江大学出版社，2003.

[13]　王之江. 光学设计理论基础[M]. 北京：科学出版社，1985.

[14]　B. A. 帕诺夫，等. 显微镜的光学设计与计算[M]. 北京：机械工业出版社，1982.

[15]　庄松林，等. 光学传递函数[M]. 北京：机械工业出版社，1981.

[16]　袁旭沧. 现代光学设计方法[M]. 北京：北京理工大学出版社，1995.

[17]　徐之海，李奇. 现代成像系统[M]. 北京：国防工业出版社，2001.

[18]　陈海清. 现代实用光学系统[M]. 南京：华中科技大学出版社，2003.

[19]　张登臣，郁道银. 实用光学设计方法与现代光学系统[M]. 北京：机械工业版社，1995.

[20]　王文生. 现代光学系统设计[M]. 北京：国防工业出版社，2016.

[21]　王文生，刘冬梅，向阳，等. 应用光学[M]. 武汉：华中科技大学出版社，2010.

[22]　李晓彤，等. 用于全景成像系统的一种新型光学非球面[J]. 光电工程，2001，28(6).

[23]　徐大维，向阳，王健. 折衍混合车载红外镜头无热化设计[J]. 红外技术，2011，33(10)：460 - 464.

[24]　张欣婷，安志勇. 双层谐衍射红外消热差系统设计[J]. 光子学报，2013，42(12)：1524 - 1527.

[25]　乔亚夫. 梯度折射率光学[M]. 北京：科学出版社，1991.

[26]　Krishna K S R, Sharma A. Chromatic aberrations of radial gradient index lenses [J]. Appl. Opt, 1996, 35(7): 1032 - 1030.

[27]　张璐. 基于梯度折射率透镜的工业内窥镜设计[D]. 长春：长春理工大学，2010.

[28]　Erich W. Marchand. Gradient Index Optics. ACADEMIC PRESS, New York.

[29]　吴琼，向阳，侯利杰，等. 基于梯度折射率透镜的关节镜光学系统设计[J]. 应用光学，2012，33(5)：944 - 948.

[30] 张幼文. 红外光学工程[M]. 上海：上海科学出版社，1982.

[31] 余怀之. 红外光学材料[M]. 北京：国防工业出版社，2007.

[32] 赵秀丽. 红外光学系统设计[M]. 北京：机械工业出版社，1986.

[33] Robert E. Fischer. 红外系统的光学设计[J]. 云光技术，2000，32(6)：6 - 25.

[34] 胡玉禧，周绍祥，相里斌，等. 消热差光学系统设计[J]. 光学学报，2000，20(10)：1386 - 1391.

[35] 张春艳，沈为民. 中波和长波红外双波段消热差光学系统设计[J]. 红外与激光工程. 2012，41 (5)：1323 - 1328.

[36] 吴晓靖，孟军和. 红外光学系统无热化设计的途径[J]. 红外与激光工程，2003，32 (6)：572 - 576.

[37] 汪洋，马孜，胡英，等. 新型自由曲面三维激光扫描系统[J]. 机械工程学报，2009，45(11)：260 - 265.

[38] 李田泽. 激光扫描成像系统的设计分析及应用[J]. 红外技术，2004，26(4)：16 - 19.

[39] 陶纯堪. 变焦距光学系统设计[M]. 北京：国防工业出版社，1988.

[40] 李晓彤，何国雄. 变焦距系统高斯解优化的研究[M]. 浙江大学学报：工学版，1993 (1).

[41] 姚林，向阳，霍肖鑫，等. 三元组变焦目镜光学设计[J]. 应用光学，2011，32(2)：226 - 229.

[42] 刘波，向阳，刘畅. 车载近红外变焦距光学系统设计[J]. 长春理工大学学报，2011，34(1)：34 - 36.

[43] Zemax 中文使用手册. 讯技光电科技(上海)有限公司.